Otto Krümmel

Der Ozean

Eine Einführung in die allgemeine Meereskunde (1902)

Otto Krümmel

Der Ozean

Eine Einführung in die allgemeine Meereskunde (1902)

ISBN/EAN: 9783954271177
Erscheinungsjahr: 2012
Erscheinungsort: Bremen, Deutschland

www.maritimepress.de | office@maritimepress.de

Bei diesem Titel handelt es sich um den Nachdruck eines historischen, lange vergriffenen Buches. Da elektronische Druckvorlagen für diese Titel nicht existieren, musste auf alte Vorlagen zurückgegriffen werden. Hieraus zwangsläufig resultierende Qualitätsverluste bitten wir zu entschuldigen.

DAS WISSEN DER GEGENWART.
DEUTSCHE UNIVERSAL-BIBLIOTHEK FÜR GEBILDETE.
52. BAND.

DER OZEAN.

EINE EINFÜHRUNG IN DIE ALLGEMEINE MEERESKUNDE

VON

Dr. OTTO KRÜMMEL,

PROFESSOR DER GEOGRAPHIE AN DER UNIVERSITÄT IN KIEL.

ZWEITE, DURCHWEG VERBESSERTE AUFLAGE.

MIT 111 IN DEN TEXT GEDRUCKTEN ABBILDUNGEN.

PREIS GEBUNDEN 4 M. = 4 K 80 h.

WIEN.   LEIPZIG.
F. TEMPSKY.   1902.   G. FREYTAG.

INHALTSVERZEICHNIS.

ABBILDUNGEN.

(Originalabbildungen, zumeist nach Zeichnungen des Verfassers, tragen das Zeichen *.)

— — —

ABKÜRZUNGEN.

m = Meter. — *km* = Kilometer. — *qkm* = Quadratkilometer. — *kbkm* = Kubikkilometer. — Sm. = Seemeilen. — n. Br. = nördliche Breite. — s. Br. = südliche Breite.

NB. Alle Temperaturen sind nach der hundertteiligen Skala, alle geographischen Längen nach Greenwich angegeben.

Kapitel I

Die Meeresflächen und ihre Gliederung.

Die Wasserdecke der Erde, die wir das Meer nennen, ist ein einheitliches Ganzes: es giebt nur ein Weltmeer, das die Kontinente wie die Inseln umflutend rings die Erdoberfläche zusammenhängend umgiebt. Wasserbecken, die durch Festlandteile vom Weltmeer losgelöst sind, gelten nicht als Zubehör des Meeres, auch wenn sie salziges Wasser enthalten oder einst in vergangenen Epochen der Erdgeschichte wirklich Teile des Ozeans gewesen sein sollten. Diese Kategorie von Wasseransammlungen unterscheidet der geographische Sprachgebrauch als Landseen oder Binnenseen. Man macht also ihnen gegenüber dieselbe Unterscheidung, wie sie zwischen Kontinenten und Inseln üblich ist.

Wollen wir die Flächenanteile, welche Land und Meer von der gesamten Erdoberfläche einnehmen, ermitteln, so haben wir demnach die Areale der Binnenseen den Kontinenten zuzurechnen, wie wir diesen ja auch alle von den Flußläufen eingenommenen Räume zuzählen.

Nehmen wir als Wert für die ganze Erdoberfläche nach Bessel 510 Mill. *qkm* an, so entfallen davon nach den neuesten Berechnungen von Hermann Wagner 144·5 Mill. *qkm* auf die Festlandflächen, also der Rest von 365·5 Mill. *qkm* auf die des Meeres. Hiernach ist also der Ozean mehr als $2^1/_2$ mal größer an Areal als alle Landflächen.

Hierbei ist allerdings zu beachten, daß wir die Umrisse von Land und Wasser auf der Erde noch nicht genau kennen, wie denn neuere Aufnahmen entlang den arktischen Küsten Sibiriens das Areal Asiens sehr merklich verändert haben. Insbesondere sind in den Nordpolarregionen rund 6 Mill., um den Südpol etwa 18 Mill. *qkm* als unerforscht zu betrachten, so daß wir nur auf einem Gesamtareal von 486 Mill. *qkm* die Ver-

teilung von Land und Meer wirklich kennen. Von diesem
sind nun nach Wagners Zusammenstellung rund 134·5 Mill.
als Land bekannt. Indes spricht eine gewisse Wahrscheinlichkeit dafür, daß den Räumen um den Nordpol
große unbekannte Landflächen fehlen, während man
umgekehrt geneigt ist, für die Südpolargebiete einen
sechsten Erdtheil, die Antarktis, anzunehmen. Wagner
giebt den noch zu entdeckenden Inseln um den Nordpol rund ein Sechstel, dem antarktischen Festland ein
Halb der uns noch unbekannten circumpolaren Areale
und gelangt so zu der oben angegebenen Zahl. Unter
diesen Voraussetzungen verhält sich somit die Land-
zur Meeresfläche wie 1 zu 2·54 oder wie 28 Proz. zu
72 Proz. Diese Zahlen werden als die wahrscheinlichen Werte für die Verteilung des Flüssigen und
Trocknen auf der Erdoberfläche allen im Folgenden
vorkommenden Rechnungen zu Grunde zu legen sein.

Das Antlitz des Erdballs ist folglich überwiegend
ozeanisch.

Obwohl nun das Weltmeer ein zusammenhängendes
Ganzes ist, so erscheint es doch gegliedert durch die
ihm in unregelmäßiger Weise eingelagerten Festlandflächen. Nehmen wir einen Globus zur Hand und neigen
seine Axe so, daß wir die Mündung der Loire genau
in der Mitte des Erdbildes sehen, so überschauen wir
gleichzeitig mit einem Blick den größten Teil alles
irdischen Festlandes, nämlich ganz Europa, fast ganz
Asien, ganz Afrika, sowie ganz Nordamerika und das
nördliche Südamerika; außerhalb des Gesichtsfeldes
fallen die südlichen Teile Südamerikas, Cochinchina,
Malaka und der ostindische Archipel von Sumatra und
den Philippinen an, ferner das ganze Festland von
Australien samt den ihm benachbarten Inseln.

Stellen wir dagegen den Globus so ein, daß wir
Neuseeland in der Mitte sehen, so haben wir fast nur
ozeanische Flächen vor uns. Die Festländer sind also
sehr unregelmäßig in das Meer eingelagert, sonst könnten
wir nicht auf solche Weise eine Landhalbkugel und
eine Wasserhalbkugel unterscheiden, oder mit Karl
Ritters Worten, von einer eigentlich maritimen und

einer tellurischen Seite der Erde reden. Aber letzteres
darf nur unter gewissen Einschränkungen gelten.

Berechnet man nämlich die Areale des Landes
und des Meeres auf jeder dieser Halbkugeln, so ergiebt
sich folgendes: Auf der sog. Landhemisphäre überwiegt keineswegs etwa das Land, ja beide Flächengrößen sind nicht einmal gleich, es stehen nur
120^1/$_2$ Mill. *qkm* Land 134^1/$_2$ Mill. *qkm* Meer gegenüber,
was einem Verhältnis von 1 zu 1·12 oder wie 47 Proz.
zu 53 Proz. entspricht. Also auch hier übertrifft das Meer
das Land immerhin um einen Betrag von 14 Mill. *qkm*,
eine Flächengröße, die gar nicht unbedeutend ist; hat
doch ganz Südamerika nur 17^3/$_4$ Mill. *qkm* Fläche. Es
giebt also auch eine sog. Landhalbkugel in einem Sinne
von überwiegender Landausdehnung nicht.

Auf der Wasserhalbkugel dagegen wirkt das
Meer mit seinen 230^1/$_2$ Mill. *qkm* geradezu erdrückend
auf das winzige Landareal von nur 24^1/$_2$ Mill., so daß
hier also 9^1/$_2$ mal mehr Wasser vorhanden ist als Land,
oder beide Flächengrößen sich verhalten wie 9^1/$_2$ Proz.
zu 90^1/$_2$ Proz. — Die Unterscheidung einer Wasserhalbkugel erscheint demnach im vollsten Maße als
begründet.

Dementsprechend wird nun auch die nördliche
Hemisphäre sehr viel mehr Land enthalten, wie die
südliche. Während auf der letzteren 43·5 Mill. *qkm* Landflächen liegen, besitzt die andere Erdhälfte 101 Mill. *qkm*,
also 2^1/$_3$ mal so viel. Auf der Südhalbkugel verhält sich
also Land zu Meer wie 17 zu 83 Proz., dagegen auf
der nördlichen wie 39·6 zu 60·4 Proz., d. h. hier wie
2 zu 3. Während so, wenn wir die Halbkugeln vergleichen, das Wasser stets als das herrschende Flächen-
element auftritt, so lassen sich doch, sobald wir auf
schmaleren Zonen die Verteilung von Land und Wasser
untersuchen, auch Breiten nachweisen, in denen das
Land überwiegt. Dove hat schon im Jahre 1862 für
jeden fünften Parallel die Anteile gemessen, die auf
Wasser und Land entfallen, und gefunden, daß auf der
nördlichen Hemisphäre zwischen 72^0 und 45^0 n. Br.
das Land mehr als die halbe Zonenfläche beansprucht

Fig. 1—5.

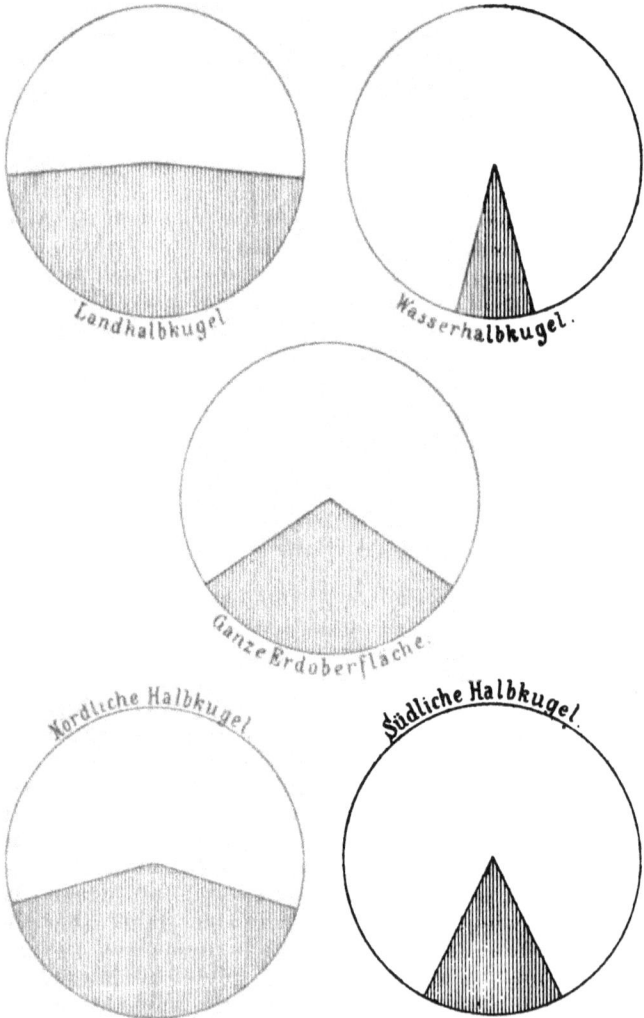

Flächenverhältnis von Wasser und Land. (Die Landflächen sind schraffiert.)

und genau unter dem nördlichen Polarkreise sogar mit
77·4 Proz. des Umfanges das Maximum seiner relativen
Verbreitung erlangt. Beistehende graphische Darstellung,*) die nach den Dove'schen Zahlen entworfen ist,
zeigt diese merkwürdige Anordnung und zugleich, wie
das Wasser fortgesetzt um so stärker seinen Vorrang
geltend macht, je mehr wir uns der Südhemisphäre
nähern. Zwischen 15⁰ n. Br. und 35⁰ s. Br. bleibt das
relative Verhältnis von Wasser und Land nahezu unverändert das gleiche (25·5 bis 25 Proz.) und ändert
sich erst von 35⁰ s. Br. ab schnell zu Gunsten des
Wassers. Man erkennt auf dieser schematischen Darstellung deutlich die in der Nähe des Nordpolarkreises
erfolgende Annäherung des asiatischen und nordamerikanischen Festlandes in der Gegend der Beringstraße, die Anlagerung Grönlands an Nordamerika.
Anderseits bewirkt die Thatsache, daß das asiatische
Festland in breiter nördlicher Front zwischen 65⁰ und
72⁰ n. Br. abbricht, ein schnelles Abfallen der Kurve.
Sieht man aufmerksamer zu, so wird man wohl auch
in 55⁰ n. Br. die Einlagerung solcher Binnenmeere wie
der Hudsonsbai, der Nordsee und der Ostsee und in
40⁰ n. Br. die des Mittelmeeres wiedererkennen; überaus
klar wird aber ersichtlich, daß sowohl Australien wie
Afrika in der Nähe des 35⁰ s. Br. ein Ende haben, wie
denn auch fernerhin was sich an Festland noch südwärts 35⁰ s. Br. findet, auf unserer graphischen Dar-

*) Auf dem Bilde sind die Abstände der einzelnen Parallelen
so gewählt, daß die zwischenliegenden Streifen sich ihrem Areal
nach untereinander genau so verhalten, wie die entsprechenden
Zonen auf der Erdoberfläche. Die ausgezogene auf dem Äquator
senkrechte Linie NS halbiert alle Zonen; die punktierte Kurve
läßt links von sich 28 Proz. jeder Zonenfläche, gestattet also
einen Vergleich der mittleren Verbreitung des Landes mit der
thatsächlichen, für die Fünfgradzonen aus Doves Messungen sich
ergebenden. Die Landräume polwärts von 75⁰ n. Br. und 65⁰ s. Br.
sind, als hypothetische, nur gestrichelt schraffiert. Bemerkt sei
schließlich noch, daß Dove die größeren Binnenseen (Kaspisches
Meer) den Meeresflächen zugezählt hat.

stellung die äußeren Formen der Südspitze Südamerikas
wiederholt.

Greifen wir nunmehr wieder zu unserem Globus,
indem wir ihn so stellen, daß wir gerade auf den Nordpol der Erde sehen, so tritt uns auch hier ein gewisses
Zusammenstreben der Festlandteile in der Nähe des

Fig. 6.

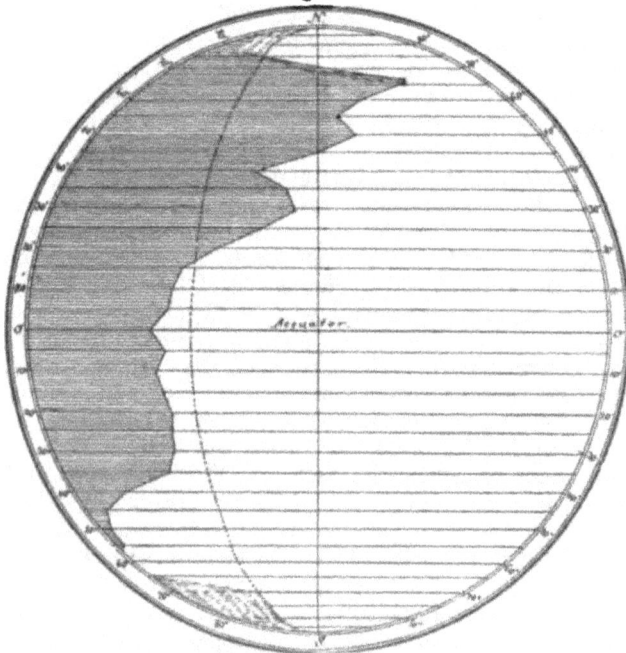

Verteilung von Wasser und Land nach Fünfgradzonen. (Das Land ist schraffiert.)

Nordpolargebietes entgegen. Südwärts hingegen weichen
die Landflächen in drei großen Partieen mehr und mehr
auseinander, sich dabei verschmälernd, halbinselartig
zuspitzend oder ganz in Inseln auflösend. Auf einer
Karte in sog. Sternprojektion, wie der beigegebenen,
kann man diese Verhältnisse mit einem Blick über-

schauen. Da ist es nun weiter bedeutsam, daß der amerikanische Kontinent sich in Sförmiger Krümmung in der Nähe des Äquators dem afrikanischen Gebiet so annähert, daß die Wasserfläche ganz ungleichmäßig geteilt wird: dem schmalen sich wie ein Binnenmeer zwischen das Land hineinschmiegenden Nordatlantischen Ozean steht in doppelter Breite der Nordpazifische gegenüber. Anderseits zeigt diese Erdansicht, wie der

Fig. 7.

Erdkarte in Steinhauser's Sternprojektion.

australische Inselkontinent sich am weitesten aus der geselligen Nähe der übrigen Festländer entfernt.

In dieser wunderbaren Anordnung ist aber zugleich auch die Einteilung des irdischen Weltmeeres angedeutet. Durch die auseinander strahlenden Landbänder des amerikanischen, des afrikanischen und des asiatisch-australischen Kontinentes werden drei große Wasserbecken voneinander geschieden, das Atlantische, Indische und Pazifische. Diese drei geben uns diejenigen Meeresräume, welche allein würdig sind, den Namen von Ozeanen zu tragen.

Freilich ist diese Trennung der drei Ozeane nur
auf der Nordhemisphäre, auf der südlichen aber nur bis
35° s. Br. deutlich vorhanden: was jenseits des letzteren
Parallels dem Pol zu liegt, bleibt eine in sich ring-
förmig geschlossene Wassermasse, die wahrscheinlich
erst innerhalb der eigentlichen Südpolarräume wieder
durch Land, die schon erwähnte Antarktis, unterbrochen
ist. Wir haben also einen südhemisphären Wasserring
vor uns, der die ganze Erde umgiebt und es möglich
erscheinen läßt, in 55° bis 60° s. Br. eine Weltumsegelung
auszuführen, ohne daß ein Stück Land, nicht einmal eine
Insel, dabei zu berühren wäre: also der volle Gegensatz
gegen die gleichen nördlichen Breiten.

Wir haben schon oben darauf hingewiesen, daß
sowohl der asiatische wie der amerikanische Kontinent
ihre nördlichen Grenzen in der Nähe des 70. Breiten-
grades finden, da ja der erstere nur spärliche, der andere
etwas reichlichere Inselgruppen noch weiter polwärts vor-
schiebt. Die arktischen Räume der Erde tragen daher
keinen kontinentalen Charakter an sich, vielmehr ist quer
durch sie in der Nähe des Poles eine Meeresverbindung
zwischen dem Nordatlantischen und dem Nordpazifischen
Ozean geschaffen. Bekanntlich unterscheidet man infolgedessen eine sogenannte nordwestliche Durchfahrt durch
die Baffinsstraße und den Parry-Archipel hin und auf
der andern Seite eine nordöstliche Durchfahrt an der
Nordküste Sibiriens entlang. Thatsächlich mögen beide
Durchfahrten wohl niemals nutzbare Schiffahrtswege ab-
geben: immerhin aber bleibt unbestreitbar, daß eine
Meeresverbindung zwischen Nordatlantischen und Nordpazifischen Gewässern besteht, mag eine solche auch, je
nach den großen Perioden der Witterung, dann und
wann einmal offen und schiffbar oder nur submarin unter
einer Eisdecke vorhanden sein: genug, daß sie besteht
und wenn auch nicht von den Menschen zum maritimen
Verkehr, so doch wenigstens von den Tieren der See
zu Wanderungen benutzt werden kann.

Die eben hervorgehobenen flüssigen Verbindungen
der Meeresräume in den polaren und südlichsten Breiten
bewirken eben trotz aller deutlichen Dreigliederung im

Großen doch einen einheitlichen Zusammenhang des ganzen Weltmeeres. Wenn nun aber im hohen Süden ringsum eine solche Verbindung besteht, wo sollen wir da die Grenzen legen zwischen den drei Ozeanen?

Vor dem Problem einer möglichst natürlichen Einteilung der irdischen Wasserdecke stehend, folgen wir nicht der Ansicht jenes alten deutschen Geographen Bernhard Varen,[*]) dem Verfasser einer vor 200 Jahren weltberühmten „Allgemeinen Erdkunde“, daß dabei nicht viel zu gewinnen sei, denn eine jede solche Einteilung bestehe doch nicht in der Natur, sondern nur in unserer Phantasie! Ist es doch schon für die Zwecke der Statistik und des Unterrichts unvermeidlich, ganz scharf bestimmte Grenzlinien aufzusuchen.

Handelt es sich darum, unregelmäßig gegliederte Flächen auf der Erdoberfläche in möglichst natürlicher Weise einzuteilen, so wird man sich dabei eben an die Umrisse selbst halten, d. h. man wird den morphologischen Gesichtspunkt in den Vordergrund stellen müssen.

Sollen wir auf einer Erdkarte die Linie bezeichnen, durch welche aus dem Länderkomplex der sog. Alten Welt der Erdteil Afrika abzutrennen ist, so werden wir die Grenze in der Landenge von Suez, heutigen Tages also im Suezkanal selber, suchen. Ebenso die Grenze zwischen Nordamerika und Südamerika jedenfalls an der schmalsten Stelle des Isthmus von Darien.

Dieses Prinzip können wir für die Einteilung der Meeresräume im Großen aber nur in wenigen Fällen anwenden; jedoch fast immer da, wo sich kleinere Meeresgebiete von den großen Ozeanen und untereinander natürlich abgliedern. So wird niemand bezweifeln, daß wir die Grenze des Mittelländischen Meeres gegen den Atlantischen Ozean in der Straße von Gibraltar

---

[*]) Varenius wurde im Jahre 1622 in Hitzacker an der Elbe geboren. Seine *Geographia Generalis* erschien in seinem Todesjahre 1650, und später in vielen Auflagen, deren beste kein Geringerer als Isaak Newton redigiert und kommentiert hat. Dennoch ist seine wahre Bedeutung erst mehr als zweihundert Jahre nach seinem Tode gewürdigt worden.

suchen, ebenso das Rote Meer und den Persischen Golf in den engsten Teilen ihrer Eingänge abgrenzen. Ähnlich werden wir in der Beringstraße eine bequeme Naturgrenze zwischen dem Nördlichen Eismeer und dem Beringmeer aufsuchen können, indem wir nur eine gerade Linie vom asiatischen Ostkap über die Diomed- und Krusensterninsel zum Kap des Prinzen von Wales ziehen. Das Beringmeer selbst werden wir im Süden von der großen Wassermasse des Nordpazifischen Ozeans dadurch abgliedern, daß wir die engsten Straßen zwischen den äußeren Aleuten-Inseln wählen, schließlich aber von dem westlichsten dieser Eilande, Attu, geradenwegs auf die Kupfer- und Beringinsel und von da auf das nächstgelegene Kap Kamtschatka der gleichnamigen Halbinsel hinübergehen. In gleicher Weise ließe sich das Karibisch-mexikanische Meer gegen den Atlantischen Ozean abgrenzen, oder das zwischen Asien und Australien eingeschaltete Inselmeer, indem man auch hier wiederum von Insel zu Insel die kleinsten Entfernungen aufsucht.

Aber auf der Südhemisphäre vereinigen sich alle drei großen Ozeanbecken, und eine natürliche Abgrenzung zwischen ihnen ist aus den Umrissen des Landes nicht zu finden. Am ehesten vielleicht noch im Süden von Amerika: denn hier ist die Verbindung zwischen dem Südatlantischen und Südpazifischen Ozean auf die verhältnismäßig schmale Straße zwischen dem Kap Horn und dem sog. Palmer- oder Grahamland eingeschränkt.

Wenn wir so im Süden Amerikas noch antarktische Land- oder Inselflächen finden, welche die Meeresverbindung einengen, so fehlt solcher Anhalt gänzlich im Süden Afrikas und Australiens. Denn in diesen Meridianen ist bis zum Polarkreise hin lauter freies Meer vorhanden, mit sechs oder sieben einsamen und kleinen Inselgruppen darin, die uns für unsere Aufgabe nichts nutzen. Wollen wir also überhaupt den Indischen Ozean in den höheren Breiten gegen seine Nachbarozeane abgrenzen, so müssen wir künstliche Grenzen wählen.

Es hat freilich Meeresforscher gegeben, welche ein
Bedürfnis auch hierfür leugneten und insbesondere einer
Scheidung des Indischen Ozeans vom Pazifischen wider-
sprachen. Es war der große französische Hydrograph
Claret Fleurieu, der in den letzten Jahren des 18. Jahrhunderts, in geistvoller Weise dieses Problem erörternd,
zu der Entscheidung gelangte, daß nur zwei, dem Areale
nach freilich sehr ungleiche, ozeanische Räume zu unterscheiden seien: der Atlantische, der sich zwischen den
Ostrand Amerikas und die Westküsten der Alten Welt
einlagert, und ein viel mächtigerer Ozean, der sich in
wenig unterbrochener Fläche von der Ostküste Afrikas
über den Südpol hinüber bis zu den westlichen Gestaden
Amerikas erstreckt. Diesen genau zwei Drittel des ganzen
Weltmeeres umfassenden Teil nannte Fleurieu den
„Großen Ozean". Den Einwand, daß die hinterindische
Inselwelt und das australische Festland diesen Zusammenhang zerschnitten, glaubte Fleurieu damit zu beseitigen,
daß er die genannten Inselmassen und Masseninseln
nur als losgesprengte und von diesem großen Ozean
verschlungene Überreste einer südöstlichen Halbinsel
von Asien bezeichnete, Australien also nicht als einen
selbständigen Erdteil anerkennen wollte. Dazu kam, daß
Fleurieu auch keinerlei Andeutung eines antarktischen
Festlandes gelten ließ. Da war denn, wie ein Blick auf
eine Karte der Südhemisphäre zeigt, eine solche Auffassung von einem Großen Ozean, der sich in einheit-
licher Fläche vom Kap der guten Hoffnung quer über
den Südpol hinüber bis an die Beringstraße ausdehnte,
gar so unberechtigt nicht. Indes sind eben in den ersten
vier Jahrzehnten des 19. Jahrhunderts die antarktischen
Räume erst einigermaßen erforscht und dabei wieder
die Möglichkeit eröffnet worden, wenigstens innerhalb
des südlichen Polarkreises eine, freilich von Eis starrende
und alles Lebens bare Inselwelt auftreten zu sehen.
James Clark Ross hat auf seiner denkwürdigen Reise
in dem Viktorialand bekanntlich vulkanische Kegelberge
von der Größe unserer höchsten Alpengipfel entdeckt,
Wilkes hat gleichzeitig die ausgedehnten Küsten eines
antarktischen Festlandes nachzuweisen gemeint, und

südlich von Amerika haben wir bereits ein, wenn auch kleineres und mit den eben erwähnten noch nicht in Beziehung zu bringendes Inselland kennen gelernt. Seit diesen Entdeckungen ist Fleurieu's kühne und großartige Auffassung nicht mehr zu halten: denn, mögen diese antarktischen Landräume zu einem geschlossenen Festlande gehören, oder mögen sie nur einen Archipel, ähnlich dem nördlich von Nord-Amerika bestehenden, zusammensetzen, — ein ununterbrochener Zusammenhang der Südpazifischen Gewässer mit den Südindischen quer über den Südpol hinüber dürfte wohl kaum mehr in einem Sinne, wie Fleurieu ihn gewollt, anzuerkennen sein. Und damit fällt denn auch die Berechtigung seines „Großen Ozeans", denn da das australische Festland bis 43⁰ s. Br. herab, das sogenannte antarktische aber Tasmanien gegenüber bis 65⁰ s. Br. hinaufreicht, so bliebe als offene ozeanische Verbindung zwischen dem Pazifischen und Indischen Ozean nur eine Strecke von 22 Breitengraden oder 2400 *km* übrig, eine Entfernung, die ganz und gar verschwindet gegenüber der Breite der einst von Fleurieu quer über den Südpol angenommenen ozeanischen Fläche, die vom Südkap Tasmaniens bis zum Kap Horn nahezu 8000 *km* (die Entfernung vom Pol zum Äquator beträgt 10000) erreicht haben würde. So sind wir doch wieder darauf angewiesen, auch südlich von Australien zwischen dem Indischen und Pazifischen Ozean eine Grenze aufzusuchen.

Nach dem Vorschlage einer von der Geographischen Gesellschaft in London im Jahre 1845 eingesetzten Kommission, welchen A. Petermann sich rühmte, zuerst in die Geographie eingeführt und bekannt gemacht zu haben,*) hat man sich allgemein dahin geeinigt, die Meridiane der südlichsten Spitzen der Festländer, also den Meridian des Kap Horn oder 67⁰ w. L., den des Kap Agulhas an der Südspitze von Afrika oder 20⁰ ö. L., und den des Südkaps von Tasmanien oder 146⁰ ö. L. (immer von Greenwich) als Grenzscheiden

---

*) Nämlich im Jahre 1850 in seinem *Atlas of Physical Geography*.

zwischen den drei Ozeanen anzunehmen und diese bis zum südlichen Polarkreis südwärts zu verlängern, dafür aber den Antarktischen Ozean innerhalb des Polarkreises vorläufig ganz aus dem Spiel zu lassen. Denn was will es anders bedeuten, wenn man innerhalb des südlichen Polarkreises einen besondern „Antarktischen Ozean" einschließt? — Endlich unterschied man auf der nördlichen Hemisphäre gleichfalls innerhalb des dortigen Polarkreises ein „nördliches Eismeer".

Mustert man den Verlauf dieser Linie auf einer Polarkarte oder einem Globus, so sieht man, wie sie in der Beringstraße nahezu mit der oben angedeuteten natürlichen Grenzlinie zwischen dem Ostkap und Kap des Prinzen von Wales sich deckt, und auch in der Davisstraße beinahe den engsten Teil bezeichnet. Auch in dem breitesten Thor des nördlichen Eismeers, dem zwischen Grönland und Norwegen, ist der Verlauf des Polarkreises nicht gar sehr von der kürzesten Linie entfernt, die Grönland mit Island und dieses mit Norwegen verbindet.

Auf diese Weise hat jene englische Kommission fünf Ozeane abgegliedert, die seitdem in die Schulbücher und Atlanten allgemein aufgenommen worden sind. Die Prinzipien, nach denen die Grenzen hier bestimmt worden, sind ursprünglich rein didaktische: man erzielte in den drei Grenzmeridianen und den beiden Polarkreisen Linien, die sich dem Auge wie dem Gedächtnis leicht einprägen.

Dennoch trifft diese künstliche Einteilung (wenn man will, diese Verlegenheitsteilung) auch einen durchaus natürlichen Charakterzug, wenigstens der drei großen ozeanischen Becken. Jene drei Grenzmeridiane sind nämlich auch im Großen und Ganzen die natürlichen Grenzen für die Systeme der Meeresströmungen in jenen drei Ozeanen: könnten wir also in jenen Meridianen feste Grenzwände errichten zur völligen Abscheidung der drei großen Meeresbecken, so würde dadurch das Bild der Meeresströmungen nicht gerade wesentlich verändert werden. Diese Betrachtungen führen uns nun weiter.

Wenn wir so jene drei großen Becken als für sich selbständig dastehende Wassermassen anerkennen, so

kann dies für die beiden Polarmeere nicht der Fall
sein. Das Südpolarmeer ist so durchaus eine Verlegen-
heitsbildung, daß wir billigerweise überhaupt von ihm
absehen dürfen. • Dagegen erweist sich bei näherer
Betrachtung, wie später gezeigt werden soll, das nördliche
Eismeer in seinen Strömungen als ein passives An-
hängsel des Nordatlantischen Ozeans; seine Strömungen
sind im Wesentlichen nichts anderes als Ausläufer des
Golfstromes und von diesem hervorgerufene Gegenströmungen. Wollten wir das Nordpolarbecken gegen
den Atlantischen und Pazifischen Ozean abschließen,
so würden die Strömungen und überhaupt das ganze
Wesen dieses Meeresteils verändert werden. Das nördliche Eismeer ist also keine selbständige Bildung im
Sinne der drei großen Ozeane.

Sehen wir uns eine Karte der Meerestiefen (Fig. 10)
an, so zeigt sich denn auch weiter, daß das Becken
jenes Eismeeres in einem sehr unvollkommenen Zusammenhang steht mit dem ozeanischen Tiefenbecken
des Atlantischen Ozeans. Die größte Tiefe der Beringstraße beträgt nach den Vermessungen von Bord des
amerikanischen Schoners Yukon nur 50 *m*; diejenige der
Davisstraße an ihrer engsten Stelle nach den Lotungen
durch das dänische Kanonenboot Fylla im Sommer 1884
nur 730 *m*; zwischen Grönland und Island, sowie zwischen
Island und Schottland haben wir nach den Vermessungen der dänischen und englischen Marine einen
submarinen Rücken, der gleichfalls nur 550 *m* Wasser
über sich hat. Was will diese geringe Tiefe besagen
gegenüber der 10, ja 15 mal größeren der eigentlich
ozeanischen Räume, die sich auch im Innern des Nord-
polarbeckens nicht wieder finden? So ist demnach durch
die sichtbaren Küstenlinien und diese unterseeischen
Rücken eine natürliche Abscheidung des Nordpolar-
meeres von dem Atlantischen und Pazifischen Ozean
hergestellt, die ausreichend erscheinen darf, um diesen
Meeresraum von den benachbarten Ozeanen, namentlich
vom Atlantischen, abzutrennen und als ein gesondertes
ozeanisches Individuum für sich hinzustellen.

Mustern wir nunmehr die drei großen Ozean-

becken des näheren, so bemerken wir, wie, in ähnlicher
Weise an ihren Rändern oder nur durch schmale Straßen mit ihnen verknüpft, sich eine ganze Anzahl von
kleineren Meeresräumen von ihnen abgliedert, wobei
die sichtbaren Grenzen durch Halbinseln der umgebenden
Festländer oder vorgelagerte Inselketten gegeben werden.
Am zahlreichsten sind diese Nebenmeere im Umkreise
des Atlantischen Ozeans, wie auch schon das Nordpolarmeer von diesem eben abgetrennt werden mußte. Wir
bemerken im Osten die Nordsee, dahinter die Ostsee;
ferner das Mittelländische Meer, — ·im Westen das
Karibisch-mexikanische Meer, den Golf von St. Lorenz,
und ähnlich die Hudsonsbai: sämtlich durch verhältnismäßig nur schmale Zugänge mit dem eigentlichen Ozean
verbunden. Im indischen Gebiet haben wir so das Rote
und das Persische Meer, dann das große hinterindische
Inselmeer zwischen Asien und Australien. Endlich im
Gebiete der Südsee das Ostchinesische, Japanische,
Ochotskische und Beringmeer, denen sich dann noch
das viel kleinere Kalifornische Golfmeer und allenfalls
noch die zwischen Tasmanien und dem australischen
Festland gelegene Baßstraße anreihen. Natürlich können
hier nicht alle kleinen und schwachen Ausbuchtungen
der Küsten, die wir als Meerbusen, Buchten oder Golfe
bezeichnet finden und die in weiter Öffnung ohne
deutliche Abgrenzung in die benachbarten Meeresflächen
übergehen, in Betracht kommen, sondern nur solche
Meeresgebilde, die sich natürlich abgliedern und so aus
ihrer ozeanischen Nachbarschaft heraus heben. Auch
eine gewisse räumliche Größe wird dazu gehören, wie
wir denn von Strandseen, Haffen oder Lagunen, die
sehr zahlreich aber nur klein sind, billigerweise ganz
absehen wollen.

Alle diese kleineren Räume, die wir eben Nebenmeere nannten, sind offenbar nicht von demselben Range,
wie die drei großen Ozeane. Viele unter ihnen führen
ein völlig abgeschlossenes Dasein für sich, wie beispielsweise die Ostsee, das Mittelländische, das Rote Meer,
der Persische Golf, die Hudsonsbai. Sicherlich würden
sie den Charakter als Meeresräume oder Meeresteile

völlig einbüßen, wenn ihre Wasserverbindung mit dem
benachbarten offenen Ozean abgeschnitten würde. Was
sollte wohl aus dem Mittelländischen Meere werden,
wenn wir die Straße von Gibraltar durch irgend ein
Naturereignis uns verschlossen denken? Die über diesem
weiten Gebiete herrschende sehr beträchtliche Verdunstung würde es sehr bald austrocknen. Weder der Nil,
noch der Ueberschuß atmosphärischen Wassers, der
den Dardanellen entströmt, könnte alsdann verhindern,
daß, wenn die Zufuhr aus dem Atlantischen Ozean aus-
bliebe, der weite Raum des Mittelmeeres sich in eine
tief ausgemuldete Steppe umwandelte, in deren größten
Vertiefungen das wenige Wasser, welches die Verdunstung etwa noch zurückließe, in Gestalt stark gesalzener
Steppenseen sich ansammelte. Nur das Schwarze Meer
würde diesem Schicksale entgehen, da es schon gegenwärtig an einem Übermaß von zufließendem Süßwasser
leidet: nur würde es alsdann, wenn der Abfluß durch
den Bosporus erhalten bliebe, völlig aussüßen. Letzteres
wäre auch das Schicksal der Ostsee, wenn wir uns an-
statt der breiten Belte eine Art Bosporus denken dürften.

Wir haben also hier irdische Räume vor uns, die
nur durch ihre mehr oder weniger ergiebige Verbindung
und steten Wasseraustausch mit den offenen Ozeanen
in ihrem Wesen und ihrer Existenz als Meeresgebilde
erhalten werden: es sind unselbständige Bildungen,
gegenüber den allein selbständigen drei echten großen
Ozeanen.

Mustern wir nunmehr die Reihe dieser unselbständigen Nebenmeere, so bemerken wir an ihnen mehrere
typische Unterschiede, die es uns gestatten, sie weiter
in zwei große Gruppen zu klassifizieren.

Als den einen Grundtypus dürfen wir das Mittelländische Meer hinstellen: es dringt tief ein zwischen
die drei Kontinente Europa, Asien und Afrika, und
rings wird es umlagert von großen Kontinentalflächen!
Ein zweites Mittelmeer erblicken wir zwischen Nord-
und Südamerika als Karibisch-mexikanisches Meer, das
zuerst wohl von dem französischen Naturforscher Buffon
das Amerikanische Mittelmeer genannt worden ist.

Als drittes, den beiden an Rang ebenbürtiges, nennen wir das zwischen die Kontinente Asien und Australien eingelagerte hinterindische Inselmeer, das darum den Namen des „Australasiatischen Mittelmeeres" zu tragen verdient. Endlich glauben wir auch, wiederum auf unsern Globus zurückgreifend, der allein die Areale und Formen in den wahren Verhältnissen gegeneinander dem Blicke darbietet, daß auch das Nördliche Eismeer eine den drei anderen verwandte Mittelmeerbildung ist, und zwar eine allerersten Ranges: der Globus oder auch die Polarkarte (oben S. 7) zeigt uns, daß es eingeschaltet ist zwischen dem sich verbreiternden Norden Amerikas und den ebenso mächtig sich ausdehnenden Flächen Nordasiens und Nordeuropas: es ist sozusagen quer über den Pol gerechnet das Mittelmeer zwischen der Alten und der Neuen Welt, denn es scheidet beide Welten da, wo sie sich in breitester Flächenentwickelung am meisten nähern. Man könnte hier einwenden, das „Arktische Mittelmeer" sei zu groß, um noch neben die anderen drei Mediterranbildungen gestellt zu werden. Es beträgt nämlich das Areal

des Mittelländischen Meeres	2·9	Mill. *qkm*
des Amerikanischen Mittelmeeres	4¹/₂	„ „
des Australasiatischen Mittelmeeres	8	„ „
des Arktischen Mittelmeeres	13	„ „

Es ist also um die Hälfte größer als das australasiatische, mehr als viermal so groß als das europäisch-afrikanische! Doch zeigt sich schnell, daß das arktische Eismeer ganz beträchtlich an Größe hinter den offenen Ozeanen zurückbleibt, und zwar viel mehr als die anderen Mittelmeere hinter ihm selber. Es kommen nämlich auf die drei Ozeane (ohne ihre Nebenmeere):

Atlantischer Ozean:	79·8	Mill. *qkm*
Indischer Ozean:	72·6	„ „
Pazifischer Ozean	161·1	„ „

Es ist also der kleinste der Ozeane, nämlich der Indische, fünfeinhalbmal größer als das nördliche Eismeer, der geräumigste Ozean aber zwölfmal größer. Lehrreicher

ist es, das Areal des Australasiatischen Mittelmeers,
weil dieses das nächstgrößte hinter dem nördlichen
Eismeere sein würde, als Einheit anzunehmen. Dann
würde sein:

$$\begin{aligned}
\text{das Australasiatische Mittelmeer} &= 1 \\
\text{das Nördliche Eismeer} &= 1\frac{1}{2} \\
\text{der Indische Ozean} &= 9 \\
\text{der Atlantische Ozean} &= 10 \\
\text{der Pazifische Ozean} &= 20
\end{aligned}$$

Offenbar gehört also das nördliche Eismeer derselben
Größenordnung an wie die anderen Mittelmeere, nicht
aber der Ordnung der Ozeane.

Auch wenn wir neben den Arealen die horizontalen
Dimensionen ins Auge fassen, so ergibt sich, daß die
größten Entfernungen, die hier in Betracht zu ziehen
wären, beim nördlichen Eismeer nicht gerade viel beträchtlicher sind als etwa zwischen Südchina und Nordaustralien. Vom innersten Teil des Golfs von Tonkin,
der Mündung des Songkáflusses, bis zum Hafen Port
Essington in Nordaustralien sind es 4500 *km* (= 2430 Sm.),
während der Abstand der Halbinsel Statland an der
norwegischen Küste, die wir als einen Grenzpunkt des
arktischen Meeres betrachten, und der Beringstraße
5675 *km* (= 3060 Sm.) beträgt. Das nördliche Eismeer
zeichnet sich vor dem schlankeren Australasiatischen
Meer durch eine viel abgerundetere Gestalt aus, daher
trotz des größeren Areals keine entsprechend wachsenden
Uferabstände.

Wir haben aber unter den kleineren unselbständigen
Meeresräumen noch einige wenige, die einen gewissen
Charakterzug mit den großartigen, eben beschriebenen
Mittelmeerbildungen gemein haben, nämlich daß sie
zwischen größere Festlandmassen eingelagert sind. Als
solche Mittelmeere zweiter Ordnung erkennen wir an:
die Ostsee oder das Baltische Mittelmeer,*) das Rote

---

*) So schon von Grandi in seinem *Sistema del mondo
terraqueo, Venezia 1716*, genannt. Der morphologische Begriff
der Mittelmeere im Gegensatz zu den Ozeanen erscheint bereits

Meer, den Persischen Golf und endlich die Hudsons-Bai, indem wir diese vom Arktischen Mittelmeer loslösen.

An den nun übrig bleibenden Meeresräumen erkennen wir dagegen ein gemeinsames Merkmal darin, daß sie den größeren Kontinentalmassen nicht eingelagert, sondern nur angelagert und durch Inselketten vom benachbarten Ozean getrennt sind. Wir nennen sie darum Randmeere und finden sie sehr zahlreich auf der Erdoberfläche entwickelt: die Nordsee und das britische Randmeer unter den europäischen Gewässern; ferner an den Küsten Amerikas, auf der Ostseite den Golf von St. Lorenz oder das Laurentische Randmeer; auf der pazifischen Seite das *mar vermejo* oder Kalifornische Randmeer. Besonders schön treten sie aber im Nordwesten des Pazifischen Ozeans auf, wo wir sie nebeneinander durch hauptsächlich oder ganz vulkanische Inselguirlanden gegen den Ozean abgegrenzt finden: das Beringmeer, das Ochotskische, Japanische und Ostchinesische Randmeer. Man darf auch in der Baßstraße ein „Tasmanisches Randmeer“ und in dem zwischen Sumatra und der Halbinsel Malaka einerseits und der Inselkette der Nikobaren und Andamanen anderseits gelegenen Meeresteil noch ein „Andamanisches Randmeer“ erkennen.

Wir gelangen also zu folgender Klassifikation der Meeresräume:

A. **Selbständige Meeresteile**, mit eigenem System von Meeresströmungen versehene, offene **Ozeane**:

1. der Atlantische Ozean,
2. der Indische Ozean,
3. der Pazifische oder Große Ozean oder die Südsee.

B. **Unselbständige Meeresräume**, von den Ozeanen ihrem Wesen nach abhängige **Nebenmeere**.

a) Zwischen Festlandmassen eingeschaltete **Mittelmeere**:

---

in einer Straßburger Dissertation des Dr Georg Christannus 1534, aber in voller Klarheit erst bei Isaac Vossius 1663.

α. Mittelmeere ersten Ranges oder interkontinentale:

1. das Romanische,
2. das Amerikanische,
3. das Australasiatische,
4. das Arktische;

β. Mittelmeere zweiten Ranges oder intrakontinentale:

5. das Baltische,
6. das Rote,
7. das Persische,
8. das Hudson'sche.

b) Den großen Landmassen angelagerte Randmeere:

α. Atlantische Gruppe:

1. die Nordsee oder das Deutsche Randmeer,
2. das Britische,
3. das Laurentische;

β. Westpazifische Gruppe:

4. das Ostchinesische,
5. das Japanische,
6. das Ochotskische,
7. das Beringische,

γ. Isolierte (zwei pazifische, ein indisches):

8. das Kalifornische,
9. das Tasmanische,
10. das Andamanische.

Überschauen wir nunmehr die Reihe der Nebenmeere, so zeigen sich noch eine Anzahl morphologischer Eigenschaften von wesentlicher Natur, die im vorigen noch nicht berührt worden sind.

So ist zunächst ihre Anordnung nach der geographischen Breitenlage eine sehr auffallende: nur ein Nebenmeer, das Tasmanische Randmeer, ist ganz südhemisphärisch; das Australasiatische Mittelmeer ist halb nord-, halb südhemisphärisch; hingegen der große Rest von neun Rand- und sieben Mittelmeeren ist durchaus Eigentum der nördlichen Halbkugel.

In dieser Anordnung kommt der für das Antlitz der Erde so bezeichnende Grundzug zur Geltung, daß die Umrisse des Festen und Flüssigen nördlich vom Äquator reicher gegliedert sind als südlich davon.

Betrachten wir die Breitenlage im einzelnen, so ist weiterhin merkwürdig, wie von den acht Mittelmeeren vier in den Breiten zwischen dem Äquator und 30^0 n. Br., also in den Tropen, liegen; eines, das Romanische, ist subtropisch, zwei (das Baltische und Hudson'sche) sind in höheren Breiten, in den höchsten aber ist das Arktische zu finden. Dagegen liegen von den Randmeeren sechs in den hohen Breiten zwischen 45^0 und 60^0 n. Br., zwei (das Ostchinesische und Kalifornische) in subtropischen Breiten, und nur eines, das Andamanische, in den Tropen. Vielleicht, daß unsere Nachkommen einmal in der Antarktis noch kleine Mittelmeere oder Randmeere kennen werden.

Nach unsrer gegenwärtigen Kenntnis aber nimmt die Zahl der Nebenmeere im Allgemeinen polwärts zu, entsprechend der oben (S. 6) graphisch dargestellten Zunahme der Festlandflächen im Verhältnis zu den Meeresflächen von 30^0 bis 70^0 n. Br. Und der Nordpol selbst wird von dem größten aller Nebenmeere beherrscht. — Die Beziehungen beider Phänomene liegen klar zu Tage: wo mehr Land im Meere, ist größere Gliederung möglich, wo mehr Gliederung, da auch mehr Nebenmeere. —

Sehen wir nun in diese selbst hinein, suchen wir uns also gewissermaßen ihre innere Gliederung zu vergegenwärtigen, so zeigt sich sehr bald, daß sie nicht durchweg einfache Bildungen sind. Ausnahmslos gilt dies von den halbinselreichen und inselerfüllten interkontinentalen Mittelmeeren.

Das R o m a n i s c h e Mittelmeer besitzt in seinem Bereich in Gestalt der Adria und des Pontus kleine Mittelmeere zweiter Ordnung, im Asow'schen Meer sogar ein Mediterraneum dritter Klasse; das Ägäische Meer, und vielleicht auch das Tyrrhenische sind Randmeere zweiter Ordnung.

Das Australasiatische Mittelmeer zeigt in der Sulu-, Celebes-, Molukken-, Banda-, Alfuru- und Sawu-See, eine ganze Kette sekundärer Randmeere, die einst schon Alexander v. Humboldt als morphologische Fortsetzung der ostasiatischen Randmeere (erster Ordnung) angesprochen hat.

Das Amerikanische Mittelmeer ist eine deutlich viergeteilte Bildung: der mexikanische Golf ist ein Mittelmeer zweiter Ordnung, während das Kayman-Becken, der Bahama-Archipel und das Karibische Meer als Randmeere sekundären Ranges gelten könnten.

Das Arktische Mittelmeer zeigt im Weißen Meer ein sekundäres Mittelmeer, in der Baffinsbai und Kara-See untergeordnete Randmeere.

Von den kleineren Mittelmeeren zeigt besonders die Ostsee eine reichere innere Gliederung: der Finnische und besonders der Bottnische Golf sind Miniatur-Mittelmeere, der Rigaische Busen ein Randmeer, das sich vom Hauptkörper der eigentlichen Ostsee absondern läßt: einer Art der Gestaltung, die einst schon Varenius auffallend fand.

So stellen sich namentlich die großen interkontinentalen Mittelmeere als ganze Nebenmeer-Komplexe dar, ein jedes eine Genossenschaft von unselbständigen Meeresräumen zweiten und dritten Ranges, die lediglich durch ihre gemeinschaftliche Einschaltung zwischen die großen Kontinentalmassen der Erde zu einem Meeresraum höherer Ordnung zusammengefügt werden. Diese vom Meere erfüllten vielzelligen Bauwerke, mit ihrer innigsten Durchdringung von Land und See, mildern wenigstens örtlich die gewaltige Trennung der großen Erdfesten voneinander, die, in Gestalt der großen und offenen Ozeane, das Bild unsres Planeten beherrscht.

Man könnte die großen interkontinentalen Mittelmeere demnach auch „zusammengesetzte" nennen.

Unter den Randmeeren zeigen nur das Britische und Ostchinesische sekundäre Gliederungen von Be-

deutung: das letztere schiebt in Gestalt des Golfs von
Petschili ein kleines Mittelmeer zweiter Ordnung in
den Körper des asiatischen Festlandes hinein, während
das Britische Randmeer fast ganz in drei sekundäre
Randmeere zerlegt werden kann, in den Ärmel-Kanal,
den Georgs-Kanal und die westschottischen Minches.
Nach einer veralteten Auffassung besäße vielleicht die
Nordsee im Kattegat einen Meeresanhang, der ein
sekundäres Randmeer vorstellen könnte, wenn man
nicht vorzieht, darin eine besondere Abart von Meeresstraßen zu erkennen, die man „Zwischenmeere" genannt
hat und als deren Typus das Marmor-Meer (die Pro-
pontis) gelten darf. Wir werden uns aber später überzeugen, daß es überhaupt geboten ist, das Kattegat
ganz zur Ostsee zu rechnen.

Wenn man aber in voller Strenge vorgehen wollte,
so müßte man sogar die ganze Ostsee als einen unter-
geordneten Anhang der Nordsee oder des arktischen
Mittelmeeres hinstellen, denn nur durch deren Ver-
mittelung kann sie mit dem offenen Ozean in Verkehr
treten. Die Nordsee selber berührt freilich den Nordatlantischen Ozean auch nur auf der schmalen Strecke
bei Faira zwischen Schottland und den Shetland-Inseln,
während ihr Hauptthor nach Norden hin liegt und in
das europäische Nordmeer, also Arktische Mittelmeer
hinausführt. So wäre auch sie schließlich mehr ein
Anhang des letzteren als des Ozeans. Beachtet man
aber weiter, daß ihr auch durch den Britischen Kanal
ozeanischer Zufluß übermittelt wird, so würde es doch
wohl an Pedanterie grenzen, wenn wir nicht doch der
Nordsee ihren Rang als ein primäres Randmeer be-
lassen wollten.

Schwieriger liegt allerdings die Frage über die
Stellung der Ostsee. Wenn wir im vorigen und im
folgenden den strengen Standpunkt verlassend, auch
sie als ein besonderes Nebenmeer auffassen, so führen
wir dafür nur folgendes an.

Zunächst ist die Abtrennung der Ostsee von der
Nordsee durch das Vordringen der cimbrischen Halbinsel nach Norden eine sehr entschiedene, wie ein Blick

auf die Karte zeigt. Die Wassermasse der Ostsee geht
nicht so auf in derjenigen der Nordsee, wie etwa die
der Adria in der des Mittelmeeres, oder wie die des
Pontus zurücktritt an Areal vor der des benachbarten
Mittelmeeres. — Anderseits zeigt die Ostsee so typisch
das tiefe Eingreifen in breite Festlandflächen, wie es
den intrakontinentalen Mittelmeeren eigen ist, daß dieser
Charakterzug für sich ausreichend erscheinen darf, die
Ostsee neben und nicht unter die Nordsee zu stellen,
die ja ihrerseits wiederum sehr schön das kennzeichnende
Merkmal der Randmeere, die Anlagerung an einen
Kontinent zeigt. Sollte man beide Gebilde zu einem
Nebenmeer vereinigen, — in welche Klasse würde
man dieses einzustellen haben? Soll man ein solcher-
gestalt vereinigtes „germanisches Randmeer" oder ein
„germanisches Mittelmeer" aufstellen? Es liegt auf der
Hand, daß hier Heterogenes vereinigt werden müßte,
was besser getrennt bleibt. Im Ganzen stehen wir hier
mehr vor einer Frage geographischen Taktgefühls als
wissenschaftlichen Scharfsinns. Aber schließlich beweisen
alle diese Schwierigkeiten doch am allerbesten, wie reich
und wie verwickelt die Gliederung des Festen und des
Flüssigen gerade in dieser Breitenzone der Nordhemisphäre sich gestaltet. Auf der andern Halbkugel wäre
ein solches Problem gar nicht denkbar.

Für die hier gegebene Einteilung ist ausschließlich
die wagrechte Gliederung maßgebend gewesen, und
nur aushilfsweise haben wir einmal auf die Tiefenverhältnisse der Becken zurückgegriffen. In der That
sind die horizontalen Umrisse durchaus als das vor-
nehmste Merkmal festzuhalten: sie verbürgen uns den
einheitlichen Zusammenhang des ganzen Weltmeers und
die Abhängigkeit aller Nebenmeere von den benachbarten Ozeanen, sie ermöglichen es, jeden der großen
Ozeane und das einzelne Nebenmeer als ein einheitliches
Individuum zu behandeln, so wie es uns die Natur
wirklich darbietet.

Wie bei' allen geographischen Einteilungen der
Erdoberfläche sind allerdings auch noch andre Gesichtspunkte sehr wohl denkbar. Am wenigsten Gewinn ver-

spricht die simple Unterscheidung nach Flächengrößen, die wir bereits oben (S. 17) flüchtig gestreift haben: sie würde uns etwa drei Ordnungen, die der großen Ozeane, die der mittleren und der kleineren Nebenmeere liefern. Mehr Erfolg könnten die geologischen Gesichtspunkte versprechen, wobei die Entstehung der Meeresbecken aufzusuchen und die gleichartig gewordenen zusammenzustellen wären. Soweit die gegenwärtigen Kenntnisse der überseeischen Küstengebiete überhaupt für solche Betrachtungen ausreichen, hat namentlich Eduard Sueß wichtige Andeutungen gegeben; ihm sind Alfred Hettner und Hermann Wagner gefolgt.

So erscheinen einzelne Randmeere und Randgebiete der Ozeane als seichte Überschwemmungen von Landsenken in flach geschichteten Tafelländern: solche „Überspülungs-" oder „Pfannenmeere" sind das Weiße Meer, die Ostsee, der Britische Kanal mit der Südhälfte der Nordsee, die Irische See und die Hudsonsbai. Wahrscheinlich sind früher einmal auch die südamerikanischen Tiefländer derartige Überspülungsmeere gewesen.

Auf tief eingreifenden Bewegungen der Erdkruste beruhen drei andre Gruppen von Meeresbecken.

Wo zwischen zwei parallelen Spalten die Erdkruste grabenartig eingebrochen ist, entstehen „Grabenmeere", wie das Rote Meer, das Arabische Meer mit dem Golf von Aden, der Kanal von Mosambique, der Busen von Biscaya: sie sind eingesenkt zwischen flachgeschichtete Tafelländer, deren mannigfach gebrochene Grundblöcke schollenartig gegeneinander verschoben sind.

Wo solchen Schollengebieten aber Faltengebirge nach der festländischen Seite hin vorgelagert sind, finden sich bisweilen weite in den Zwischenraum eingebettete Mulden, die dann von „Vormeeren" eingenommen werden: der Meerbusen von Bengalen mit dem indischen Tiefland, der Persische Meerbusen, die östliche Hälfte des Mittelmeeres, der Meerbusen von Mexiko sind Typen dieser Gruppe. Auch der Kaspische See würde sich hier einreihen.

In andern Fällen liegen die Falten weit hinaus

im Ozean, während hinter ihnen oder ihren Trümmern
landeinwärts Senkungsbecken vom Meer überflutet sind
und die sog. „Rückmeere" geben. Die große Reihe der
ostasiatischen Randmeere erster und zweiter Ordnung
von Alaska bis nach Neuguinea hin stellt Vertreter
dieser Gruppe; außerdem gehören noch das Andamanische und Karibische Meer, das westl'che und das
ägäische Gebiet des Mittelmeeres, ebenso das Schwarze
Meer dazu.

Schon aus einem solchen kurzen Überblick sind
die Vorzüge wie die Schwächen dieses Einteilungs-
princips deutlich zu erkennen. Unbestreitbar sind die
Formen des Meeres gegeben in den Formen des Gefäßes, worin sich die Flüssigkeit befindet, und ebenso
gewiß ist, daß Bewegungen der Erdkruste die heutigen
Meeresbecken geschaffen haben: „Der Erdball sinkt ein;
das Meer folgt." Anderseits aber liegt auf der Hand,
daß auf diesem geologischen Wege überhaupt nur die
Randgebiete der Meeresdecke einer begründeten Klassifikation zugänglich sein werden, ferner daß die einzelnen Teile eines in der Natur als eine Einheit uns
vor Augen liegenden Ozeans oder Nebenmeeres sehr
wohl weder gleichartig noch gleichzeitig entstanden
sein können; wie das denn bei den verschiedenen
Gliedern des Mittelländischen Meeres bereits festgestellt
ist, während sie doch allesamt miteinander durch
das Wasser zu einer übergeordneten Einheit verbunden
sind. Ein Verfahren aber, das einem Ganzen untergeordnete Teile herauszulösen und dabei die natürlichen Einheiten künstlich zu zerschneiden nötigt, ja
die Meeresräume geradezu wie trockene Thalbecken
betrachtet, giebt nicht den Weg zu dem von uns ge-
suchten natürlichen System. Zu einem Meeresraum gehört vor Allem auch das Wasser, nicht bloß das Becken,
und das Wasser ist entscheidend für den Zusammenhang aller Meeresgebilde und je nach dem Verlaufe
der wagrechten Umrisse, für die Abgrenzung der
Nebenmeere und der Ozeane.

Ehe wir diesen Gegenstand verlassen, können wir
nicht umhin, noch einige Bemerkungen hinzuzufügen
über die Namen, die wir den Meeresräumen zu erteilen
pflegen, und über deren historische Berechtigung.

Der Name des Atlantischen Ozeans, in dem Sinne,
wie wir ihn heute gebrauchen, ist zurückzuführen auf
den bereits oben erwähnten deutschen Geographen
Bernhard Varen (1650). Noch lange Zeit hatten indes
ältere Benennungen Geltung; wie beispielsweise die
des Mar del Norte, also Nordmeeres, und zwar war
nicht etwa nur der nordatlantische Raum so benannt,
sondern auch das Meer im Osten des Kap Horn trug
noch diesen Namen auf Karten des 18. Jahrhunderts.
Der berühmte Geograph Gerhard Kremer, gen. Mercator,
hatte nur den nordäquatorialen Teil als atlantisch bezeichnet, während er für den auf der Südhemisphäre
gelegenen den Namen des äthiopischen Ozeans einführen wollte.

Während man nach diesen und anderen Wand-
lungen, die im einzelnen vorgeführt hier nur ermüden
dürften, endlich ganz allgemein den Namen des Atlantischen Ozeans anerkannt hat, und der Begriff und
Name des Indischen Ozeans niemals strittig war, ist
eine solche Entscheidung für den dritten und größten
Ozean noch heute nicht erreicht Der deutsche Seemann
der Nordseeküste hält zwar noch mit einer gewissen
Zähigkeit daran fest, dieses gewaltigste Ozeanbecken
der Erde als Südsee zu bezeichnen: auch die nach
dem Ochotskischen Meer oder Kalifornischen Häfen
bestimmten Segler sind noch heute für ihn „Südsee-
fahrer". Der deutsche Seemann knüpft damit, pietätvoll
darf man wohl sagen, an die älteste Bezeichnung
dieses Ozeans an, die bekanntlich von seinem Entdecker
Balboa herrührt. Dieser erblickte, als der Erste die
Landenge von Panama übersteigend, am 25. September
1513 das lang ersehnte Meer zuerst gegen Süden, wie
das bei der ostwestlichen Erstreckung jener Landenge
nicht anders möglich war. Für seine Zeitgenossen stellte
sich diesem Mar del Sur der Atlantische Ozean als Mar
del Norte gegenüber, und diese Auffassung einer großen

Zeit spiegelt sich noch wieder in zwei zentralamerikanischen Küstenorten: der Haupthafen der Republik
Nicaragua an der karibischen Seite trägt den Namen
San Juan del Norte, während an der pazifischen Seite
ihm ein San Juan del Sur gegenüberliegt, wobei indes
diese südliche St. Johannisstadt das Unglück hat, um
20 Bogenminuten nördlicher zu liegen, als die angeblich
nördlichere Schwesterstadt.

Nur wenige Jahre jünger ist die auf Magellan
zurückzuführende Benennung des Stillen Ozeans: ein
Name, welchen dieser große Entdecker mit vollem
Recht vorschlagen konnte. War er doch volle hundert
Tage vom Feuerlande bis zu den Philippinen gesegelt,
ohne daß ihm ein Sturm begegnete! Diese Benennung
ist, wie es scheint, gegenwärtig die lebenskräftigste,
und zwar in der romanischen Form des Pazifischen
Ozeans. Eine dritte Benennung ist den Franzosen zu
verdanken: nachdem schon im Beginn des 18. Jahrhunderts, in welchem bekanntlich die französischen
Geographen die Führer unserer Wissenschaft waren,
der große Guillaume Delisle auf seinen Karten von
einem Grande Mer du Sud, also der „Großen Südsee"
gesprochen, trat um 1756 sein Schüler Philipp Buache
mit dem Vorschlage hervor, diesen gewaltigsten Ozean
der Erde einfach den „Großen Ozean" zu nennen.
Wirklich ist dieser Ozean doch allein größer als die
beiden anderen Ozeane zusammen genommen! Dieser
Vorschlag hat indes in praktisch-nautischen Kreisen
keinen Eingang gefunden, es huldigte ihm nur ein Theil
der Gelehrten. Soll man, vor diesen drei Benennungen
stehend, eine Entscheidung treffen, so ist „die Südsee"
als die ursprünglichste und erste zu bezeichnen, als die
gebräuchlichste wohl „der Pazifische Ozean". Aber nach
den in der Wissenschaft geltenden Prinzipien sollte
der älteste Name, also die „Südsee" den Vorzug verdienen. Man hat dagegen eingewendet, ein Meer, das
zur Hälfte der Nordhemisphäre angehöre, dürfe nicht
Südsee heißen. Aber wenn man ein solches Prinzip
anerkennen wollte, welche Umwälzung müßte da in der
Benennung auch anderer irdischer Objekte eintreten?

Würden wir Deutschen da noch ein Recht haben, von einer Nordsee zu sprechen, während die Dänen geltend machen, daß es für sie die Westsee, die Engländer, daß es für sie wiederum eine Ostsee wäre? Man schont doch sonst mit Pietät so altüberlieferte Namen, wie z. B. Amerika, und doch trägt dieses seinen Namen bekanntlich sehr zu Unrecht! — Der Gang der geschichtlichen Entwickelung, auch solcher Fragen der Nomenklatur, ist eben ein keineswegs durchweg nach unseren Anschauungen stichhaltiger und logischer; und es hat nicht den Anschein, als wenn irgend jemand das siegreiche Vordringen des pazifischen Namens auch unter den deutschen Seeleuten wird verhindern können.

Kapitel II.

Die Meerestiefen.

Wir haben im vorigen einen wahrscheinlichen Wert für das Areal der Meeresräume gefunden; wollen wir nunmehr ihr Volum und später ihren Masseninhalt bestimmen, so müssen wir zuvor von der Tiefe des Meeres eine Vorstellung zu gewinnen suchen.

1. Das Meeresniveau.

Die Tiefenmessungen können immer nur von der Oberfläche des Meeres aus vorgenommen werden. Diese Oberfläche, das Meeresniveau, ist nun aber keineswegs eine regelmäßige und einfache Erscheinung. Früher hat man solches wohl vorausgesetzt, indes mit Unrecht.

Wäre kein Land vorhanden, so würde das Meer in seiner Oberfläche die ungetrübteste Form eines um seine Achse rotierenden Himmelskörpers darbieten: sein Querschnitt würde keinen Kreis, sondern eine Ellipse vorstellen, deren kleinerer Durchmesser durch die Rotationsachse von Pol zu Pol gegeben ist. Es würden also nicht alle Punkte dieser Oberfläche gleichweit vom Mittelpunkt dieses aus Wasser bestehenden Planeten entfernt sein, sondern immer nur die unter derselben geographischen

Breite gelegenen. Dagegen würden alle Punkte im
Äquator weiter vom Erdmittelpunkt abliegen als die
Punkte jeder anderen Breitenlage. Das sind alles selbst-
verständliche Folgerungen.

Denken wir uns nun Kontinente in diese Wasserdecke eingeschaltet, so wird dadurch in der Oberfläche
des Meeres eine große Veränderung bewirkt.

Fig. 8.

Das britische Expeditionsschiff „Challenger".

Alle Körper ziehen einander an, und zwar im
richtigen Verhältnis zu ihrer Masse. Das Land ist 2·8 mal
schwerer als das Wasser, wird also, wenn gleiche
Volumina einander gegenüberstehen, das Wasser 2·8 mal
stärker anziehen, als es selber von diesem angezogen
wird. Das wird nun auch bei den Kontinenten der Fall
sein. Jede Flüssigkeit stellt sich mit ihrer Oberfläche

in ein Niveau ein, das den auf sie einwirkenden Kräften
entspricht, und zwar so, daß dieses Niveau immer senkrecht zu einem darüber aufgehängten Lot verläuft.
Wären keine Kontinente vorhanden, so würde das Niveau
des Meeres sich nur nach der Schwerkraft und der
Centrifugalkraft richten. Ein aufgehängtes Lot würde
also in unseren Breiten durch die Centrifugalkraft von
der Richtung nach dem Erdmittelpunkt ab und nach
außen gezogen scheinen, was eben dann zur Folge hat,
daß die Meeresoberfläche die Form eines Rotations-
Ellipsoids annimmt. Treten aber Kontinentalmassen
zwischen der Meeresfläche auf, so ziehen auch sie das
Lot ihrerseits an, wie es in beistehender Zeichnung angedeutet ist. Die Meeresoberfläche stellt sich aber wieder

Fig. 9.

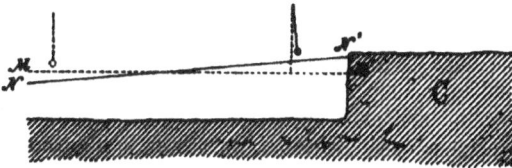

Die sog. Kontinentalwelle.

senkrecht gegen das Lot ein. Wäre der anziehende
Kontinent C nicht vorhanden, so wäre MM' die Niveaufläche des Meeres; durch den Kontinent erhält das Meer
aber die neue Niveaufläche NN', so daß das Meer in
unserer schematischen Zeichnung an der Küste um das
Stück $N'M'$ tiefer wird. Diese Erscheinung wird nun
rings um die Kontinente herum auftreten, und zwar um
so ausgiebiger, je flacher das Meer oder je massenhafter
und höher der Kontinent ist. Bei der großen Abwechslung
und Mannigfaltigkeit in der Beschaffenheit der festländischen Küstengebiete ist nun nicht zu verwundern,
daß dadurch das Meeresniveau durch das Auftreten
dieser sog. Kontinentalwelle eine sehr unregelmäßige
Fläche wird, die im Allgemeinen an der Küste weiter
vom Erdmittelpunkt entfernt ist, als im freien Ozean.

Nirgends aber wird diese neue Niveaufläche eine nach
außen hin konkave, vielmehr bleibt sie unter allen Umständen eine konvexe, die das Centrum ihrer Krümmung
in der Nähe des Erdmittelpunktes liegen hat.

Thatsächlich besitzen wir in dem Sekundenpendel
ein Instrument, welches diese Abweichungen direkt zur
Anschauung bringt. Da nämlich das freischwingende
Pendel durch die Schwerkraft, d. h. die vom Erdmittelpunkt ausgehende Anziehung, in Bewegung gesetzt
wird, diese Kraft aber sehr schnell abnimmt mit der
Entfernung vom Erdcentrum, so werden gleichlange
Pendel nur dann, wenn sie in gleichem Abstande von
diesem Centrum aufgehängt sind, die gleiche Zahl von
Schwingungen in 24 Stunden vollenden können. Werden
sie im größeren Abstande davon aufgehängt, so werden
sie weniger, werden sie in kürzerer Entfernung aufgehängt, so werden sie mehr Schwingungen in der
gleichen Zeit zurücklegen.

Denken wir uns nun einen Erdkörper, dessen Größe
wir dadurch ausdrücken, daß wir ihm mit einer Kugel
von 6370 *km* Radius gleiches Volum geben, der aber
dabei die Gestalt eines Umdrehungsellipsoids besitzt,
in welchen der Abstand des Poles vom Erdcentrum um
$1/_{298}$ kleiner ist als der Abstand des Äquators von diesem
Centrum, so ist es nicht schwer, für alle beliebigen
geographischen Breiten die Länge eines Pendels zu
berechnen, das genau in vierundzwanzig Stunden 86400
Schwingungen, also in jeder Sekunde eine, vollendet.
Das ist das Sekundenpendel.

Als man nun aber Pendel von der berechneten
Länge in den verschiedenen Regionen der Erde schwingen
ließ, was durch die großen Expeditionen von Eduard
Sabine, Henry Forster, Louis de Freycinet, Duperrey,
Lütke u. a. ausgeführt wurde, ergab sich ganz allgemein,
daß das Sekundenpendel an den Küstenorten zu wenig,
auf den ozeanischen Inseln aber zu viel Schwingungen
in 24 Stunden vollendete.

Damit war der Beweis für das Vorhandensein einer
Kontinentalwelle geliefert.

Die Beträge, um welche das wirkliche Meeresniveau

von dem berechneten Normalniveau abweicht, hat erst Helmert einwandfrei zu berechnen gelehrt, und nach seinem Verfahren ergeben sich erheblich geringere Niveaustörungen, als man früher angegeben hatte. Auch ist man erst neuerdings imstande, die bei der Messung der Pendellängen verwendeten Normalmaßstäbe gehörig zu prüfen, wobei ein großer Teil älterer Beobachtungen überhaupt als in diesem Punkte fehlerhaft wegfällt. Jedenfalls darf nicht mehr von Einsenkungen, die 1300 bis 1400 *m* erreichen, für das Meeresniveau bei ozeanischen Inseln gesprochen werden: die wirklich gemessenen Beträge übersteigen nirgends 200 *m*.

Dieser Betrag aber jst merklich niedriger, als Bruns und Helmert nach ihren Rechnungen erwarten ließen. Mit Recht haben schon vor 50 Jahren Airy und Faye diese Abweichung zwischen Beobachtung und Rechnung darauf zurück geführt, daß die Massen auf eine andere Art verteilt sind, als wir vorher angenommen haben: einerseits ist die Erdrinde unter dem Meeresboden dichter, als 2·8, anderseits das trockene Land weniger dicht, und zwar sind hier örtlich verschiedene „Massendefekte" vorhanden. So kommt es, daß die Kontinentalwelle nirgends den vollen theoretischen Wert erreicht, da die Anziehungen der Kontinente, weil ihnen an Masse etwas fehlt, schwächer werden, und noch dazu ein gewisser Bruchteil dieser Anziehung aufgehoben wird durch die verstärkte Anziehung, die von den überdichten Massen unter dem Meeresboden ausgeht.

Zu diesen auf den ungleichmäßig verteilten Massen in der Erdrinde beruhenden großen Niveaustörungen treten noch andere sehr viel kleinere, die durch meteorologische Vorgänge hervorgerufen werden. Sind die ersteren wenigstens ständig vorhanden, so zeigen die letzteren hier und da mit den Jahreszeiten wechselnde Beträge: Windstauungen, Regenfälle und Trockenzeiten werden die Oberflächenlage periodisch verändern. Da diese Vorgänge aber Strömungen zum Ausgleich solcher Unebenheiten hervorrufen, werden wir sie passender erst später bei Darstellung der Meeresströmungen behandeln; wie sich denn diese selbst wieder geeignet er-

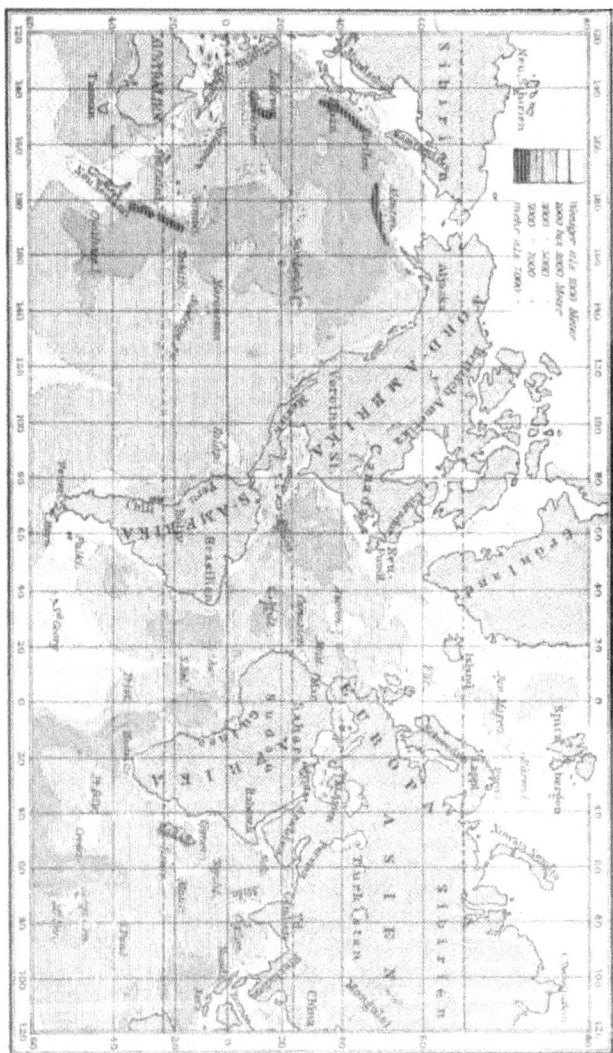

Fig. 10.

Karte der Meerestiefen

weisen werden, gewisse mehr oder weniger ständige Niveaustörungen örtlich hervorzurufen.

2. Die Tiefseelotungen.

Zwar finden sich schon bei den Alten, allerdings bei Schriftstellern zweiten oder dritten Ranges, Angaben über ihre Vorstellungen von den Tiefen des Meeres fernab von den Küsten, doch darf man kaum daran zweifeln, daß sie nur auf Schätzungen beruhten, nicht auf Messungen, von denen sonst jedenfalls einige Einzelheiten uns ebenso überliefert sein würden, wie von der berühmten Gradmessung des Eratosthenes auf ägyptischem Boden, welche Plinius „ein verwegenes Unternehmen" nannte. Die erwähnten Schätzungen der größten Tiefen lauten auf fünfzehn Stadien *) oder nahezu 3000 *m* was zufällig für das Mittelmeer, welches hier doch allein in Betracht kommen kann, gar nicht so falsch ist.

Im Übrigen zeigen die uns erhaltenen Segelhandbücher der Alten nur eine ungefähre, selten ziffermäßige Kenntnis der Tiefenverhältnisse an der Küste, namentlich schwieriger Fahrwasser, wie im Bereiche der Syrten, des Asow'schen und Roten Meeres. Jedenfalls ist das Senkblei in der Form des Handlots eines der ältesten Hilfsmittel der Navigation, und es berührt den modernen Leser merkwürdig, bei Herodot sich zu überzeugen, daß schon im frühen Altertum als Maßeinheit für diese Lotungen die Klafter dient, oder der Raum der ausgebreiteten Arme, bekanntlich dasselbe Maß, welches unsere Seeleute den Faden nennen, und das bis zur Einführung des Meters ganz ausschließlich auf den Seekarten benutzt ist.

Am Ende des Mittelalters sind die wesentlich von italienischen Piloten entworfenen Küsten- und Segelkarten, deren uns eine nicht kleine Zahl erhalten ist, vielfach reich an Tiefenangaben entlang den Küsten. Auch das älteste, dem fünfzehnten Jahrhundert entstam-

---

*) Nach einer andern Überlieferung bei Plutarch nur 10 Stadien, was mit Strabons Angabe von 1000 Klaftern übereinstimmt.

mende deutsche Segelhandbuch (das „Seebuch") der
hansischen Seeleute, neuerdings von Koopmann und
Breusing herausgegeben, verzeichnet eine große Zahl
von Lotungen im flachen Küstenwasser; hier herrscht
neben dem Faden- auch das Fußmaß.

Es scheinen mit dem Handlot, nach einer Bemer-
kung bei Varenius zu urteilen, bisweilen bereits Tiefen
von ein paar hundert Meter gemessen worden zu sein,
denn dieser Autor sagt, daß ein zwölfpfündiges Blei-
gewicht für eine 200 Ruten oder rund 800 m lange
Leine ausreiche, um sie im Wasser straff zu spannen;
er verhehlt aber auch nicht die Gefahr, bei Gebrauch
so langer Leinen über die gemessene Tiefe getäuscht
zu werden, da unterseeische Strömungen die Leine leicht
mit sich forttragen könnten, so daß sie nicht die senkrechte Entfernung vom Meeresspiegel bis zum Meeresboden angiebt, sondern eine größere.

Von den Lotleinen der großen Entdecker heißt es,
daß sie nicht länger als 200, höchstens 400 m gewesen seien. Und selbst mit dieser kurzen Leine ver-
suchte Magellan im Jahre 1521 zwischen den von ihm
mitten in der Südsee gesichteten, menschenleeren Koralleninseln Sankt Paul und los Tiburones zweimal zu
loten, wobei natürlich der Meeresboden nicht erreicht
wurde: ein Versuch, der ihn zu der naiven Folgerung
ermutigte, hier die tiefste Stelle des Ozeans gefunden
zu haben. Immerhin muß er als der erste urkundlich
überlieferte Fall einer Tieflotung im offenen Ozean
unser hohes Interesse noch heute erregen.

Noch mehrere Jahrhunderte hindurch begnügte
man sich, und es macht darin auch der sonst so nüchtern
urteilende Varenius keine Ausnahme, mit der aus dem
Altertum überlieferten Vorstellung, daß die größten
Meerestiefen ebensoviel unter dem Meeresspiegel liegen
müßten, wie die höchsten Berggipfel darüber: eine
Auffassung, die nur einem gewissen dunklen Gefühl
für das Ebenmäßige, das man auch überall in den
Werken der Natur suchte, entsprungen sein konnte.
Solchem, wenn wir so sagen dürfen, ästhetischen Vor-
urteil zuliebe, nicht auf Grund thatsächlicher Messungen,

meinte auch der verdiente Graf Marsilli, ein Mitglied
der Pariser Akademie, noch im Jahre 1725 die größte
Tiefe des westlichen Mittelmeerbeckens östlich von
Katalonien genau so groß ansetzen zu können, wie der
dazumal als höchster Pyrenäengipfel geltende Canigou
nach Cassini's Messung sich über das Meer erhebe,
nämlich 1400 Toisen oder 2730 *m.* Marsilli giebt
der künstlerischen Befriedigung lebhaften Ausdruck,
die ein Profil durch die symmetrische Verteilung seiner
Abhänge erweckt, welches von der Spitze des Canigou
aus nach der erwähnten Tiefe des Mittelmeeres sich
legen läßt: erst der steile Abfall vom Canigou zum
sanftgewellten Küstengebirge, dann die ebenere Fortsetzung des letzteren als submarines Küstenplateau bis
in beträchtliche Entfernung in die See hinaus, endlich
der steile Abfall dieses unterseeischen Plateaus in die
Tiefseemulde des Mittelmeeres.*) Der Graf verschweigt
keineswegs, daß seine eigenen Lotungen nirgends 150
Faden (oder rund 300 *m*) überschritten haben, er em-
pfindet sehr wohl die Notwendigkeit, auch die sehr viel
größeren Tiefen zu messen, aber hält solches für un-
ausführbar „ohne die Beihilfe eines Souveräns". Übrigens hat Marsilli nach seinen zahlreichen Lotungen
eine große Anzahl von Tiefenprofilen des Meeresbodens
aus dem Golf von Lion entworfen, die insofern das
höchste Interesse beanspruchen müssen, als sie überhaupt die ersten Profile von irdischen Reliefteilen sind.

Auch das 18. Jahrhundert verging, ohne daß ein
Seefahrer fernab von den Küsten mit der Lotleine den
Boden des offenen Ozeans berührte. Die Versuche von
Reinhold Forster auf Cooks zweiter Weltumsegelung
(1771—75) gingen nur bis 250 Klafter herab; vorher,
im Jahre 1749, war aber schon der britische Kapitän
Ellis an der nordafrikanischen Küste (in 25° n. Br.)
in größere Tiefe vorgedrungen, ohne aber mit 1630 *m*

---

*) Vgl. S. 40/41, Fig. 11 die faksimilierte Verkleinerung
(Nr. 13 bei Marsilli). Die Profillinie ist vom Canigou über den
Hafenort Rosas noch 54 Seemeilen durch das Meer nach Süd-
ost gezogen.

den Grund zu erreichen. Das gelang auch weder Kapitän Phipps (Lord Mulgrave) im Jahre 1773 auf einer Polarfahrt in der Nähe von Spitzbergen mit 1250 *m* langer Leine, noch dem berühmten William Scoresby am 28. Juni 1817, als er in $76^1/_2^0$ n. Br. und $4^8/_4^0$ westl. L. sein Lot bis 2200 *m* versenkte.

Die ersten wirklichen Erfolge sind im zweiten Jahrzehnt des 19. Jahrhunderts von einem anderen englischen Polarfahrer, Sir John Roß (dem älteren), errungen, der im Jahre 1818 mit seiner sogen. Tiefseezange von sechs Zentner Gewicht in der Baffinsbai nicht nur den Boden mit 1970 *m* berührte, sondern auch sechs Pfund eiskalten Grundschlamm aus dieser Tiefe heraufholte — eine Leistung, die von seinen Zeitgenossen mit Staunen aufgenommen wurde.

Obwohl diese erste Tiefenmessung nur in einem abgeschlossenen Teile des arktischen Meeres, nicht im offenen Ozean ausgeführt wurde, so diente sie doch den meisten Geographen in der ersten Hälfte des 19. Jahrhunderts zum Anhalt für ihre Behauptung, die größten Meerestiefen dürften 2000 Faden oder 3700 *m* nicht übersteigen. Nur Alexander von Humboldt sprach sich vorsichtig im ersten Bande des Kosmos noch dahin aus, daß man die Tiefen des offenen Ozeans, gleichwie die Höhe des Luftmeeres, nicht kenne.

Jener angebliche Maximalwert von 3700 *m* wurde auch sehr bald in Zweifel gestellt, als James Clark Roß (der jüngere) von seiner denkwürdigen Südpolarumsegelung zurückkehrend, bei Windstille im Südatlantischen Ozean zwischen St. Helena und Brasilien am 3. Juni 1843 ein mehrere Zentner schweres Lot auf 8400 *m* Tiefe versenkte, ohne, wie er meinte, den Grund erreicht zu haben. Systematische Forschungen in den offenen Ozeanen, zunächst im Nordatlantischen, wurden aber erst von jenem unvergeßlichen Manne angeregt, der in so umfassender Weise die moderne Meereskunde gefördert hat, durch den Amerikaner M. F. Maury. Seine Bemühungen haben um so mehr Erfolg gefunden, als sie an das gleichzeitig auftauchende Projekt einer Telegraphenverbindung zwischen Amerika und Europa anknüpften, denn nun gewann es ein hervorragend praktisches Interesse, die Meerestiefen genau kennen zu lernen.

So beginnt erst nach dem Jahre 1850 die Periode systematischer Tiefseelotungen, die zuerst von der Marine der Vereinigten Staaten (Brigg „Dolphin") begonnen, dann sehr bald auch wetteifernd von der britischen Marine (Dampfer „Cyclops", „Bulldog" u. a.) fortgesetzt wurden. Aus der Schar mehr oder minder ausgedehnter Expeditionen mögen an diesem Orte nur die wichtigeren noch genannt werden, nämlich die unter Leitung von Sir Wyville Thomson an Bord der Schiffe Lightning (1868) und Porcupine (1869, 1870) im schottischen Meer bis zu den Färöer und im Nordatlantischen Ozean entlang der portugiesischen Küste bis ins Mittelmeer hinein ausgeführte; dann die große von demselben Gelehrten geleitete Weltumsegelung auf der englischen Fregatte Challenger (Dezember 1872 bis Mai 1876), der sich die Expedition auf der deutschen Korvette Gazelle, unter dem Kommando des Kapt. z. S. v. Schleinitz durch ihre Thätigkeit in allen drei Ozeanbecken würdig anschließt, während die Amerikaner durch mehrere Fahrten der Tuscarora, Kapt. Belknap, 1873 bis 1875 die Tiefenverhältnisse des Pazifischen Beckens in großen Zügen enthüllen halfen. Die Amerikaner haben auch mit mehreren Dampfern im Bereiche des Amerikanischen Mittelmeeres und der angrenzenden Teile des Nordatlantischen Ozeans so zahlreiche Lotungen ausgeführt und die Methoden sowie die Instrumente in einem solchen Grade vervollkommnet, daß gegenwärtig nichts Besseres erreichbar scheint. Freilich ist im Laufe der Zeiten die Zahl der englischen Tiefseelotungen merklich größer geworden, namentlich im Bereiche des Indischen und Südpazifischen Ozeans, wo die Vermessungsschiffe Egeria und Penguin eine großartige, an wichtigen Entdeckungen reiche Thätigkeit entfaltet haben, von dem Fleiß der Kabeldampfer ganz zu schweigen. Auch die andern Nationen sind nicht zurückgeblieben; von deutscher Seite hat die kurze Fahrt des National mit der Plankton-Expedition (1889), die längere und bedeutsamere auf der Valdivia (1898/99), manchen wertvollen Beitrag geliefert. Hoch-

verdient ist auch der Fürst Albert von Monaco, der seine
reichen Mittel in den Dienst der Meeresforschung stellt,
wenigstens um die Aufklärung der nordatlantischen und
arktischen Tiefsee. In der letzteren haben auch schwedische und norwegische Forscher, nicht zuletzt Fridtjof
Nansen, Bemerkenswertes geleistet.

Ein kurzer Überblick über die vornehmlich be-

Fig. 1

Canigou

Profil des Grafen M a r s i l l durch

Trinity Bai

50°

1500
1735
2200
2650
2690
4000
4283
3645
3690
4050
4360
3510
4050
3655
2982
3655
2888

45°
40°
35°

Maafsstab der

0 50 100 200 300 400

Die Höhe verhält

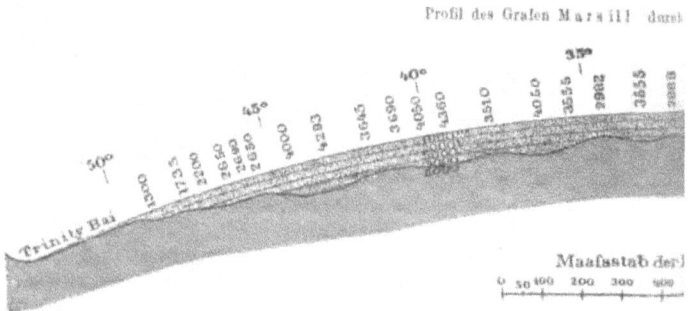

Querscl nitt durch das Becken des Atlantischen Oz

nutzten Instrumente und Methoden der Messung wird
hier am Orte sein, ehe wir über die Ergebnisse selbst
berichten. Wir wollen dabei solche Instrumente unterscheiden, welche mit einer abgeteilten Leine oder dergl.
eine direkte Abstandsmessung erlauben, und solche, mit
deren Hilfe auf indirektem Wege ein Einblick in die
Tiefenverhältnisse gewonnen wird.

Für Tiefen bis 200 *m* benutzt man das gewöhnliche

Handlot; für solche bis 1000 ein schweres Lot von 70 *kg*
Gewicht, und eine stärkere Leine (von etwa 25 *mm* Umfang). Das Gewicht muß darum schwerer (aber auch
die Leine soviel dicker) gewählt werden, weil ein zu
leichtes Lot von den Strömungen hinweggetragen wird,
die Leine also garnicht straff gespannt und senkrecht
in die Tiefe gezogen werden kann. Aus diesen mäßigen

und 12.

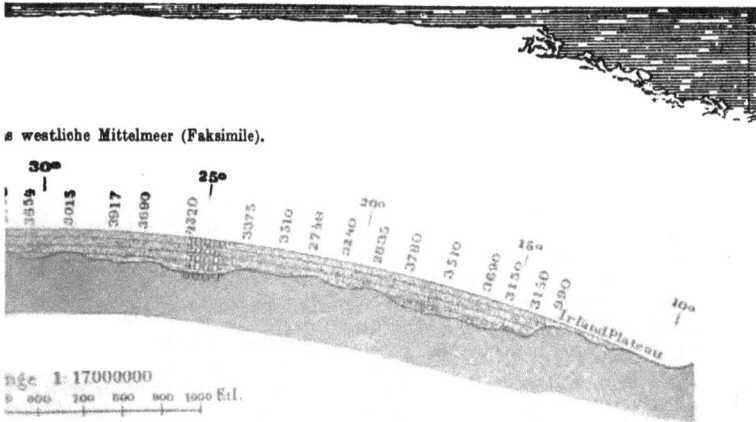

s westliche Mittelmeer (Faksimile).

nge 1:17000000

th sur Länge wie 20:1.

as längs der ersten unterseeischen Telegraphenlinie.

Tiefen wird mit der Leine auch das Gewicht wieder
aufgeholt, was im Falle, daß die Tiefe an 1000 *m* erreicht
und keine Dampfmaschine das Einwinden besorgt, recht
mühsam ist. Im Übrigen fühlt die Hand, durch welche
die Lotleine läuft, den Moment, wo der Sinker in ein
paar hundert Meter Tiefe den Boden berührt, meist noch
ziemlich sicher, so daß dieses große Handlot oder „Schwerlot" ein verhältnismäßig zuverlässiges Instrument bleibt.

Fig. 13.

Anders wird es, sobald größere Tiefen
gelotet werden sollen. Da ist zunächst die
Reibung des Wassers an der Leine so erheblich,
daß der Aufschlag des Gewichts am Boden
nicht mehr mit der Hand wahrzunehmen ist.
Ferner müssen sehr schwere Gewichte gewählt
werden, um die Leine straff zu halten, und endlich beansprucht das Einwinden einer so langen
Leine stets mehrere Stunden, während welcher
das Schiff seinen Kurs unterbrechen muß. Maury
schlug daher anfänglich vor, eine gewöhnliche
eiserne Kanonenkugel von 12—20 Pfund an
ordinärem Bindfaden zu befestigen, und diesen
von einer Rolle ablaufen zu lassen, die durch
ein Zählwerk die Umdrehungen und damit die
abgelaufenen Längen registriert. Nachdem die
Kugel den Meeresboden erreicht hatte, was
man bei diesem Verfahren noch meinte mit der
Hand wahrnehmen zu können, sollte der Bindfaden abgeschnitten und samt der Kugel preisgegeben werden.

Schwerlot.

Allein auch dieses sehr praktisch erschei-
nende Verfahren bewährte sich so lange nicht,
als man das Aufschlagen der Kugel auf den
Meeresgrund nicht mit Sicherheit zu erkennen
vermochte, so daß bisweilen ganz ungeheuer-
liche Tiefenwerte auf diesem Wege gewonnen wurden.
So hatten beispielsweise im Südatlantischen Ozean
zwischen der Laplatamündung und der Insel Tristan
da Cunha im Jahre 1852 Kapt. Denham auf dem
Schiffe Herald eine Tiefe von 14000 m und Lt. Parker
auf der Fregatte Congreß in über 15000 m angeblich
noch keinen Grund gelotet, während die wahre Tiefe
in beiden Fällen nach den modernen Lotungen nur
5000 m beträgt.

Durch eine ebenso einfache wie sinnreiche Erfindung
des amerikanischen Seekadetten Brooke wurde seit 1854
das Loten auch der größten Tiefen erheblich sicherer
und leichter. Brooke ließ nämlich eine recht große
Kanonenkugel durchbohren, führte durch dieselbe einen

Stab hindurch, an dessen oberem Ende mit zwei Schar-
nierhaken durch eine herumgeschlungene Schnur die
Kugel aufgehängt wurde, und zwar so, daß sie während
ihres Falles durch das Wasser vollkommen fest hing,
beim Aufstoßen des Stabes auf den Meeresboden aber
die Schnur von den umklammenden Haken sich ablöste,
die Kugel also beim Aufziehen des Stabes abgestreift
liegen blieb (vgl. die Abbildung). Das Einwinden der
Leine wurde so erheblich
erleichtert, und durch
eine am unteren Ende
des Stabes angebrachte
Höhlung mit Schmetter-
lingsventil wurde zu-
gleich die Möglichkeit
gewährt, eine Schlamm-
probe vom Meeresboden
an die Oberfläche herauf-
zubringen. Eine ähnliche
Vorrichtung hatte schon
1841 der geistreiche
französische Physiker
Aimé bei seinen Arbei-
ten an der algeriner
Küste angewandt; sie
war aber unbeachtet
geblieben.

   Gleichzeitig hiermit
war man bedacht, den
Moment, wo das Lot den
Boden berührte, schärfer

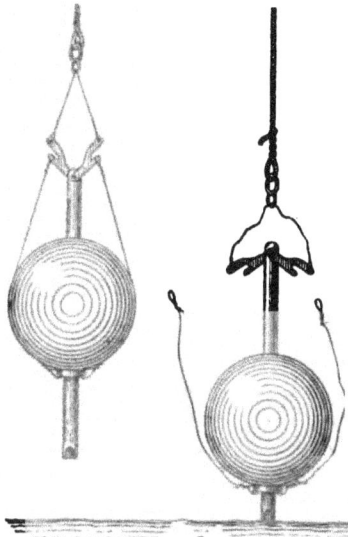

Fig. 14.

Brookes Tieflot.

zu bestimmen, und zwar fand man ein verhältnismäßig
einfaches Hilfsmittel dazu in den Ablaufzeiten gleicher
Leinenlängen während der Lotung. Man ließ die Rolle
selbstthätig ihre Umdrehungen zählen, oder der die
Lotung überwachende Offizier notierte nach einer
Sekundenuhr die Zeiten, in welchen gleiche Stücke der
Leine (meist 100 Faden = 183 *m*) abliefen. So brauchte
z. B. in einem gegebenen Falle ein Stück von 100 Faden
Länge in 100 bis 200 Faden Tiefe, um abzulaufen,

45 Sekunden, in 500—600 Faden schon eine Minute, und so vergrößerte sich dieses Zeitintervall immerfort, aber ganz gleichmäßig, je mehr die Leine durch ihre größere Länge einen größeren Reibungswiderstand im Wasser erfuhr, so daß, um bei dem eben erwähnten Beispiel zu bleiben, schließlich erforderlich waren:

für 1200—1300 Faden 1 M. 23 Sekunden,
für 1800—1900 „ 1 „ 47 „
für 2300—2400 „ 1 „ 52 „

Sobald der Sinker aufschlug, hörte die Leine kraft ihres eigenen Gewichts zwar nicht auf, weiter abzulaufen, aber dieses geschah nun mit einem Mal viel langsamer. Der in der Liste der Zeitnotierungen sich ergebende Sprung war das sicherste Kennzeichen dafür, daß das Lot den Meeresboden erreicht hatte.

Insgesamt erforderte in dem oben berührten Beispiele das Fallen der Leine 33 Minuten 35 Sekunden, während das Einholen in $^3/_4$ Stunden bewerkstelligt wurde.

Eine wesentliche Verbesserung von Brooke's Lot wurde im Jahre 1868 an Bord der englischen Korvette „Hydra", Kapt. Shortland, durch Lt. Baillie ausgeführt. Dieses sogen. Baillielot trägt statt der eisernen Kugel ein aus mehreren Ringen zusammensetzbares Sinkergewicht, wodurch es möglich wurde, für verschiedene Tiefen verschieden schwere Gewichte (bis zu sieben Centner!) zu nehmen. Auch die Abstreifvorrichtung ist in sehr einfacher Weise verändert: der zum Aufhängen des Gewichts dienende Draht ist über einen schulterförmig eingekerbten Zapfen gelegt, der beim Schlaffwerden der Lotleine, sobald der Boden berührt ist, durch sein eigenes Gewicht in die hohle Stange hinabgleitet und so den Draht abstreift. (Vgl. Figur 15.) Das Baillielot hat sowohl bei den zahlreichen Lotungen des Kapt. Shortland im Indischen und Atlantischen Ozean, wie dann später an Bord der „Porcupine", des „Challenger" und der „Gazelle" sich vorzüglich bewährt.

Anfänglich, wo nur Segelschiffe zur Verwendung kamen, lotete man nicht vom Deck, sondern von einem

ausgesetzten Boote aus, und immer nur bei gutem
Wetter, womöglich bei Windstille. Schon das Bedürfnis,
die für die Legung des Telegraphenkabels
notwendigen Lotungen schleuniger zu beschaffen, führte zur Anwendung von
Dampfern und zur Erfindung von Vorrich-
tungen, die das Loten unmittelbar vom
Deck des Schiffes aus ermöglichten. So
wurde, um die Stöße des im Seegange
schlingernden Schiffes zu mildern und ein
Brechen der Leine zu verhüten, diese von
der auf Deck angebrachten Seiltrommel
erst über einen sog. Akkumulator (Fig. 16)
geleitet: eine Vorrichtung, welche aus zwei
Holzscheiben besteht, die durch zahlreiche,
etwa ein Meter lange, dehnbare Gummistreifen zu einer Art Trommel verbunden
sind. Diese ist oben an einer Raa oder
einem Krahn befestigt und trägt unter
sich eine kleine Rolle, über welche die
Leine hinwegläuft. Die Elastizität der
Gummistreifen bewährte sich im Allgemeinen gut, doch gingen häufig genug
durch unabwendbare Zufälle jeder Expedition ein paar tausend Meter lange
Leinen, namentlich beim Einholen, verloren.
Das Einholen selbst geschah bei den
größeren Expeditionen stets durch eine
besondere, zu diesem Zweck aufgestellte
Dampfwinde.

Man wird sich leicht denken können,
daß Hanfleinen von so großer Länge
und bester Qualität, die 25 *mm* Umfang
haben und auf tausende von Metern hin
nicht gespleißt sein dürfen, nicht gerade
billig, Verluste daher sehr fühlbar sein
mußten. Das bewog die Amerikaner, die
älteren Versuche, statt der Hanfleinen
den billigen Stahldraht anzuwenden, wieder aufzunehmen.
So wurde an Bord der „Tuscarora" mit sehr gutem Er-

Fig. 15.

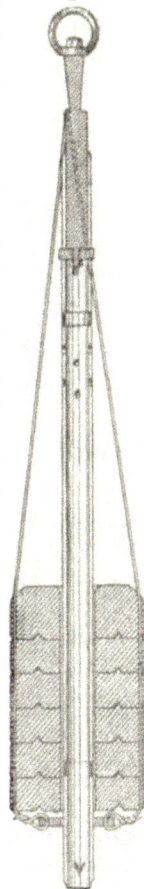

Baillie's Tieflot.

folge sehr dünner Klaviersaitendraht benutzt und anfänglich, wie zu Maurys Zeiten der billige Bindfaden, so hier
der Draht, sobald das Gewicht den Boden berührt hatte,
abgeschnitten und preisgegeben. Denn es stellte sich
zunächst als höchst schwierig heraus, den Draht wieder
einzuwinden, da sich in demselben sehr leicht Kinke
(Schlingen) bildeten, die
sein Brechen veranlaß-
ten. In der Folge aber
hat namentlich Kapt.
Sigsbee von der V. S.
Marine die Verwendung
des Drahts auf das höch-
ste vervollkommnet, in-
dem er sich einer großen
Trommel zum Einwinden
und statt des Akkumu-
lators eines in starken
Stahlspiralen federnd
schwebenden Rades be-
dient, über dessen Nute
hinüber der Draht un-
mittelbar ins Wasser
läuft. Die Haupteinrich-
tung seiner Maschine
verdeutlicht Fig. 17 auf
S. 47. Der Galgen, zwi-
schen dessen Pfeilern
das Rad auf und ab
federt, hat eine Höhe
von 2 m, die Trommel
einen Durchmesser von
70 cm. Die Maschine wird
an Bord in das Seiten-

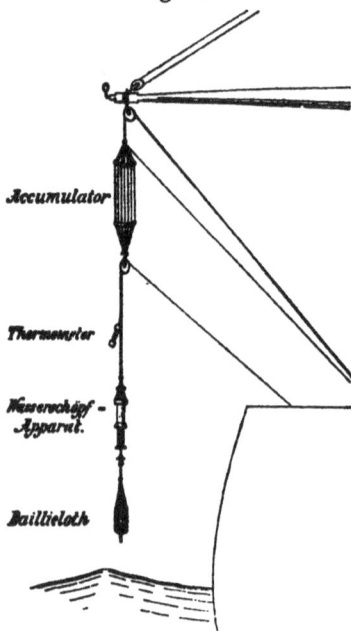

Fig. 16.

Accumulator

Thermometer

Wasserschöpf-Apparat.

Baillieloth

Herrichtung der Lotleine für eine Tieflotung
an Bord der Gazelle.

geländer hineingebaut, so daß der Galgen über die äußere
Schiffswand hervorsteht. Der Draht wird durch das
Gewicht der Lotkugel von der Rolle abgewickelt; eine
Bremsvorrichtung regelt den Ablauf so, daß nur das
Lotgewicht ziehend wirkt und, wenn dieses den Boden
erreicht, die Trommel still steht. Das Einwinden besorgt

eine kleine Dampfmaschine, deren Triebrad auf Fig. 17
links vor der großen Trommel angebracht ist; oder es
kann dies auch, wie auf der deutschen Tiefsee-Expedition,
ein Dynamo besorgen. In polaren Gegenden ist sogar
der elektrische Antrieb vorzuziehen, da die Dampf-
leitungen leicht einfrieren. Die Drahttrommel muß be-

Fig. 17.

Sigsbee's Lotmaschine.

sonders stark gebaut sein, damit sie die feste Einschnürung
durch viele hundert Windungen von gespanntem Lotdraht verträgt; der beste Gußstahl ist, wie schon Sigsbee
vorschreibt, allein imstande, diesen Druck auszuhalten.
Wird die Lotmaschine nicht gebraucht, so kann der
Akkumulatorgalgen niedergelegt werden; man zieht die

Maschine aus der Reeling auf Deck zurück, und kann
sie durch einen darüber gestülpten starken Holzkasten
von der Form eines großen Reisekoffers gegen Regen
und Sturzseen schützen. So nimmt die Maschine an
Bord wenig Raum ein. Mit ihr gelang es Sigsbee,
auch bei schwerem Wetter mit seinem verhältnismäßig
kleinen Schiffe schnell Lotung auf Lotung folgen zu
lassen. Selbstverständlich wurden zum Draht, dem das
Wasser nur eine verschwindende Reibung entgegensetzt,
leichtere Gewichte verwendet, meist eiserne Kugeln
von 30 bis 40 kg.*) Das von ihm benutzte Lot war eine
sehr praktische Abart des alten Brooke'schen (Fig. 20).
Der Klaviersaitendraht selbst hat nicht ganz 1 mm Durchmesser, und ein 1000 m langes Stück davon wiegt in
der Luft $3^{1}/_{2}$, im Wasser 3 kg. So hat Sigsbee in Jahres-
frist an 2000 Lotungen von großer Zuverlässigkeit ausgeführt, ohne 1 m Draht zu verlieren, während der
Challenger täglich höchstens zwei, auf der ganzen Reise
in $3^{1}/_{2}$ Jahren aber nur 353 Sondierungen zustande brachte.
Sigsbee hat das Loten im tiefen („blauen") Wasser auf
eine Stufe der Vollkommenheit gebracht, wie sie Maury
gewiss unerreichbar erschienen wäre.

Neben der Sigsbee'schen hat die von dem französischen Ingenieur Jules Le Blanc nach den Angaben
des Fürsten Monaco gebaute Lotmaschine viel Beifall
gefunden; nicht nur auf den zahlreichen Fahrten des
Fürsten selbst ist sie ausschließlich verwendet worden,
sondern auch die österreichischen Expeditionen an Bord
der „Pola" im Mittelländischen und Roten Meer, die
Deutsche Tiefsee-Expedition und die antarktische an
Bord der „Belgica" haben sich ihrer bedient; eine gute
Abbildung zeigt sie in Fig. 18 auf S. 49. An Größe
gleicht sie ungefähr Sigsbees Maschine: der Haupt-
unterschied zwischen beiden aber besteht darin, daß
die den Lotdraht tragende Trommel nicht auch als
Arbeitstrommel dient; der Draht ist vielmehr über eine

---

*) Die Maximaltragkraft des von Sigsbee benutzten Drahts
beträgt 100 kg; der Preis für je 1000 m Länge 75 Mark, während
1000 m Hanfleine nicht unter 225 Mark zu haben wären.

Fig. 18.

Lotmaschine des Fürsten von Monako, construiert von Jules de Blanc in Paris

besondere, starke zweite Trommel in einer Windung
herumgeführt, und so kann hier niemals ein Bruch der
Arbeitstrommel durch Zusammenschnüren erfolgen, wie
das bei Sigsbee leider nicht selten geschehen ist. Der
Fürst von Monaco verwendet keinen Klaviersaitendraht,
sondern ein dünnes, aus neun verzinkten Stahldrähten
gedrehtes Seilchen von 2·3 *mm* Durchmesser und 400 *kg*
Tragfähigkeit. Hiermit ist zwar der Vorteil verbunden,
daß an dem Seil viele andere Instrumente gleichzeitig
mit dem Lot in die Tiefe gesenkt und wieder aufgeholt
werden können, aber das Seil hat eine größere reibende
Oberfläche, und deshalb zeigt die Le Blanc'sche Maschine
die Grundberührung nicht so sicher an, wie Sigsbees;
das Einholen des Drahts erfolgt durch eine kleine
Dampfmaschine (rechts unten auf Fig. 18); der Fürst
von Monaco verwendet übrigens meistens ein Tiefseelot,
welches das Gewicht nicht am Meeresboden zurückläßt,
sondern wieder heraufbringt. Schon hierdurch ist ein
langsameres Aufwinden des Seils geboten, so daß man
mit dieser Maschine etwa um die Hälfte mehr Zeit
braucht, als bei einer Lotung mit der Sigsbee'schen.

Endlich darf auch noch kurz einer dritten Lotmaschine gedacht werden, die, von dem englischen
Kabel-Ingenieur Lucas konstruiert, namentlich auch in
der britischen Marine an Bord der Vermessungsschiffe
eingeführt ist. Sie ist der kleinste, aber auch empfind-
lichste Lotapparat, ohne Accumulator und ohne besondere Einwindemaschine; zum Aufholen des Drahts
wird die Trommel mit einem Treibriemen an die
Schiffslastwinde angeschlossen. Der verwendete Klavierdraht ist sehr dünn und hat nur eine Bruchfestig-
keit von 120 *kg*; die Sinker wiegen je nach der Tiefe
der Lotung 20 bis 50 *kg*. Mit der Lucas'schen Maschine
sind die gewaltigen Tiefen von über 9000 *m* im südlichen Stillen Ozean gelotet, sowie unzählige Sondierungen entlang den Kabellinien ausgeführt worden.
Klagen über Verluste von vielen Kilometern Draht
sind allerdings eine regelmäßig in den Berichten
wiederkehrende Zugabe.

Man ist beim Loten großer Tiefen immer wieder

auf die eben beschriebenen direkten Abstandsmessungen
mit Leine oder Draht und Gewicht zurückgekommen,
da auch die scharfsinnigsten Erfindungen, um auf einem
indirekten Wege große ozeanische Tiefen zu ergründen,
sich als unzuverlässig erwiesen oder ganz versagten.
Indes seien im folgenden doch einige dieser Versuche
aufgeführt.

Schon im Beginn des 17. Jahrhunderts erfand der

Fig. 19.

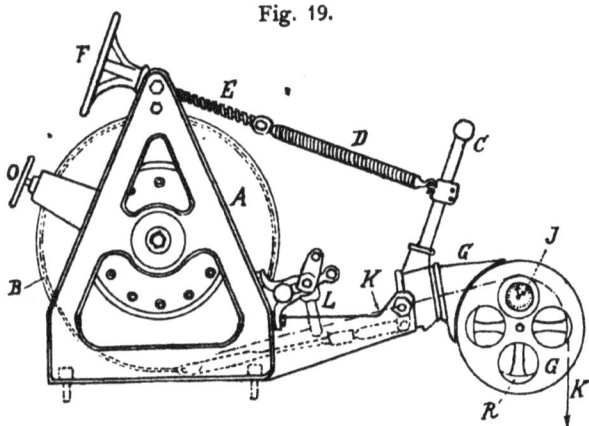

Lotmaschine von Lucas.

A Drahttrommel. *B* Bremstau. *C* Bremshebel, gehalten von der starken Stahlspirale *D*,
angezogen durch das Handrad *F* mit dem Gewinde *E*. *O* Klemmschraube zum Stoppen.
Der Draht *K* läuft durch die Führung *L* über die Rolle *R* innerhalb der Scheibe *G*.
Das Zeigerwerk *J* giebt die Umdrehungen der Rolle *R* und damit die abgelaufene
Drahtlänge.

neapolitanische Architekt Leo Battista Alberti eine Lotvorrichtung, mit deren Kritik sich schon Varenius be-
schäftigt. An einem Schwimmkörper, aus Holz, Kork,
Holundermark oder einer Schweinsblase bestehend, war
ein hakenförmiges Gewicht aufgehängt, welches den
Schwimmer an den Meeresboden herabzog, dort auf-
stoßend sich aber ablöste und nunmehr den Schwimmer
wieder an die Oberfläche zurückkehren ließ. Aus der
bei diesem Eintauchen vergangenen Zeit wollte man

auf den zurückgelegten Weg und damit auf die Meerestiefe schließen. Sobald der Apparat aber in tieferem

Fig. 20.

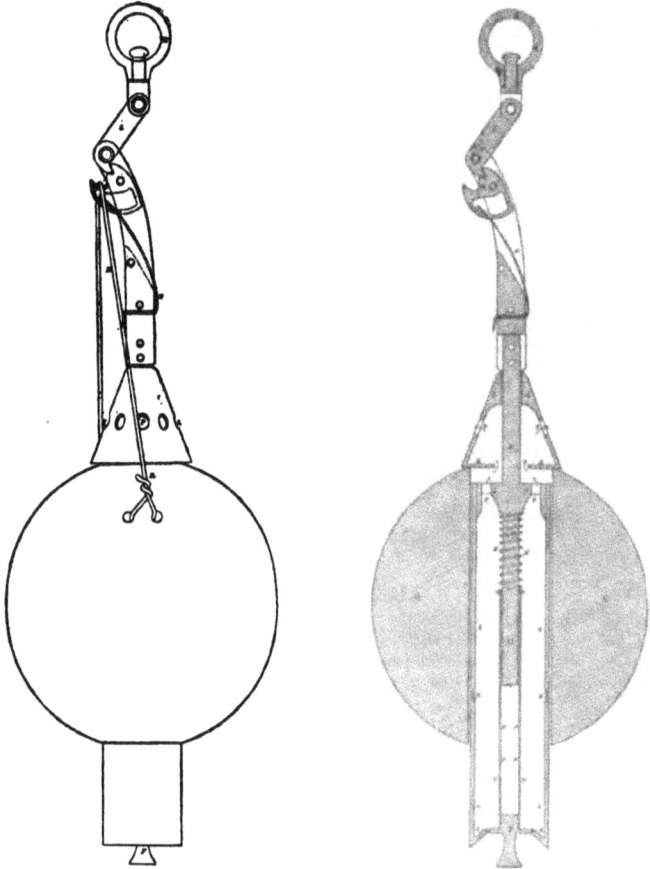

Sigsbee's Tieflot.

Wasser erprobt wurde, versagte er, indem der Schwimmer
durch Strömungen soweit vom Versenkungsort abge-

trieben wurde, daß man ihn nicht wieder fand. Viel-
fach mag er überhaupt nicht an die Oberfläche zurück-
gekehrt sein, denn unzweifelhaft wird bei dem großen
Druck, der in der Tiefe herrscht, poröses Material, wie
Holz oder Kork, völlig von Wasser imprägniert, ein
hohler, lufthaltiger Körper aber ganz zerdrückt, in
beiden Fällen also die Schwimmkraft vernichtet werden.
Auch im Anfange des 19. Jahrhunderts ist die Alberti'sche
Erfindung noch einmal gemacht worden, nämlich in
Verbindung mit Masseys Patentlot.

Dieses von Massey zuerst 1832 beschriebene Instrument könnte man kurzweg
ein Loggelot nennen. Bekanntlich ist gegenwärtig zur Bestim-
mung der Fahrtgeschwindigkeit
eines Schiffes das sog. Massey-
sche Patent-Logg besonders beliebt, dessen wesentlicher Be-
standteil eine Schiffsschraube
en miniature bildet, die durch
das Wasser hinter dem Schiffe
hergeschleppt sich in Drehungen
versetzt und diese durch ein
Uhrwerk zählt und registriert.
Die Verwendung dieses Loggs
für die Tiefenbestimmung lag
sehr nahe; es wird mit einem
Gewicht beschwert an einer
Leine, oder auch ohne solche,
mit Alberti'schem Abfallgewicht und Auftriebkörper,
in die Tiefe versenkt. Die Zahl der registrierten
Umdrehungen bei diesem vertikalen Wege soll ein
Maß für die Tiefe geben. — Auf Maurys Veranlassung
ist das Instrument vielfach, aber nicht mit dem ge-
hofften Erfolg angewendet worden; auch bei neueren
Expeditionen waren die Erfahrungen nicht günstig.

Wir sprachen soeben von dem starken Druck,
den die Wassermassen in der Tiefe ausüben und daß
der Druck mit der Tiefe mehr und mehr zunimmt.
Diesen Umstand hat man nun in ähnlicher Weise aus-

Fig. 21.

Massey's Loggelot.

gebeutet zur Tiefenmessung, wie man die Änderung des Luftdrucks in der Höhe zu Höhenmessungen benutzt. Die zu diesem Zwecke konstruierten verschiedenen Arten von „Tiefseebarometern" haben sich immer nur für kleine Tiefen bewährt (so die von Hopfgartner und

Fig. 22.

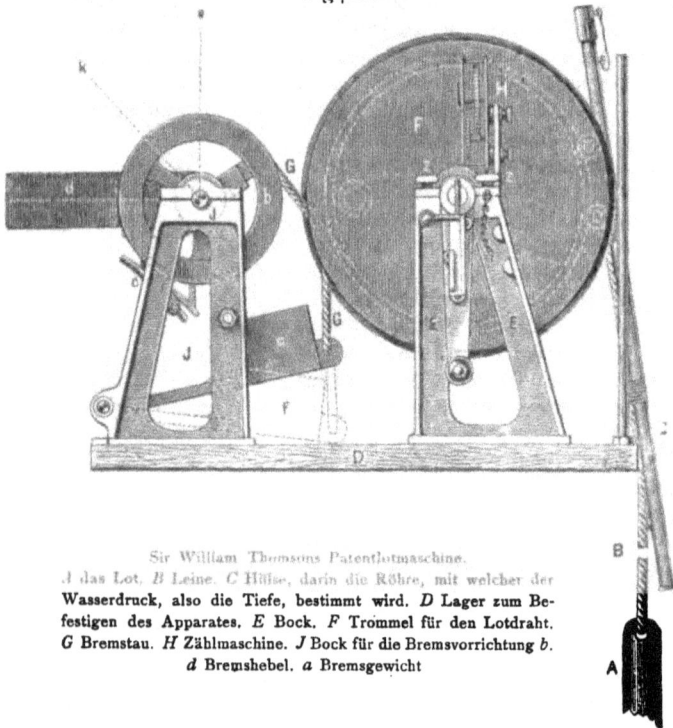

Sir William Thomsons Patentlotmaschine.
A das Lot. *B* Leine. *C* Hülse, darin die Röhre, mit welcher der Wasserdruck, also die Tiefe, bestimmt wird. *D* Lager zum Befestigen des Apparates. *E* Bock. *F* Trommel für den Lotdraht. *G* Bremstau. *H* Zählmaschine. *J* Bock für die Bremsvorrichtung *b*. *d* Bremshebel. *a* Bremsgewicht

Stahlberger in der Adria benutzten starkgebauten Aneroïde), in größeren Tiefen wurden sie in der Regel zerdrückt. In besonders sinnreicher Weise aber ist dieses Prinzip seit 1875 von dem berühmten englischen Physiker Sir William Thomson, dem jetzigen Lord Kelvin, in seiner „Patentlotmaschine" angewandt worden, die seit-

dem allgemein, u. a. auch in der deutschen Kriegs-
marine, eingeführt und sehr zuverlässig befunden ist
(Fig. 22). Wenn man eine oben verschlossene, unten
aber offene Röhre mit dem offenen Ende voran in das
Wasser versenkt, so wird die Röhre zum guten Teil
mit Luft gefüllt bleiben. Diese eingeschlossene Luft
wird aber um so mehr komprimiert, also das Wasser
um so weiter in die Röhre vordringen, je mehr der
Wasserdruck sich steigert. Ist nun die Innenfläche der
Röhre chemisch so präpariert, daß man nach dem Einholen des Apparats genau sehen kann, wieweit das
Wasser vorgedrungen war, so hat man ein Hilfsmittel,
um danach aus dem Druck die Tiefe des Wassers zu
bestimmen. Thomson belegte die Innenfläche des Rohres
mit chromsaurem Silber, das an der Luft rot ist, nach
Berührung mit Seewasser aber weiß wird, indem sich
Chlorsilber bildet. Einen besondern Vorzug hat sein
Apparat dadurch, daß ein Schiff auch in voller Fahrt
damit loten kann, indem es die Röhre hinter sich her-
schleppt: diese ist dabei an Klavierdraht befestigt, der
von einer Rolle abläuft, die durch Registrierung ihrer
Umdrehungen in der Zeiteinheit deutlich den Augenblick erkennen läßt, wo die Meßröhre den Boden
streift. Wie bemerkt, hat die Thomson'sche Lotmaschine
bei der Navigation in den flacheren Meeren vortreff-
lich gearbeitet; nur wo der Meeresboden steinig ist,
sind leicht Meßröhren verloren gegangen. Nachteilig
an dieser Lotvorrichtung aber ist erstens, daß die Luft,
je größer die Tiefen, in desto schwächerem Maße zusammengedrückt wird, so daß in Tiefen von mehr als
150 m die Ablesung an dem fortschreitend enger ge-
teilten Maßstabe schwierig und ungenau wird; zweitens
aber, daß für jede Lotung immer eine frische Meßröhre
genommen werden muß, wobei das Auswechseln Zeit
erfordert, man also nicht rasch genug loten kann, und
daß ein großer Vorrat von Röhren an Bord mitgeführt
werden muß.

Diese Nachteile werden bei dem neuen Universalbathometer von Kapitän Rung in Kopenhagen ver-
mieden. Es beruht auf demselben manometrischen

Prinzip wie Thomsons Lot; der Fortschritt besteht aber darin, daß nicht die Zusammendrückung der ganzen anfangs eingeschlossenen Luft bis in die größte erreichte Tiefe hin registriert wird, sondern daß man ein bestimmtes kleines Volum dieser Luft unten im Augenblicke des stärksten Druckes abtrennt, und dieses Volum sich beim Aufholen wieder ausdehnen läßt, was ganz gleichmäßig mit abnehmenden Druck erfolgt. Beistehende Figuren zeigen, daß hierbei mit zwei verschiedenen Röhren *l* und *m* gearbeitet wird. Die Fangröhre *l* geht nach unten offen mit Luft gefüllt in die Tiefe (Fig. 23 Mitte) an ihrem oberen Ende führt sie zu einer kleinen Hahnkammer *H*, deren Höhlung *k* den Inhalt von genau 10 *kbcm* hat. Hier sammelt sich also

Fig. 23.

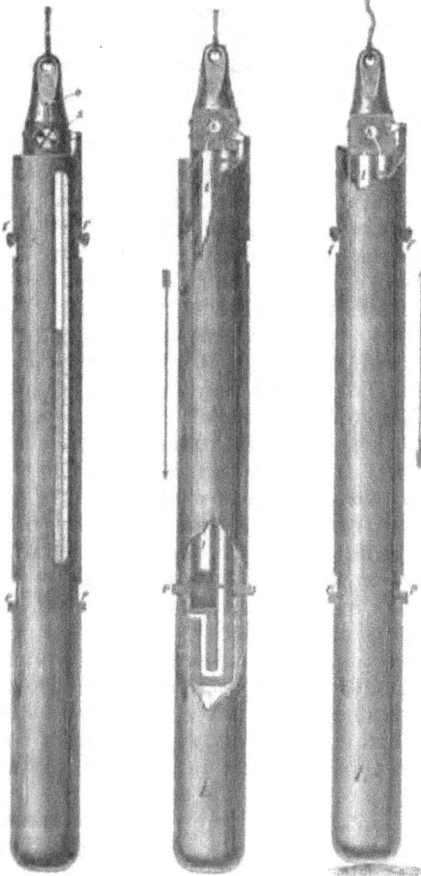

Rungs Universalbathometer.

auch komprimierte Luft an. Beim Versenken zieht das schwere Bleilot *L*, das nach oben in einen Schutzmantel für die beiden Röhren ausläuft und insbesondere auch den Hebel *t* der Hahnkammer faßt, diesen Hebel nach unten. Beim Aufstoßen auf den Boden (Fig. 23 rechts) sinken aber die beiden Röhren innerhalb des Mantels nach unten, dabei wird der Hebel *t* nach oben gestoßen, soweit die Führungszapfen *p* und die Federn *f* das gestatten, und damit wird die Hahnkammer zu der bis dahin frei vom Wasser durchströmten Meßröhre *m* hinüber gedreht. Beim Aufholen treten die Federn *f* hervor und halten den Mantel in dieser zweiten Stellung fest. Das in der Kammer *k* eingeschlossene Luftvolum dehnt sich stetig in die Meßröhre hinein aus, und auf Deck geholt sieht das Lot zum Ablesen fertig wie in Fig. 23 links aus. Nimmt man eine Hahnkammer von 10 *kbcm* Inhalt, so kann man bis auf 240 *m* Tiefe einzelne Meter messen; setzt man einen andern Hahn mit nur 5 *kbcm* Inhalt ein, so kommt man bis zur doppelten Tiefe. Rung hat zwar auch noch kleinere Meßkammern anfertigen lassen, die bis über 1800 *m* Tiefe ausreichen, empfiehlt aber ihre Verwendung selbst nicht, da in den größeren Tiefen die Wassertemperaturen sehr kalt sind und sich infolgedessen aus der zusammengedrückten Luft leicht ein paar Wassertröpfchen in der Kammer abscheiden und dann beim Absperren den Rauminhalt kleiner als berechnet machen. Das Rung'sche Bathometer hat eine große Zukunft, nicht nur in der praktischen Navigation, sondern allgemein in der wissenschaftlichen Meeresforschung wenigstens für die obersten 500 *m*.

3. Das Bodenrelief der Meeresbecken.

Als ein vorzügliches Hilfsmittel zur Orientierung über die Reliefverhältnisse des festen Landes sind die sog. Höhenschichtenkarten (mit Isohypsen oder Linien gleicher Meereshöhe) neuerdings besonders beliebt. Da ist es nun sehr merkwürdig, daß diese Art der Geländedarstellung zuerst gar nicht für ein gebirgiges Stück Land angewandt worden ist, sondern zur Veranschaulichung des Reliefs einer Meeresstraße. Der französische

Geograph Ph. Buache nämlich hat im Jahre 1737 der
Pariser Akademie eine Tiefenkarte des britischen Kanals
oder Ärmelmeeres mit Linien gleicher Meerestiefe vor-
gelegt, während die erste Höhenschichtenkarte 1782
erschien.*) Es gab also eher eine Tiefenschichtenkarte
als eine Isohypsenkarte, wie man eher Tiefenprofile
zeichnete als Höhenprofile durch Festlandteile! So sind
diese der heutigen Morphologie der Erdoberfläche unent-
behrlichen Methoden zuerst für submarine Reliefbilder
angewendet worden. Vielleicht scheint diese Thatsache
nicht so verwunderlich, wenn man sich vergegenwärtigt,
daß der die Tiefen lotende Seemann das submarine
Bodenrelief so gut wie gar nicht mit seinem physischen
Auge zu überblicken vermag. Da kann er, angesichts
der mit Tiefenzahlen bedeckten Karte, viel leichter auf
die Idee verfallen, durch Einzeichnung von Linien gleicher
Tiefe sich zwar ein abstraktes, aber doch übersichtliches
Bild zu schaffen. Dagegen wird ein auf dem reich und
abwechslungsvoll modellierten Lande stehender Beobachter inmitten der unübersehbaren und verwirrenden
Einzelformen des Geländes viel schwerer zu der Abstrak-
tion gelangen können, die nötig ist, um Linien gleicher
Höhe im Terrain oder auf der Karte aufzusuchen.

Neben jener bewunderungswürdigen Leistung des
französischen Geographen müssen wir nun alsbald eines
phantastischen Irrtums gedenken, den er sich gleichzeitig zu schulden kommen ließ. Buache dachte sich
nämlich das festländische Relief ganz so scharf model-
liert fortgesetzt über den Boden der damals doch völlig
undurchloteten ozeanischen Räume; er konstruierte submarine „Seegebirge", deren lange Züge, von den Halbinseln zu den Inselketten und von diesen wieder hinüber

---

*) Die Idee zur letzteren gab Ducarla, die Zeichnung führte
sein Freund Dupain Triel aus, der auch 1791 das erste Länder-
profil entwarf. — Der Vollständigkeit wegen mag hier bemerkt
sein, daß ein paar Jahre vor Buache schon ein holländischer
Ingenieur Karten eines Flußbettes mit Tiefenschichten publiziert
hat. Doch war Buache der erste, der die ganze Tragweite der
Idee ermaß, und das bleibt doch wohl immer die Hauptsache.

zur nächsten Halbinsel verlaufend, als ein in weiten
Maschen sich durchkreuzendes Netzwerk die Becken
der Meere genau so gliederten, wie es auf den Fest-
landen durch die Kettengebirge geschieht.

Nichts davon hat die moderne Tiefseeforschung
nachweisen können, vielmehr zeigt der Boden des offenen
Ozeans, mit den gleich zu erwähnenden Einschränkungen,
durchweg ein höchst eintöniges Relief und würde, trocken
gelegt, Landschaften von unglaublicher Langweiligkeit
liefern, Flächen, die sich für unsere Sinne nahezu mit
einer mathematischen Ebene identisch erweisen müßten.
Auf beigegebener Karte (Fig. 24) sehen wir eine Anzahl von Lotungen, welche im November 1874 vom V. S.
Dampfer Tuscarora auf der Fahrt zwischen San Franzisko
und den Hawaii-Inseln ausgeführt worden sind. Die
ganze hier dargestellte Strecke hat eine Länge von
450 Sm. oder 830 *km*, gleicht also der Entfernung von
Berlin nach Paris, oder von Basel bis Danzig. Die einzelnen Lotungen haben 40 Sm. oder 70 *km* durchschnittlichen Abstand, und man sieht, wie sich die Tiefenunterschiede dabei in den Grenzen von höchstens 310 *m*
halten, meist aber 100 *m* nicht erreichen; also auf 1000 *m*
horizontalen Abstand keine Bodenneigung von mehr als
3 ¹/₂ *m*. Das wird immer als „eben" gelten können.*)

Es sind wohl auch Niveauunterschiede vorhanden,
aber nur in Gestalt von ganz sanft geformten Mulden
und breiten Rücken, deren Böschungen gegen die Horizontale auch nicht ein viertel Grad betragen.

Man könnte nun einwenden, daß die erwähnten
Lotungen der Tuscarora doch nicht ausreichen, um eine
Vorstellung vom Relief der Tiefsee zu gewinnen, daß
jene Übereinstimmung in den Tiefenzahlen nur auf Zufall
beruhe, indem das Lot der Tuscarora gerade die dazwischen liegenden Unregelmäßigkeiten des Bodens bei
den großen Abständen von 70 *km* nicht getroffen haben
könne.

---

*) Das Auge bemerkt erst eine Neigung von 1 zu 200 deutlich;
obige Maximalneigung beträgt 1 : 242, die Durchschnittsneigung
1 : 700.

Dagegen ist aber zu bemerken, daß diese Gleich-
mäßigkeit des Bodenreliefs nicht nur hier im Nordpazifischen Ozean gefunden worden ist, sondern auch da,
wo man in sehr viel geringeren Abständen voneinander
Lotungen in großer Zahl ausgeführt hat, wie im Nordatlantischen Ozean im Bereiche der Telegraphenkabel.
Hier zeigt der Meeresboden stellenweise ein etwas be-
wegteres Relief, aber doch immer noch sanfte Formen.

So hat der Siemens'sche Dampfer „Faraday" beispielsweise am Nordostabfall der sog. „Flämischen
Kappe", einer der Großen Neufundlandbank im Osten
angelagerten Bodenerhebung, auf einem Raum von
480 *qkm*, also noch nicht so groß wie der Bodensee

Fig. 24.

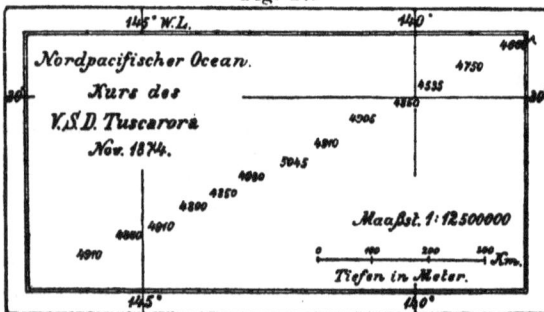

(540 *qkm*) die auf beigegebenem Kärtchen (Fig. 25) ver-
zeichneten Lotungen ausgeführt. Man bemerkt, wie
die Abböschung dieser Bank in die Tiefsee in so all-
mählicher und gleichmäßiger Weise ausgebildet ist, daß
nichts landschaftlich Langweiligeres gefunden werden
könnte.

Diese Sanftheit der submarinen Bodenformen kann
ausnahmslos aber nur für Meeresstriche gelten, die von
weichen Sedimenten bedeckt sind; wir werden in einem
spätern Abschnitt, wenn von den Wellenbewegungen
die Rede ist, auf die hier abgleichend wirkenden Kräfte
noch zurückkommen. Hier und da, aber ganz vereinzelt,
ist von den großen Forschungsexpeditionen auch wohl

harter Felsboden am Meeresgrunde angetroffen worden, und da zeigte sich dann meist auch ein etwas abwechslungsreicheres Relief. So hat derselbe Siemens'sche Dampfer mitten zwischen der Flämischen Kappe und Irland eine solche felsige Örtlichkeit näher untersucht, die sog. „Faraday-Hügel", deren höchste Erhebung 1170 *m* unter der Meeresoberfläche liegt und aus einem sonst etwa 3000 *m* tiefen Meer sich erhebt. Umstehendes Profil zeigt, in den wahren Verhältnissen von Länge zu

Fig. 25.

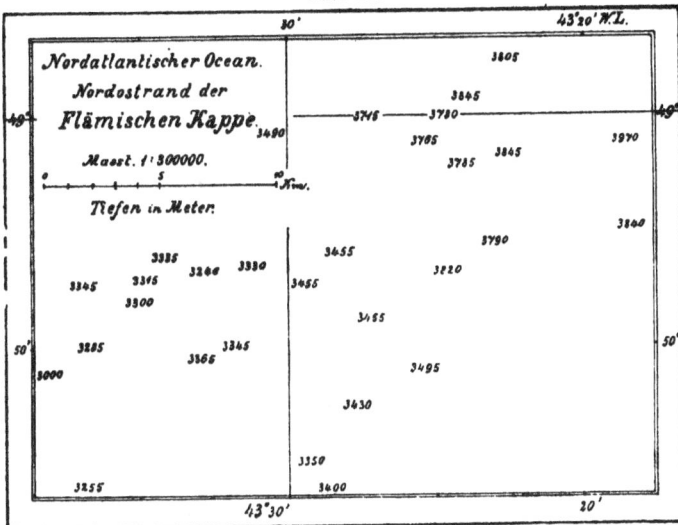

Tiefe wiedergegeben, einen Querschnitt von Norden nach Süden durch den Hauptfelsrücken dieser unterseeischen nordatlantischen Schweiz, mit Böschungswinkeln bis zu 35⁰ oder einer Steigung von 1 zu 1¹/₂, wie sie sonst nur im Hochgebirge oder an Vulkankegeln auf dem Lande gemessen werden.*) Aufgeholte Grundproben

---

*) Die größte Steigung unserer Chausseen beträgt etwa 1 zu 20 oder 3⁰; der Eisenbahnen 1 zu 40 oder 1¹/₂⁰.

ergaben, daß in der That die Faradayberge einem submarinen Lava-Ausbruch ihr Dasein verdanken. An eine
versunkene Insel ist nicht zu denken, denn diese würde
beim Einsinken in das Meer durch die Brandung zer-
trümmert und aufgelöst, sehr viel sanftere Konturen
empfangen haben. Jene steilen Böschungen können nur
unter Wasser entstanden sein. Ähnliche unterseeische
Bergkegel kennt man übrigens infolge der Kabellotungen
in vielen vulkanischen Meeresgebieten. Am besten untersucht ist die Gruppe von sechs derartigen Kuppen in
der Gegend zwischen Madeira und der marokkanischen
Küste; zwei von ihnen, die Gettysburg- und Daciabank,

Fig. 26.

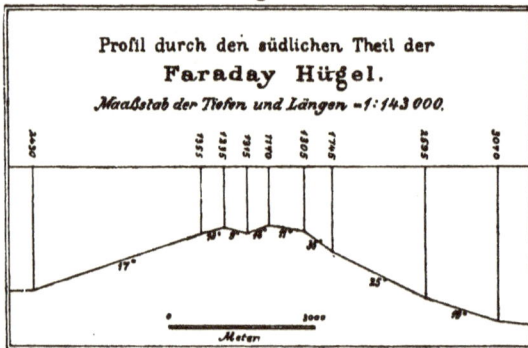

Profil durch den südlichen Theil der
Faraday Hügel.
Maaßstab der Tiefen und Längen = 1:143 000.

haben noch nicht 100 *m* Tiefe, und alle erheben sich
steil aus der hier 4000 *m* tiefen See.

Ebenso sind recht große Böschungswinkel in den
flacheren südlichen und westlichen Teilen der oben
erwähnten Flämischen Kappe gefunden worden, in Be-
trägen von 10⁰, 17⁰, ja einmal bis zu 19⁰ anwachsend:
aber auch diese auffälligen Werte sind unschwer aufzuklären. Die Flämische Kappe liegt an der Stelle des
Nordatlantischen Ozeans, wo ein kalter, mit grönländischen Eisbergen beladener Meeresstrom mit dem warmen
Golfstrom zusammentrifft. Da schmelzen die Eisberge
in wenigen Wochen und werfen so das Moränen- und
Geschiebematerial, welches sie als ehemalige Gletscher

mit sich führen, auf den Meeresboden nieder. So entstand und wächst die Neufundlandbank und neben ihr die Flämische Kappe stets weiter. Deren Oberfläche ist denn auch, wie die Lotungen ergeben haben, mit großen Steinen bestreut. Und wo eine solche Steinpackung vorhanden ist, wird das feinere Material, der Sand und der Grus, der aus dem schmelzenden Eise herausfällt, sich leicht, trotz der abgleichenden Wirkung der Wellen, in steileren Böschungen zwischen den Steinen erhalten können, als es ohne solche Stütze möglich wäre.

In verhältnismäßig steilen Böschungen erheben sich auch die kleinen Koralleninseln über den benachbarten Meeresboden. Da sind auf 50 *km* Abstand Tiefenunterschiede von 3000 bis 4000 *m* ganz gewöhnlich, was ein Gefälle von 4⁰ ergiebt.[*]) Solche Werthe sind u. a. von der englischen Korvette „Alert" im Südpazifischen Ozean im südlichen Teil des Paumotu-Archipels mehrfach nachgewiesen; so 52 *km* nordwestlich von Mangarewa bei einer Tiefe von 3560 *m* und 55·6 *km* südlich von Fangataufa 4025 *m*. Steilere Böschungen fand schon früher die Challenger-Expedition bei der Insel Tubuai, südlich von Tahiti im 23⁰ s. Br. gelegen, nämlich in 46 *km* Abstand eine Tiefe von 4480 *m*, eine mittlere Neigung von 5½⁰.

Das Non plus ultra der Art aber liefern die Bermudas-Inseln im Nordatlantischen Ozean, bekanntlich die am weitesten polwärts (32½⁰ n. Br.) gerückte Korallengruppe. Die britischen Kriegsschiffe Argus und Flamingo haben 1869 in nur 7 Sm. (13 *km*) Abstand im Nordwesten dieses Korallenbaues eine Tiefe von 3840 *m*, und in 10 Sm. oder 18·5 *km* Entfernung im Süden der Inseln eine Tiefe von 4115 *m* gelotet im letzten Falle ergiebt sich eine Böschung von 12½⁰, im ersten sogar von 16½⁰ (d. i. 1 zu 3.⅓).

An isoliert liegenden kleineren Vulkaninseln sind wohl auch relativ steile Böschungen gefunden worden,

---

[*]) Selbstverständlich sind das nur mittlere Böschungen, während in Wahrheit näher dem Ufer die Böschung vielfach viel steiler, weiter in See viel sanfter sein wird als im Mittel.

selten aber solche von mehr als 10^0. So hat Prof. Mohn
am Nordostabfall der im europäischen Nordmeer zwischen Island und Spitzbergen gelegenen Insel Jan Mayen
einen Böschungswinkel von 8^0 oder ein Gefälle von 1 zu 7
nachgewiesen. Auch an den Azoren ist die Tiefe von
100 Faden (oder 183 *m*) auf den britischen Seekarten
meist in einem Abstande von 5 *km* vom Strande zu
finden, was einer Neigung von 2^0 bis 3^0 entspricht. Nur
in einzelnen Fällen, z. B. südlich der Insel Sta. Maria,
fällt auf 3150 *m* Abstand die Tiefe von 6 auf 550 *m*,
was einen Böschungswinkel von 10^0 liefert. Aber das
ist auch nur eine kurze Strecke.

In der Nähe der Festlandküsten kommen steilere
submarine Böschungen nur in gewissen Mittelmeeren
vor, wie wir unten sehen werden. Am Nordufer des
wegen seiner schroff modellierten Ränder bekannten
Skagerrak zeigen die deutschen Admiralitätskarten bei
Lille Faerder am Eingang des Christianiafjords Winkel
von 4^0, südlich von Christiansandfjord solche von 6^0,
und südöstlich Lindesnäs von 8^0 als Maximum. Das
sind wohl die steilsten Abböschungen des europäischen
Kontinents in das Meer.

In vielen Fällen aber sind solche steilen Böschungen
instabil: sie geraten leicht ins Rutschen, und diese submarinen Bergschlipfe sind dann den auf dem Abhange
ruhenden Telegraphenkabeln verhängnisvoll. Namentlich
in der Nähe der tropischen Küsten Afrikas und Südamerikas scheint das während der Regenzeit unterseeisch
austretende Grundwasser heftige Rutschungen zu be-
günstigen, und dann sind Kabelbrüche die Folge; sie
können sich jedes Jahr mit unangenehmer Pünktlichkeit
wiederholen.

Wo dagegen niedriges Land an das Meer anstößt
und aus weichem Material besteht, da sind die submarinen Böschungen auch stets viel sanfter. Hierfür finden
wir Beispiele genug an den deutschen Gestaden: man
denke an die geringen Tiefen entlang der Ostseeküste
und an den sanft abfallenden und eben darum eine so
kräftige Brandung erzeugenden Badestrand von Sylt
oder Norderney. Auch im Übrigen sind Nordsee und

Ostsee fernab von ihren Ufern mit stellenweise ganz
ebenem Boden begabt. So liegt in der Nordsee westlich
von der holländischen Küste eine an Areal 3400 *qkm* [*])
messende Fläche, wo die Tiefen durchweg 23 bis 24 *m*

Fig. 27.

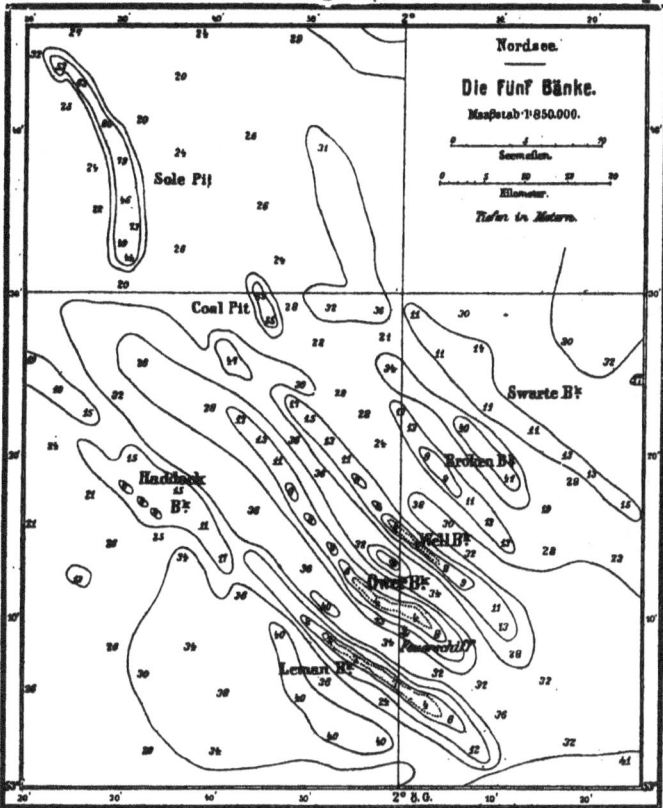

oder 14 Faden betragen, von den Engländern darum
„die breiten 14" genannt. Es fehlt aber gerade in der

---

[*]) Etwa ebenso groß wie die Kreishauptmannschaft Leipzig.

Nordsee nicht an Stellen, die in ihrem Bodenrelief sehr viel Rätselhaftes bieten. So liegen zwischen der Dogger- bank und dem Wash-Busen der englischen Küste, ein- gesenkt in ein sonst nur etwa 25 bis 30 *m* tiefes Meer, isolierte Vertiefungen, deren Boden 80, ja 90 *m* unter den Meeresspiegel reicht. Diese Pits, wie sie der eng- lische, oder Kulen, wie sie der deutsche Seemann nennt, haben vielfach eine lang gestreckte Gestalt und sehr steile Wandungen: es sind auch hier Böschungswinkel von 8⁰ bis 10⁰ nicht selten. Die größte Bildung der Art ist die Silberkule am Südwestende der Doggerbank, 100 *km* von Ost nach West lang, bei einer Breite von durch- schnittlich 15 bis 20 *km*. Weiter südlich von diesen Kulen finden wir eine Reihe langgestreckter paralleler schmaler Bänke, die von Nordwest nach Südost streichend aus 30 *m* Tiefe bis dicht an die Meeresoberfläche auf- steigen, so daß sie zur Sicherung der Schiffahrt durch Bojen und Leuchtschiffe bezeichnet sind (Fig. 27). Wie diese „Gruppe der Fünf Bänke", die einem submarinen Kettengebirge aufs Haar ähnlich sehen, entstanden ist, bleibt noch zweifelhaft. Englische Geologen haben in den Gezeitenströmungen die Kräfte finden wollen, durch welche diese Ketten aufgehäuft sind, aber es ist nicht einzusehen, warum diese Strömungen, die an der ganzen Ostküste Englands sich im wesentlichen gleichartig ab- spielen, gerade hier längs ihrer Stromrichtung selbst solche Materialanhäufungen verursacht haben sollen. Die Kulen und „Kettenbänke" sind wohl älter als die Nordsee, d. h. sie waren schon vorhanden, ehe die See diesen flachen Teil des europäischen Festlandkörpers überschwemmte, oder sie gehören der Eiszeit an, die auch auf dem Festlande soviel rätselhafte Reliefformen und gerade auch solche Kulen hinterlassen hat, die von Süßwasserseen erfüllt sind. Um so mehr wird man hier an norddeutsche Diluviallandschaften erinnert, als die Doggerbank an ihrem steilen Absturz in die Silberkule aus grobem Kies und Steinen besteht. Man wird in die Entstehung dieser Bildungen nicht eher einen tieferen Ein- blick gewinnen, als bis sie ihrer Bodenzusammensetzung nach nicht bloß an ihrer Oberfläche untersucht sind. —

Wenden wir uns nunmehr wieder den eigentlich
ozeanischen Uferregionen zu, so haben wir da als eine
merkwürdige Seltenheit hervorzuheben, daß der Meeresboden vom Strande ab in einer gleichmäßig geneigten
schiefen Ebene in die eigentliche Tiefsee, d. h. in Tiefen
von mehr als 2000 *m*, abfällt. Nur einzelne Strecken der
Westküste Amerikas scheinen diese Art Strandböschuug
zu besitzen: im übrigen aber herrscht der terrassen-
artige Abfall vor. Eine Stufe gewinnt alsdann besondere,
nicht nur praktische, sondern auch geographische oder
geologische Bedeutung, nämlich die durch die 200-Meter-
linie bestimmte. In Tiefen, die geringer sind als 200 *m*,
kann jedes Schiff jederzeit loten, und damit seine Position
bestimmen, wenn Sonne und Sterne nicht sichtbar sind;
und nur in diesem flacheren Wasser werden See-
fischereien betrieben, wobei sogar unter Umständen ge-
ankert werden kann.

Solche flachen Bänke umrahmen in langer Erstreckung die Küsten der Kontinente, bald sind sie
schmal, bald wieder sehr breit: Man hat sie als „Kon-
tinentalstufe" oder schlechtweg als „Flachsee" bezeichnet,
aber besser wird das Typische dieser Bildung im
Englischen durch das Wort *shelf* getroffen, nämlich
das zusammenhängende Fortlaufen einer Art von Gesims
am Seerande der Festlandsockel. Da dieses englische
Wort urgermanischen Ursprungs und sogar im Platt-
deutschen noch nachweisbar ist, wird sich empfehlen,
es als wissenschaftlichen Kunstausdruck fortan zu gebrauchen. Viele Rand- und Mittelmeere sind in ihrer
ganzen Erstreckung solche Schelfe, wie die Ostsee, der
Persische Golf, das Ostchinesische Meer; andere sind
es wenigstens mit einem überwiegenden Teil ihres Areals,
wie die Nordsee. Diese zeigt nur entlang des südlichen
Norwegen eine tiefere Rinne (5—700 *m*), die das
Skagerrak noch mit umfaßt, während das Kattegat als
richtiges Schelfmeer der Ostsee verwandter ist als dem
benachbarten Teil der Nordsee. — Der Nordseeschelf
selbst ragt als flache Bank, auf der die britischen
Inseln liegen, noch 200 *Sm.* oder 390 *km* westlich von
Kap Lizard, der Westspitze Englands, in den Atlantischen

Ozean hinaus, so daß die nach New-York fahrenden Postdampfer noch 12 Stunden, nachdem sie Lizard aus dem Gesicht verloren, brauchen, ehe sie das „blaue" Wasser des eigentlichen atlantischen Tiefenbeckens erreichen. Ihm schließt sich auch der Biskayische Golf mit seiner nordöstlichen französischen Hälfte an, die spanische Südwesthälfte allein gehört zur Tiefsee.

So wie diese „Gründe" (wie der deutsche Seemann sie nennt) vor den britischen Inseln und dem Kanal, so lagert sich vor Neufundland in einer Ausdehnung, von 200000 *qkm* *) die wegen ihrer Fischereien, ihrer dichten Nebel und Eisberge berühmte Große Neufundlandbank. Als südamerikanisches Gegenstück dazu haben wir den breiten Patagoniaschelf, der auch die Falklandinseln nach Osten hin umfaßt, und auch ein südafrikanischer ließe sich in der Agulhasbank nachweisen.

Groß und wichtig sind diese Schelfe in den interkontinentalen Mittelmeeren. Am wenigsten noch sind sie von Bedeutung im Romanischen Mittelmeer, wo etwa nur die Nordhälfte der Adria und die kleine Syrte, sowie das Nordwestviertel des Schwarzen Meeres in Betracht kommen. Etwas mehr treten sie im Amerikanischen Mittelmeer hervor, wo die Yukatanbank und die Floridabank im Golf von Mexiko, sowie die Hondurasbank im Karibischen Meer zu nennen sind. Seit Nansens und Sverdrups Lotungen im Arktischen Meer wird immer deutlicher, daß eine gewaltige Schelfsee von Spitzbergen über Franz-Josephland, Nowaja-Semlja und die Neusibirischen Inseln hinaus bis zum Alaskaterritorium zu reichen scheint und nach Süden in die Beringsee hinüber greift. Nicht minder bedeutsam sind auch die beiden großen flachen Schelfplatten im Australasiatischen Mittelmeer, deren eine von Hinterindien her nach Südosten noch etwas über Borneo und Java hinausgreift, während die zweite Neu-Guinea an das australische Festland kettet.

Wie schon bei der Klassifikation der Meere (S. 25) angedeutet wurde, liegen gewichtige Gründe für die An-

---

*) Etwa dem außerpreußischen Deutschland gleichkommend.

nahme vor, daß solche weniger als 200 *m* Tiefe messende
unterseeische Schelfe ehemals trockene Landstücke der
benachbarten Festländer·waren, und zwar in den letzten
Epochen der Erdgeschichte, etwa seit der Mitte der
Tertiärzeit; ebenso wie man Festlandteile kennt, die damals vom Meere überdeckt waren. Man kennt eine große
Zahl von Beispielen für alte Flußthäler, die jetzt samt
dem Schelf tief ins Meer versenkt sind: die Mündung
des Hudsonflusses setzt sich über New-York hinaus seewärts fort und ist stellenweise von 600 *m* tiefen und mit
14⁰ Böschung abfallenden Wänden begleitet, bis sie am
Fuße des Schelfs in rund 900 *m* Tiefe in den eigentlichen
Seeboden übergeht. Ähnliche Bildungen findet man u. a.
vor dem Adour, dem Tajo, dem Indus, besonders großartig am Ganges und dem Kongo (dessen submariner Canon
900 *m* tief eingesenkt liegt), und in ganzen Scharen
entlang der Riviera, wo die Thalwandungen in Terrassen
abgesetzt und aus anstehendem Felsgestein gebildet
sind: sie reden als zuverlässige Zeugen für die Senkung
der Küsten in ihrem Bereich. Das ist also das geo-
graphisch-geologische Interesse, welches diese flachen
Teile des Ozeans für sich in Anspruch nehmen dürfen.

Andererseits ist es sehr wohl erlaubt, wo wir im
offenen Ozean auf großen Strecken Tiefen von 3000 *m*
und mehr treffen, diese als einen Beweis für ihr hohes
Alter hinzustellen. In der That lehrt sowohl die Tier-
wie die Pflanzengeographie, daß sich der Atlantische
und Pazifische Ozean schon in verhältnismäßig frühen
Perioden der Erdgeschichte (in der mesozoischen Zeit)
ungefähr in der gleichen Ausdehnung ausgebildet haben
wie heute.

Eine andere Deutung aber verlangen die kleineren
trogartigen Becken von zum Teil wahrhaft ozeanischen
Tiefen, welche wir in den großen interkontinentalen
Mittelmeeren in reicher Zahl vorfinden. Da sie nämlich
fast ausnahmslos in deutlicher Verbindung mit vulkanischen Spalten auftreten, sind sie als Einsturzfelder zu
deuten, die einen, bisweilen vielleicht noch am Ende
der Tertiärzeit vorhandenen, trockenen Zusammenhang
durchbrochen haben zwischen den Kontinenten, die sie

jetzt trennen. Die zwischen solchen Einsturzmulden
gelegenen flacheren Brücken sind also im alten Niveau
verblieben, ihre Abböschungen demnach als Bruchränder anzusehen.

Aus mehreren solchen Einsturzbecken ist das
Romanische Mittelmeer zusammengesetzt. Der ausge-
zeichnete Geologe Eduard Sueß hat bewiesen, dass der
Westrand Italiens und der Nordrand Siziliens nichts
sind als Bruchränder, das Tyrrhenische Meer also nichts
anderes als ein Einsturzfeld; noch heute sind die Erdbeben in Ischia und Kalabrien, sowie die vulkanischen
Erscheinungen am Golf von Neapel und im Bereiche
der liparischen Inseln und Siziliens ein Symptom für
die Fortdauer dieses Einsturzprozesses. — Ebenso ist die
Küste von Algier ein Bruchrand: hier sinkt noch im
Gesichtsfelde des Leuchtfeuers von Algier (30 Sm. = 55 km)
das Lot in eine Tiefe von 2750 m. Doch sind auch sonst
ähnlich steile Böschungen bekannt, wie denn gleichfalls
im Bereiche des Leuchtfeuers von Toulon (12 Sm. = 22 km)
2000 m gelotet werden. Die größte Tiefe des Mittelmeeres
liegt südwestlich vom Peloponnes und erreicht 4400 m.
Das Marmormeer ist bei aller Kleinheit doch 1403 m
tief, und vom Schwarzen Meer wissen wir, daß die tiefste
Stelle 2(00 m übersteigt. Es gehören also zu diesem
Mittelmeer vier große Tiefenmulden: die hesperische
zwischen Sardinien und Spanien; die tyrrhenische zwischen Sardinien und Italien, die levantinische zwischen
Sizilien und Ägypten, und endlich die pontische.

Vier solcher Becken zeigt auch das Amerikanische
Mittelmeer. Der mexikanische Golf ist das erste derselben und erreicht in der Sigsbee-Tiefe 3875 m; das
zweite und dritte Becken zwischen Kuba und Honduras
hängen im Westen miteinander zusammen und sind
zwei parallele Thäler von fast westöstlicher Richtung
und sehr großer Tiefe, getrennt durch den flachen Rücken
der Kayman-Inseln. Zwischen den letzteren und Yukatan
sind Tiefen von mehr als 5000 m nicht bekannt; dagegen
findet sich ein schmales Thal südlich vom Kayman-
rücken, das durchweg tiefer als 5000 m ist und in seiner
tiefsten Stelle, der Bartlett-Tiefe, nur 20 Sm. oder 37 km

von Groß-Kayman entfernt, bei einer mittleren Böschung von $9\frac{1}{2}^0$ 6270 *m* erreicht; der südöstlich hiervon gelegene Gipfel der Insel Jamaica, der 2570 *m* Meereshöhe besitzt, erhebt sich demnach 8840 *m* über den benachbarten Meeresboden: so hoch wie der Mount Everest über den Spiegel des Golfs von Bengalen. Auch zwischen Santiago de Cuba und Jamaica sind noch 5500 *m* gelotet. — Das vierte Tiefenbecken deckt sich nahezu mit dem Karibischen Meer und scheint in seinem nordöstlichen Teil, in der Nähe von Hayti und Puertorico die Maximaltiefen zu besitzen, die nicht ganz 5000 *m* betragen. Die Straßen zwischen den Antillen sind erheblich flacher, die Windward-Passage zwischen Cuba und Hayti hat 1450 *m*, die Monastraße zwischen Hayti und Puertorico hat nur 475 *m* und zwischen den kleinen Antillen sind die zahlreichen Straßen nicht tiefer als die Windward-Passage, so dass das Karibische Meer nur mit einer Oberflächenschicht von 1450 *m* mit dem benachbarten Atlantischen Ozean in Zusammenhang steht. Dabei fallen allgemein die Tiefen binnenwärts dieser vulkanischen Inselkette schneller und steiler ab, als nach außen in den Ozean, weshalb man auch hier an einen Bruchrand denken darf, an dem entlang die Inselvulkane aufgestiegen sind.

Noch typischer sind diese steilufrigen Trogmulden mit relativ flachen Straßen zum Ozean hinaus im Australasiatischen Mittelmeer entwickelt. Die größte ist die Chinasee zwischen Borneo und Südchina, im Maximum 5250 *m*, nahe westlich von Luzon, messend; die Straße zwischen Formosa und Luzon ist dabei nicht über 1500 *m* tief. Als zweites Becken reiht sich die Sulusee nach Südosten an, zwischen Palawan und den Suluinseln; sie ist bis 4660 *m* tief, aber gegen die Nachbarmeere bis 730 *m* abgesperrt. Die Celebessee folgt als drittes Becken mit 5000 *m* größter Tiefe; die Thorschwelle zum Pazifischen Ozean hat 1300 *m* Tiefe. Ein viertes größeres, tieferes und reichlich gegliedertes Becken bildet die Bandasee zwischen Celebes, Timor und den Bandainseln, meist nahe an 5500 *m*, mit der größten Tiefe zwischen Banda und Nusatello 6505 *m* tief, gegen die Nachbarmeere aber bis auf 1700 *m* abgeschlossen. Endlich ist das kleine Becken der Savusee zwischen Timor, Flores und Sumba bis 3760 *m* tief und unterhalb 1400 *m* gegen den Indischen Ozean abgeschlossen. Auch in diesen australasiatischen Tiefenbecken haben wir steile Uferböschungen: so erhebt sich der Gunong (Vulkan) Api so schroff mitten in dem Bandabecken, daß 9 Sm. oder 16 *km* östlich davon schon 4940 *m* gefunden werden, d. h. eine mittlere Böschung von 16$^1/_2^0$, wie bei den Korallenriffen der Bermudas. Einige andere Böschungen von 10⁰ finden sich mehrfach, der steilste Abfall aber an der Nordküste von Timor*), wo einmal in 5·4 *km* Abstand vom Felsufer eine Lotung von 2725 *m* verzeichnet ist, woraus sich eine Böschung von 29⁰ berechnen läßt. Diese Steilabfälle in Verbindung mit den allgemein verbreiteten vulkanischen Erscheinungen lassen in jenen Tiefenmulden mit Recht nichts anderes als große Einsturzbecken erkennen.

Das Arktische Mittelmeer scheint mindestens zwei deutlich ausgeprägte Tiefenmulden zu besitzen: zuerst die Nordmeertiefe zwischen Spitzbergen und Grönland, die im Maximum 4850 *m* mißt**) und in zwei flacheren Zungen zu beiden Seiten von Jan Mayen nach Süden greift. Vom Atlantischen Ozean ist sie durch eine nirgends über 600, meist aber noch nicht 300 *m* tiefe, ziemlich breite Schwelle, den Wyville Thomson-Rücken, abgeschieden, der von Ostgrönland nach Island und von Island über die Färöer nach Schottland hinüberführt; wir haben desselben bereits früher gedacht (Kap. I, S. 14) und auch die Tiefe des Davisthores damals zu 730 *m* und der Beringstraße zu 50 *m* angegeben. Die zweite Tiefenmulde ist von Nansen nördlich von den Neusibirischen Inseln und Franz Josephsland entdeckt worden; sie hat Tiefen bis 3800 *m*, ist durch eine Schwelle von etwa 800 *m* zwischen Spitzbergen

---

*) Zwischen dem Hafen Dilhi und der Kambinginsel.

**) In 78$^1/_2^0$ n. Br. und 2$^1/_2$⁰ ö. L. gelotet von Kapt. v. Otter auf dem schwedischen Schiff „Sofia" 1868. Neuere Lotungen ,in dieser Gegend ergaben die wesentlich kleinere Tiefe von 2687 *m*.

und Ostgrönland gegen die Nordmeermulde abgeschlossen und reicht vielleicht über den Pol hinüber
bis auf die amerikanische Seite des Eismeers, denn im
Sommer 1850 fand Kapt. Collinson einen tief und steil
(von 120 auf mehr als 250 *m*) abfallenden Meeresboden
unweit von Kap Barrow.

Die Tiefenbecken der offenen Ozeane wollen wir
hier, um nicht durch trockene Zahlenreihen zu ermüden,
nur kurz in ihren großen Grundzügen zu beschreiben
versuchen; ihre Gliederung und Anordnung ist auch
zumeist sehr einfach (Fig. 10, S. 34).

Schon im Atlantischen Ozean, dessen nördlichen
Teil wir am besten kennen, tritt uns ein auch bei den
andern beiden Ozeanen wiederkehrender Charakterzug
entgegen: die größten Tiefen über 5000 *m* liegen nicht
in der Mitte, sondern näher den Rändern, während in
der Mitte wie in den polaren Teilen der Ozeane geringere Tiefen, die 4000 *m* nicht überschreiten, auftreten.

So trennt im Nordatlantischen Ozean eine von
Island her kommende über das Kabelplateau und die
Azoren in Sförmiger Krümmung bis an den Wendekreis
als „atlantisches Plateau“ und „Delphinrücken“ sich
erstreckende Bodenschwelle von meist weniger als
3000 *m* Tiefe die beiden randständigen langen Tiefenmulden, die „östliche“ und die „westliche Azorenrinne“,
wie sie Neumayer genannt hat. Die größten Tiefen
der östlichen Rinne erreichen nur an einer Stelle, etwa
800 Sm. oder 1500 *km* westlich von der Insel Ferro
nach einer Lotung des V. St. Dampfers Dolphin im
September 1889 die große Tiefe von 6300 *m*, während
auf größeren Flächen nur 5000 *m* überschritten werden:
so kommen noch im Biskayagolf 5060 *m* vor. Die westliche Rinne hat mehrfach Tiefen von mehr als 6000 *m*,
so südlich von der Neufundlandbank, östlich und westlich von den Bermudas; sie vertieft sich aber als sog.
„Virginentiefe“ in der Nähe der Antillen bis zu 8340 *m*:
und zwar liegt diese tiefste Stelle des Atlantischen
Ozeans (19° 36′ n. Br., 66° 26′ w. Lg.) nur 100 Sm. oder
180 *km* nördlich von Puertorico, wo Kapt. Brownson
vom V. S. D. Blake sie am 27. Januar 1883 auffand,

nachdem schon fast zehn Jahre vorher die Challenger-Expedition unweit dieser Stelle 7100 *m* gelotet hatte.

Wie es scheint, setzt die Delphinschwelle als ein flachgewölbtes Rückgrat sich auch durch den tropischen und südhemisphärischen Teil des Atlantischen Ozeans südwärts fort. Neumayer nimmt nach Wyville Thomsons Vorgange einen solchen Zusammenhang des „äquatorialen Rückens" über die St. Paulsklippe mit dem Delphinrücken nach Norden und dem langen südatlantischen Rücken nach Süden hin an. Der letztere selbst ist durch die Inseln Ascension und Tristan da Cunha gekennzeichnet und liegt durchweg weniger als 4000 *m*, vielfach noch nicht 3000 *m* tief.

Im Westen dieses Rückens zeigen die Karten in der Nähe des Äquators (0⁰ 11′ s. Br., 18⁰ 15′ w. Lg.) die größte südatlantische Tiefe mit 7370 *m* nach einer Lotung des französischen Kriegschiffs Romanche aus dem October 1883; dagegen findet sich um die Trinidadinsel die geräumigste Depression, das sog. Brasilianische Becken: die Trinidadtiefe selbst ist von Kapt. Schley, V. S. S. Essex (1878) zu 6010 *m* bestimmt worden. Große, über 5000 *m* gehende Tiefen reichen noch weiter südwärts über die Breite der Laplatamündung hinaus. Zwischen St. Helena und Westafrika finden wir dann im Benguelabecken 5600 *m* (V. S. S. Essex), und auch sonst Tiefen von mehr als 5000 *m*, wie schon die „Gazelle" erwies. Wichtig für die Wärmeverhältnisse der ganzen ostatlantischen Tiefsee ist es nun, daß diese Benguelatiefe durch eine zwischen 3000 und 3500 *m* tiefe Bodenschwelle, die von Tristan da Cunha her nach der Walfischbai hin verläuft und deshalb von Supan als „Walfischrücken" bezeichnet wird, nach Süden hin abgesperrt ist.

Der Indische Ozean ist in seinen Tiefenverhältnissen erst in den letzten Jahren besser bekannt geworden; hier ist nach der Gazelle auch die deutsche Tiefsee-Expedition 1899 mit besonderm Erfolg thätig gewesen. Glaubte man früher, dass südlich von 35⁰ s. Br. Tiefen von mehr als 4000 *m* fehlten, so ist gerade durch diese letzte deutsche Expedition nachgewiesen worden, daß südlich von 50° s. Br. sogar vielfach Tiefen von über 5000 *m* vorkommen, mit einer tiefsten Stelle von 5567 *m* in 60° s. Br. und 50° ö. Lg. Tiefen von ähnlichem Betrage sind im ganzen nordwestlichen Gebiete zwischen Madagaskar und Ceylon nur hier und da in verhältnismäßig kleiner Ausdehnung, sonst nur im Süden von Australien und namentlich in der Nähe des Sunda-Archipels zu finden. Nachdem hier schon Freiherr v. Schleinitz mit der Gazelle zwischen Java und Australien, aber näher dem letzteren, 5525 *m* gelotet, ist erst 1889 durch den Kabeldampfer Recorder südlich von Lombok (in 11° 22′ s. Br., 116° 50′ ö. Lg.) mit 6205 *m* die größte bisher bekannte Tiefe des Indischen Ozeans aufgefunden worden.

Im Pazifischen Ozean können wir den Tiefen nach zwei Teile unterscheiden, die an Areal sehr ungleich sind: einen echt ozeanischen, mit der sowohl an Fläche wie an Tiefe gewaltigsten Depression der ganzen Erdrinde, und einen kleineren südwestlichen, der sich an das australische Festlandgebiet anschließt, von den Philippinen über die Karolinen bis zu den Marschallinseln reicht und von da her seine Grenze in einer Linie über die Samoagruppe nach Neuseeland hin findet. Dieser südwestliche Teil ist reich gegliedert in mäßig tiefe Mulden und flache Rücken, die stellenweise Inselgruppen tragen; die größten Tiefen liegen ganz nahe der ostaustralischen Küste, wo man in 31° s. Br. in nur 85 *km* Abstand vom Lande noch 5066 *m* gelotet hat. Soweit man weiß, ist der Boden des eigentlichen pazifischen Beckens einfacher gestaltet: ein wichtiges Merkmal kehrt aber auch hier wieder, nämlich die Anordnung der größten Tiefen von 6000 *m* und mehr ganz nahe am Land oder an den Rändern des eben erwähnten australischen Insel- und Rückengebiets. Schon entlang der Inselguirlande der Aleuten erstreckt sich ein schmaler Graben, der südlich von den Schumaginseln 6700, von Unalaschka 6985, von den Andrejanow-Inseln 7317 und nur 140 *km* südwestlich von Attu 7383 *m* mißt, während weiter nach Süden, also zum offenen Ozean hin, die Tiefen wieder auf 4500 *m* abnehmen.

An diesen Aleutengraben schließt sich der japanische an, worin sechs Lotungen von mehr als 7000, zwei über 8000 m bekannt sind, darunter die riesige Tuscarora-Tiefe von 8513 m im Abstande von nur 200 km von der Kurileninsel Urup; sie galt lange Zeit (1875 bis 1895) als die größte ozeanische Tiefe überhaupt. Ein dritter noch viel tieferer Graben aber zieht sich am Nordrande der Karolinenschwelle nach Nordosten um die Mariannen hinauf, und hier hat im November 1899 an Bord des amerikanischen Kriegsdampfers Nero der Lieutenant M. M. Hodges nicht nur die größte Tiefe des nördlichen Stillen, sondern des ganzen Weltmeeres überhaupt gefunden, ostsüdöstlich von der Insel Guam in 12° 40' n. Br., 145° 40' ö. L. 9636 m. Kurz zuvor hatte Kapitän Charles Belknap mit demselben Schiffe, das mit der Auslotung einer Kabellinie zwischen den Hawaiischen Inseln und Guam beauftragt war, etwas weiter im Nordosten 8935 m gelotet, ohne Grund zu finden, und spätere Sondierungen zeigten, daß dieser Graben mit mehr als 7000 m Tiefe im gleichen Abstande von der Vulkanreihe der Mariannen bis 15½° n. Br. hinaufreicht. Nach Süden und Westen kennt man seine Fortsetzung bereits durch die tiefste Lotung, die der Challenger-Expedition gelang, 8366 m (in 11° 24' n. Br., 143° 16' ö. L., südwestlich von Guam) und eine Lotung des V. S. Dampfers Albatros mit 8802 m in nur 180 km Abstand von Guam. Auch hier werden die Tiefen nach Osten hin wieder geringer, östlich von 148° ö. L. erreichen sie nicht 5500 m.

Schließt sich diese gewaltigste Tiefe des ganzen Ozeans deutlich an eine von Vulkanen begleitete Bruchspalte der Erdkruste an, so fand man auch im Südpazifischen Gebiet die größten Tiefen an den Seitenrändern, nicht in der Mitte. Entlang der peruanischchilenischen Küste liegt wieder eine solche schmale Depression, der Atakama-Graben, worin Austiefungen von mehr als 7000 m bekannt geworden sind, die beträchtlichsten mit 7635 und 7461 m in 26° s. Br., die letzte nur 80 km von der Küste bei Chañaral entfernt. Ungleich größer sind die Absenkungen am Ostrande der Neuseeland-Tongaschwelle. Hier hatte schon im Mai 1889 der englische Vermessungsdampfer Egeria zwischen den Samoa- und Tonga-Inseln 8285 *m* gelotet; seit dem Herbst 1895 war aber alles bis dahin von Meerestiefen Bekannte durch Messungen in den Schatten gestellt worden, die zumeist dem englischen Vermessungsdampfer Penguin zu verdanken sind. Hier kennt man jetzt auf einer Strecke von zwanzig Breitengraden vier lange, schmale Mulden von mehr als 7000 *m* Tiefe; neun Lotungen überschreiten 8000 *m*, drei 9000 *m*, die beiden tiefsten Stellen liegen östlich von den Kermadec-Inseln in 28° 44′ s. Br., 176° 4′ ö. L. mit 9413 *m* und in 30° 28′ s. Br., 176° 39′ ö. L. mit 9427 *m*. Erst durch die oben erwähnten Lotungen des Nero sind diese gewaltigen Tiefen noch um 200 *m* geschlagen worden. Ostwärts von diesem Tonga- und Kermadec-Graben nehmen die Tiefen wieder ab bis 5500 *m*, ja in dem Gebiete zwischen dem Inselschwarm der Paumotu und dem oben erwähnten Atakamagraben kennt man verschiedentlich Lotungen von weniger als 3500 *m*, ebenso auch in den höheren südlichen Breiten, dagegen liegt im ganzen Pazifischen Ozean ein Areal von rund 45 Mill. *qkm*, gleich der Fläche Asiens, in mehr als 5000 *m* Tiefe.

Vergleichen wir diese Tiefenzahlen mit den Höhenwerten der größten Gebirgserhebungen der Erde, so sehen wir die höchste Spitze des Himalaya, den Everestberg von 8840 *m* durch die eben erwähnte größte Meerestiefe um fast 800 *m* übertroffen. Denken wir uns einmal alles Meer verdunstet, so sehen wir als größten Spielraum der Unebenheiten der Erdkruste, soweit wir sie heute (1900) kennen, 8840 + 9636 = 18476 *m* vor uns. Die größten relativen Höhenunterschiede zwischen nahe bei einander liegenden Landgipfeln und Meerestiefen bringen allerdings weder die Marianen, noch die Tongarinne. Die nördlichsten der Marianen sind kaum 800 *m*, die Kermadec-Inseln höchstens 525 *m* hoch; das ergiebt bis zu den größten östlich davon liegenden Austiefungen nur 10 bis 11 *km* Höhenunterschied, was sich auch anderwärts noch mehrfach findet. Die größten bekannten Abstände dieser Art sind vielleicht an der Ostküste Japans mit mindestens 12 *km* Höhendifferenz (Fudjinoyama 3780, unvollendete Lotung der Tuscarora 8490 *m*) oder an der Westküste von Chile vorhanden: Hier finden wir neben der oben erwähnten Tiefe von 7635 *m* den Gipfel des Llullaillaco mit 6600 *m* angegeben, also 14235 *m* Höhenunterschied; weiter nördlich in 18⁰ s. Br. ähnlich 13·3 *km*. Solche Maße sollen uns nicht nur, wie einer der bedeutendsten Geographen, Oskar Peschel, einmal gesagt hat, „durch das Anstaunen des Großen einen gewissen Genuß" gewähren; sondern wir vermögen uns danach einen gewissen Maßstab zu bilden für die Leistungsfähigkeit der in der Erdkruste thätigen dislocierenden Kräfte in ihrem Kampfe mit den entgegenwirkenden der Abtragung.

Zwischen den Austiefungen des Ozeanbodens und den Erhebungen des festen Landes ist jedoch noch ein ganz erheblicher Unterschied vorhanden. Unzweifelhaft sinken unvergleichlich viel größere Flächenanteile des Weltmeeres unter ein Niveau von 3000 *m* herab, als sich Festlandteile über 3000 *m* erheben, und letztere Höhen sind Kämme oder Spitzen, vielleicht mehr oder weniger durchfurchte Plateaus, während jene Meerestiefen in Mulden von vielen Millionen Quadratkilometer Fläche mit nahezu ebenem Boden aufgefunden werden. Freilich nehmen auch die größten Tiefen, die über 6000 und 7000 *m* hinabreichen, nur ein ganz kleines Areal des gesammten irdischen Meeresbodens ein: immerhin sind auch sie flächenhaft entwickelt.

Wichtig aber für die Gesammtauffassung der Morphologie der Erdoberfläche ist noch folgendes: Die oben erwähnte Maximaltiefe des Weltmeeres hat 9636 *m*, die höchste Kulmination des Himalaya 8840 *m*, also diese Extreme sind beide noch von derselben Größenordnung. Von den mittleren Höhen der Festlande und der mittleren Tiefe des Weltmeeres aber gilt das ganz und gar nicht.

Ein Versuch, die mittlere Tiefe der großen Ozeane zu berechnen, setzt, wie aus der oben gegebenen Beschreibung ihrer durchaus sanft geformten, fast ebenen

Bodengestalt hervorgeht, keine so große Anzahl von Tieflotungen voraus, wie sie zur Berechnung der mittleren Höhe eines Kontinentes an Höhenmessungen erforderlich ist. Dennoch können solche Berechnungen nur angenäherte Werte liefern, da noch erhebliche Teile des Weltmeeres nicht mit dem Lot durchforscht sind. Unter diesem (eigentlich selbstverständlichen) Vorbehalt ergiebt sich nach den neuen Berechnungen von Karl Karstens (1894) die mittlere Tiefe des Atlantischen Ozeans zu 3760 *m*, des Indischen zu 3650, des Pazifischen zu 4080 *m*, und als Mittel der offenen Ozeane überhaupt eine Tiefe von 3900 *m*.

Hierbei sind die Nebenmeere nicht mitgerechnet: diese werden, weil sie die innigeren Durchdringungen von Land und Meer vorstellen, auch eine geringere mittlere Tiefe ergeben. So berechnen wir für das Romanische Mittelmeer 1435 *m*, das Amerikanische 2090 *m* und das Australasiatische 975 *m*. Das Arktische ist nur etwa zu drei Viertel seines Raumes erforscht und ergiebt im Ganzen als mittlere Tiefe etwa 1000 *m*. So haben wir als mittlere Tiefe der vier interkontinentalen Mittelmeere 1200 *m*, also nur ein Drittel der mittleren Tiefe der offenen Ozeane.

Noch geringere Werte finden wir bei den kleineren (intrakontinentalen) Mittelmeeren; nämlich für das

Baltische	67	*m*
Rote	461	„
Persische	35	„
Hudsonsche	128	„

und als Durchschnitt aller dieser 175 *m*. Es fällt bei dieser Zahl das große Areal der Hudsonsbai ausschlaggebend ins Gewicht, denn diese besitzt allein eine Fläche, welche die der anderen drei kleinen Mittelmeere zusammengenommen übertrifft. Die Tiefe der Hudsonsbai wird durch die der Fjordstraßen zwischen den arktischen Inseln erhöht, während das Rote Meer an sich eine verhältnismäßig tiefe Mulde zwischen Nubien und Arabien bildet: die größte Depression dieses echten Grabens beträgt sogar 2190 *m* (in $22^0 7'$ n. Br.)

Alle acht Mittelmeere zusammengenommen haben eine Durchschnittstiefe von 1059 *m*, während wir als Mitteltiefe aller Randmeere nur 829 *m* erhalten. Es giebt sehr flache Randmeere, wie die folgenden:

Nordsee	89 *m*
Britisches Rdm.	62 „
Ostchinesisches	136 „
Laurentisches	128 „

Mäßig tief ist das Andamanische mit 794 *m*, dagegen sind erheblich tiefer die großen Pazifischen Nebenmeere:

das Kalifornische Randmeer	987 *m*
„ Beringsche	1110 „
„ Ochotskische	1271 „
„ Japanische	1100 „

Wir haben also nunmehr, vom antarktischen Gebiet abgesehen, folgende Hauptteile des Weltmeeres:

	Areal: *qkm*	Volum: Kubik-Kilom.	Mittl. Tiefe
Die drei großen Ozeane	313·48 Mill.	1223·27 Mill.	3900 *m*.
Die Mittelmeere	30·76 „	32·59 „	1059 „
Die Randmeere	8·00 „	6·63 „	829 „
Zusammen	352·24 „	1262·49 „	3586 „

Während das Areal der Nebenmeere sich zu dem der Ozeane verhält wie 1 zu 8, verhalten sich die Volumina wie 1 zu 31. In der Summe ist aber noch nicht die ganze irdische Wasserdecke enthalten, da das Antarktische Meer noch fehlt. Wir geben ihm nach den bei einer früheren Gelegenheit (S 2) auseinandergesetzten Prinzipien ein hypothetisches Areal von 13·4 Mill. *qkm* und dürfen seine mittlere Tiefe nicht wohl nach dem Maßstabe der offenen Ozeane abschätzen. Nach den neuesten Lotungen der deutschen Tiefsee-Expedition südlich von 50⁰ s. Br. einerseits und den Anzeichen für Festland- und Inselflächen andrerseits zu schließen, dürfen wir wohl nichts Wesentliches an der von Karl Karstens angesetzten Mitteltiefe von 1500 *m* ändern, und erhalten alsdann folgende angenäherte Werte für das ganze Weltmeer:

die mittlere Tiefe = 3500 *m*
das Areal   = 365 Mill. *qkm*
das Volumen   = 1286 Mill. *cbkm.*

Durch den Effekt der flacheren Nebenmeere wird, wie man sieht, die für den offenen Ozean geltende Tiefe von 3900 *m* um 400 *m* verkürzt.

Diese Ziffern sind in ihrer ganzen Tragweite erst dann zu verstehen, wenn wir die entsprechenden Werte für die Kontinente daneben halten. Die mittleren Höhen der einzelnen Erdteile sind allerdings noch nicht mit erwünschter Genauigkeit bekannt, namentlich die Werte für Asien und Australien nicht. Schließen wir uns auch hier den kritischen Ermittelungen Hermann Wagners an, so dürfen wir als die mittlere Höhe allen Landes 700 *m* ansetzen, wobei Europa und Australien mit je 300, Afrika mit 650 *m* und Amerika mit 680 *m* unter diesem Mittel bleiben, Asien dagegen mit 950 *m* darüber hinausgeht. Bei einem Areal der Festländer von 144˙5 Millionen *qkm* haben wir also ein Volumen von rund 100 Mill. *kbkm*; das ist nur ein Zwölftel des Inhalts aller Meeresbecken. Man hat also in den letzteren 12 mal Raum genug, um alle Kontinente, soweit sie über den Meeresspiegel emporragen, hineinzuschütten. Das ist eben die Wirkung davon, daß das Weltmeer an Areal nicht nur 2$^1/_2$ mal größer ist als die Landfläche, sondern im Mittel auch noch 5 mal tiefer, als jene hoch ist.

Wir sehen also, daß weder die mittleren Höhen der Kontinente mit den mittleren Tiefen der Meere, noch die Volumina derselben von der gleichen Größenordnung sind. Das Meer beherrscht mit seiner Raumausdehnung durchaus die Oberfläche unseres Planeten.

Allein das, was wir Kontinent heißen, ist ja nur der oberste Teil der gesamten „Erdfesten", soweit sie in die Luft hinausragen. Denken wir uns das Meer trocken gelegt, so würden die Erdfesten nach Humboldts Ausdruck wie gewaltige Plateaus vom Meeresboden aufsteigen. Die uns sichtbaren Festländer ruhen also auf mächtigen Sockeln, deren Höhe gleich ist der Mitteltiefe der Ozeane. Die Gesamterhebung dieser Festlandmassive oder des „Landblocks" beträgt so (im Mittel)

3500 + 700 = 4200 *m*, und sein Volumen vom ideellen
Niveau des Meeresbodens ab gerechnet 607 Mill. *kbkm*.
Es könnte also dieser Landblock nur noch zweimal in
den Meeresbecken untergebracht werden. Wäre der
Fall möglich, daß das Meer alles Land einschließlich
der erwähnten Sockel verschlänge, und könnte man
diese ganze feste Masse gleichmäßig am Boden ausbreiten, so wäre alsdann die ganze Erdoberfläche von
Meer überdeckt, und zwar würde dieses noch die erhebliche
Tiefe von 2300 *m* besitzen, demnach so tief sein, wie die norwegischen Fjeldspitzen oder das Plateau von Quito hoch ist.

Aber was sind diese Raumgrößen gegen die
kolossale Masse des ganzen Erdkörpers! Diesem wird
nach Bessel und Wagner ein Volumen von etwas über
1 Billion *kbkm* *) zuerteilt, und davon macht der Inhalt
aller Ozeane nur $1/_{800}$ aus; und rechnen wir das Gewicht
der ganzen Erde zu rund 6000 Trillionen metr. Tonnen,
so kommt auf die ganze Wasserdecke der Erde nur
$1^1/_3$ Trillionen Tonnen an Gewicht, also $1/_{4500}$ des Erd-
gewichts — eine wahrhaft verschwindende Größe!

Aus dem Gesagten geht hervor, daß das Meer
nur als eine spärlich dünne oder flache Decke den
Planeten überzieht. Beträgt der Abstand vom britischen
Kanal nach New-York 5500 *km*, so ist dagegen gehalten die mittlere Tiefe des Atlantischen Ozeans doch
nur 3·7 *km* oder $1/_{1500}$ dieser Länge: ein Wasserbecken
von $1^1/_2$ *m* Breite müßte, wenn das gleiche Verhältnis
gewahrt bleiben soll, nur gerade 1 *mm* Tiefe erhalten
(vgl. Fig. 12). Und vergleichen wir die Tiefen resp.
die Höhen der Meere und Länder mit der Länge der
Rotationsachse der Erde von Pol zu Pol, so ist diese
18000 mal größer als die mittlere Höhe der Kontinente
über dem Meer, 3600 mal größer als die mittlere Tiefe
der Meere und 3000 mal größer als die mittlere Erhebung der Erdfesten über den Meeresboden: so winzig
sind in Wahrheit die für menschliche Begriffe so enorm
erscheinenden Unebenheiten der Erdrinde!

---

*) Das größte irdische Bauwerk ist bekanntlich die Cheops-
Pyramide. Auf ein *kbkm* aber kommen 340 Cheops-Pyramiden!

4. Die Bodensedimente.

Schon die Alten bedienten sich bei ihrer Küstenschiffahrt des Lotes, nicht bloß, um die Tiefen zu bestimmen und sich dadurch vor Gefahren zu sichern, sondern auch um über die Beschaffenheit des Grundes und damit über den Schiffsort sich zu orientieren. In dieser Beziehung ist eine bei Herodot erhaltene Notiz, auf die wir bereits oben einmal angespielt haben, von höchstem Interesse. Nämlich sich mit der Frage nach der Entstehung des Nildeltas beschäftigend, sagt er: „Wenn man das Land ansegelt und noch eine Tagereise davon entfernt ist, so wird man beim Loten Schlick heraufholen und 11 Faden Tiefe finden; so weit hinaus also reichen anscheinend die Anschwemmungen des Landes." Der griechische Seefahrer wußte also, sobald er beim Loten, nördlich vom Nildelta, auf 11 Faden Wasser Schlickgrund fand, daß er noch eine Tagereise vor sich hatte; denn auf diesem praktisch-nautischen Wege ist jene von Herodot gemeldete Thatsache gewonnen worden, nicht etwa aus wissenschaftlichem Interesse an der Entstehung des Deltas; hierfür hat erst Herodot sie verwertet.

Dieses Hilfsmittel der Küstenschiffahrt ist seitdem bis auf den heutigen Tag sehr beliebt geblieben; und wenn unsere Finkenwerder oder Bremerhavener Fischer in die Nordsee hinausgehen weit außer Sicht des Landes bis auf die Doggerbank, so wissen sie auch ohne astronomische Beobachtungen ihren Schiffsort genau genug zu bestimmen, indem ihnen ihr mit Talg bestrichenes Bleilot eine Bodenprobe heraufbringt und sie über die Wassertiefe belehrt.

Auch das, ebenfalls schon früher erwähnte, von Koopmann und Breusing herausgegebene hanseatische Seebuch aus dem fünfzehnten Jahrhundert enthält eine Menge solcher Fingerzeige. Da ist genaueste Auskunft gegeben, ob der Grund aus Schlamm oder Schlick oder Sand besteht, ob dieser großkörnig, grobkörnig oder kleinkörnig, ob er weiß, greis, grau, schwarz oder rot ist, ob Steine darunter gemengt sind und welche Farbe diese haben, ob sie klein „wie Wicken" oder so groß

„wie Bohnen“ sind, ob Sandkörner und Steine scharf-
kantig sind oder abgerundet, so daß sie „sich milde
anfühlen“, ob sich zwischen dem Sande und den Steinen
Muschelschalen finden und welcher Art diese sind, oder
ob der Sand mit fettiger Erde, mit „Mergelbrei“ gemengt ist. Wo eigentümliche, nicht zu verwechselnde
Kennzeichen auftreten, wird nicht versäumt, darauf
aufmerksam zu machen, so z. B. weiß das Seebuch
schon ebenso bestimmt wie das neueste englische
Segelhandbuch, daß man die Insel Ouessant*) recht
Ost von sich hat, wenn der Grund aus lauter kleinen,
länglichen Nadeln besteht, die dem Kaff oder den
Grannen der Kornähren gleichen. — Genau so ins
Einzelne gehende Unterscheidungen der Bodenproben
werden auch in den modernen Segelhandbüchern gebracht und auf den Seekarten selbst durch geeignete
Abkürzungen verzeichnet.

In den flacheren Meeren herrscht der Sand vor;
so in der östlichen Ostsee, und zwar hier vielfach mit
Steinen der verschiedensten Größe vermengt, wobei im
Bottnischen oder Finnischen Golf solche von mehreren
Kubikmetern Größe nicht selten vorkommen. Diese
mögen zum Teil aus der Eiszeit her sich erhalten haben,
wie sie auch in Norddeutschland in lang gezogenen
Steinwällen noch anzutreffen sind; zum größeren Teil
aber werden sie in jedem Frühjahr von den Küsten
her mit dem Eise, an welchem oder unter welchem sie
eingefroren sind, weit hinaus verfrachtet, und zwar um
so weiter, je kleiner sie sind. Diesen Ursprung haben
auch die im Sunde bei Kopenhagen so häufigen Steine.
Der Geologe Forchhammer hat berichtet, und es ist
ihm vielfach nacherzählt worden, daß 37 Jahre, nachdem ein englisches Kriegsschiff 1807 bei Kopenhagen
in die Luft geflogen war, auf dessen Wrack zwischen
den beiden Decks ein dichtes Lager von großen Blöcken,
stellenweise sogar übereinandergetürmt, sich vorfand.
Der Taucher äußerte damals, daß er noch in allen im

_____

*) Diese Insel liegt südlich vom Eingange in den britischen
Kanal und ist darum ein wichtiger Ansegelungspunkt.

Sunde gesunkenen Schiffen solche Steine gefunden habe. Es ist gar keine Frage, daß diese durch das Treibeis vielleicht recht weit her aus der nördlichen Ostsee dahin getragen worden sind.

Viele Steingründe in der Ostsee haben indes einen andern Ursprung: sie sind die Überreste im Meer versunkener Inseln und finden sich zahlreich entlang der südlichen Ostseeküste. Die größten sind der Adlergrund zwischen Rügen und Bornholm, die Oderbank nördlich von Swinemünde, der Stollergrund vor der Kieler Föhrde, Steenröen im Alsenbelt; sie machen in allen Fällen die Schiffahrt für tiefgehende Fahrzeuge gefährlich.

In der Nordsee fehlen solche lose liegenden größeren Steine ganz; sie kommen nur in Gestalt von sehr grobem Kies vor. Außerdem aber sind in der Nordsee auch Stellen vorhanden, die einen harten thonigen Boden unbedeckt von weichem Sediment zeigen, so z. B. Borkum Riffgrund, der sich über 70 km weit in Nordwestrichtung von den Emsmündungen hinaus erstreckt.

Grundproben aus großen Meerestiefen konnten erst dann erhalten werden, nachdem die Technik der Tiefseelotungen einigermaßen entwickelt war. Der erste gelungene Versuch rührt von Ross her (s. S. 38), welcher aus 1970 m Tiefe in der Baffinsbai eine Menge feinen grünlichen Grundschlamm heraufholte (1818). Aber diese Leistung blieb ganz vereinzelt, bis die Einführung von Brookes Lot es ermöglichte, auf bequeme Weise Grundproben heraufzuziehen, indem man den das Kugelgewicht durchbohrenden Stab an seinem unteren Ende hohl machte. Das Hydralot verschließt diese Öffnung mit einem sog. Schmetterlingsventil. Das von dem Fürsten von Monaco erfundene Lot hat an der unteren Oeffnung der hohlen Spindel einen Hahn, der von dem abgleitenden Abfallgewicht mit einer kurzen Klinke verschlossen wird: es eignet sich darum besonders zum Aufholen von lockeren, sandigen oder kiesigen Böden (s. Fig. 28, auch 18). Sehr sicher wirkt auch Thoulets Lot (Fig. 29), indem es losen Schlamm mit einer vom

Lotgewicht fest angedrückten, übergestülpten Glocke
einfängt. Zähere Böden werden von Sigsbees Lot (s. o.
Fig. 20) zuverlässig eingeschlossen, doch ist es schwierig,
sie aus der Röhre herauszunehmen. Besonders empfehlens-
wert und doch einfach sind die von Dr. M. Bachmann,
dem in Indischen Ozean verstorbenen Arzt der Deutschen
Tiefsee-Expedition, angegebenen Schlammröhren, die,
unten ganz offen, an ihrem oberen Ende mit einem
sog. Kugelventil verschlossen sind; hierdurch wird
beim Aufholen des
Lotes ein Wegspülen
der Bodenprobe ver-
hindert. Schraubt man
das Kugelventil ab,
so kann man den In-
halt der Röhre in der
richtigen Schichtung
mit einem Stabe von
passender Dicke voll-
kommen nach unten
herausdrücken. — So
sind denn auf diesem
Wege eine Menge von
Grundproben aus der
eigentlichen Tiefsee
bekannt geworden.

Der Geologe
der Challenger-Expe-
dition, Sir John
Murray, unterschei-
det nach seinen Beobachtungen zweierlei Hauptgruppen
von Bodensedimenten: solche, die eine Einwirkung der
nahen Festland- oder Inselküste zeigen, und solche,
die eigentliche Tiefseebildungen vorstellen: also litorale
oder pelagische Sedimente.

Die litoralen Sedimente treten zumeist als weiche
Schlickbildungen auf, die nur örtlich und selten in
etwas steiferen Thon übergehen. Die Farbe wechselt
von blau, grün bis rot. Wo alte krystallinische Gesteine
auf dem nahen Lande vorkommen, zeigen die Küsten-

Fig. 28.

Fig. 29.

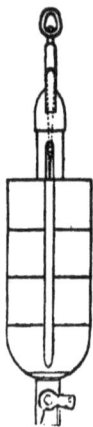

Monacos
Lot.

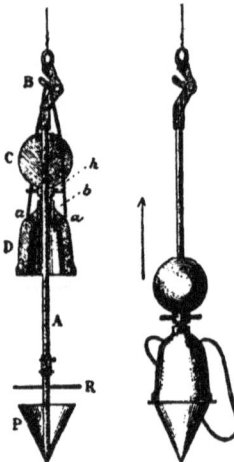

Thoulets Lot.

ablagerungen mehr blaue und grüne Farben, und zwar je tiefer, desto blauer erscheinen sie, zuletzt fast in dunkler Schieferfarbe; ihre untere Grenze liegt bei 1200 bis 1300 *m*, und ihr Abstand von der Küste kann 200 bis 300 *km* betragen. Eingebettet in dem Schlick, zeigen sich als die Hauptkennzeichen dieser Art Ablagerungen häufig Stücke von Holz, Früchte und Teile von solchen, sowie Blätter von Bäumen, die mit dem Flußwasser eingeschwemmt sind. Von grünem oder blauem Schlick sind die meisten, vom Challenger berührten ozeanischen Küsten umgeben, ebenso sind die abgeschlossenen Tiefenbecken der Mittelmeere davon erfüllt: hier sind also auch die größten Tiefen bis 6000 *m* hinab durch litorale Sedimente bezeichnet.

Örtliche Abweichungen in der Färbung des Schlicks sind leicht aufzuklären. Im Umkreise vulkanischer Inseln wird der Schlick sandiger, die Farbe mehr grau bis schwarz oder schieferfarben, was den erheblichen Beimengungen von Bimsstein, Aschen und anderen Lavabrocken zuzuschreiben ist. Aus der Zersetzung dieser Stoffe rührt auch der gleichfalls häufige Mangangehalt dieser Sedimente her. — Roter Schlick findet sich an der brasilischen Küste und vor der Kongomündung; er ist jedenfalls aus den Flüssen herzuleiten, die das rote Lateritgestein, welches das Innere des tropischen Landes vorzugsweise überdeckt, erodieren und auswaschen. — Bei den Koralleninseln finden wir natürlich den aus den zerkleinerten und gepulverten Kalkgerüsten der Riffe herrührenden Korallenschlamm: er ist nahe am Strande weiß mit rötlichen Sprenkeln. Um die so steil abfallenden Bermudasinseln herum bedeckt er den Boden noch in 4600 *m* Tiefe. Je tiefer er liegt, desto mehr nimmt er eine rosa Färbung an, wobei der Kalkgehalt ab-, der Thongehalt zunimmt, bis er endlich in den tiefroten Tiefseethon übergeht. Wie weit hinaus solcher Korallenschlamm geführt werden kann, zeigt sein Vorkommen an der tiefsten Stelle des Atlantischen Ozeans, in der Virginentiefe (8340 *m* tief und 180 *km* vom Land entfernt). Natürlich hat er seine Hauptverbreitung im Korallenmeer des Pazifischen Ozeans.

Die eigentlichen Tiefsee-Sedimente können wir
erstlich in solche einteilen, die vorherrschend aus den
Schalen kleiner Organismen bestehen, und zweitens in
die ganz amorphen und zäheren Tiefseethone.

Seit den grundlegenden Arbeiten Victor Hensens
ist die volle Bedeutung der in den oberen Schichten
der Meere einhertreibenden und von den Strömungen
willenlos dahin getragenen, mikroskopisch kleinen
Organismen für den großen Haushalt der Natur erst
richtig erkannt worden. Unter der griechischen Bezeichnung „Plankton" *) faßt man diese, aus den niedersten
Pflanzenformen, aber auch zahlreichen Thierarten und
Larven von solchen bestehenden Organismen zusammen.
Diese winzigen Pflänzchen, zu der formenreichen Gruppe
der Diatomeen und zu den Algen gehörend, bilden aus
der Kohlensäure, dem Stickstoff und anderen dem
Wasser beigemengten unorganischen Stoffen unter der
Einwirkung des Sonnenlichts organische Substanz; diese
letztere dient wieder den thierischen Planktonformen,
den Peridineen, Foraminiferen, Radiolarien und einigen
höher organisierten Gruppen, worunter eine große Abteilung der Kruster besonders wichtig sind, die der
Kopepoden, zur Nahrung. Höhere, fleischfressende See-
thiere leben dann wieder von diesem animalischen
Plankton. An dieser Stelle interessiert uns das Plankton
zunächst nur soweit, als diese kleinen Organismen auch
kohlensauren Kalk und Kieselsäure (Glas) aus den
Salzen des Seewassers herausholen, um sich Gehäuse
oder Skelette daraus zu bauen, die nach dem Ableben
ihrer Träger zu Boden sinken, und deren Trümmer
sich dort als charakteristischer Grundschlamm aufhäufen.
Die am Meeresboden selbst lebenden Vertreter dieser
Organismen sind nur sehr spärlich vorhanden und
tragen nur etwa 2 Proz. der Ablagerungen bei. Maßgebend sind also die Planktonformen der oberen
Wasserschichten; ihre wichtigsten Gruppen sind folgende.

---

*) Πλαγκτόν das Umhergetriebene; vgl. Odysseus, ὃς μάλα
πολλὰ πλάγχθη.

Kalkabscheidungen liefern vor allem die Foraminiferen und von diesen die große Familie der Globigerinen,
die ein schneckenartig gekammertes inneres Gehäuse
bilden, das bei vielen Gattungen strahlig angeordnete
Stacheln trägt (Fig. 30 und 31 zeigen zwei besonders
große For-
men); aus fei-
nen Löchern
der Schalen
dringt die
schleimige
Sarcode-
masse hervor
und lagert
sich in dün-
nen Fäden um
die Stacheln.
Wir geben
einen Über-
blick über die
häufigsten
Formen auf
Fig. 32 und
ein Bild des
Globigerinen-
schlamms,
wie es unter
dem Mikro-
skop er-
scheint, auf
Fig. 33. Die
hier darge-
stellte Probe
ist besonders
reich an gut

Fig. 30.

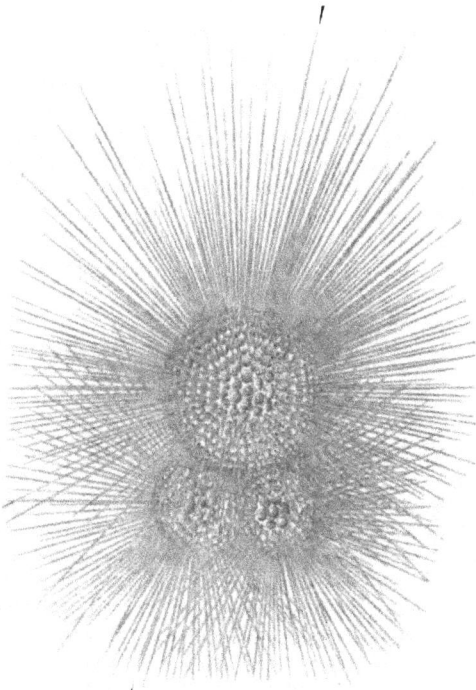

Globigerina bulloides.

erhaltenen Schalen; im Allgemeinen machen diese,
nach Messungen Karl Apsteins auf der Deutschen
Tiefsee-Expedition, kaum ein Fünftel bis ein Viertel
des ganzen Schlammes aus, dessen große Masse aus
dem feinsten Staube besteht. Auf die interessanten

Fig. 31.

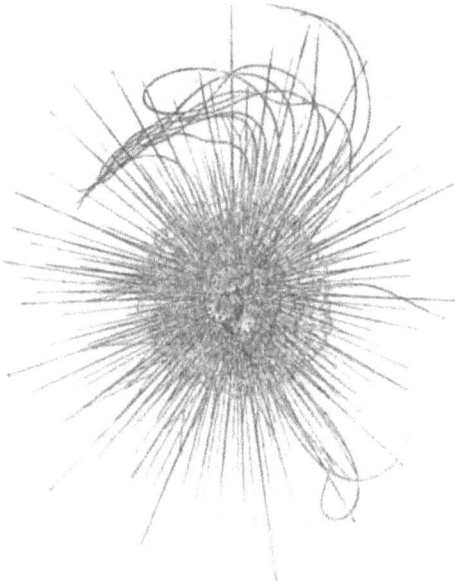

Hastigerina Murrayi (in 5 maliger Vergrößerung).

Mineralien, die sich im Bereiche dieser Tiefsee-ablagerungen neu bilden und in schönen Kry-stallen vorkom-men, soll hier nicht näher ein-gegangen wer-den. Globigerinen-schlamm findet sich nicht in allen Tiefen: er fehlt den Küsten-ablagerungen, denn diese Tiere gedeihen vor-zugsweise auf der landfernen Hochsee, und zwar am besten in den warmen Gebieten des Weltmeers. Wo sie, von den tropischen Meeres-strömungen erfaßt, in die Polarräume getragen werden und in Berührung mit kaltem Wasser kommen, sterben sie massenhaft ab. So geschieht das im Nordmeer, an der Neufundlandbank, an der Agulhasbank, und auch bei den Japanischen Inseln, wo sich der warme Kuroschio und der kalte Oyaschio berühren. Die Färbung des Globigerinenschlamms ist weißlich, grau bis grünlich oder gelblich, bisweilen auch mit einem Stich ins Rote oder Braune; er ist überaus beweglich, und die schwäch-sten Strömungen von nur 3 *mm* Geschwindigkeit in der Sekunde führen ihn fort. Nach den neueren zusammen-fassenden Arbeiten Sir John Murrays und A. F. Renards bedeckt Globigerinenschlamm fast ausnahmslos die sanft geformten Rücken in der Mitte der Ozeane mit einer

mittleren Tiefe von 3650 *m*; genau zwei Fünftel des
ganzen ozeanischen Meeresbodens besteht daraus. In
größeren Tiefen fehlen Globigerinenschalen nicht ganz;
sie werden aber um so seltener und schlechter erhalten,

Fig. 32.

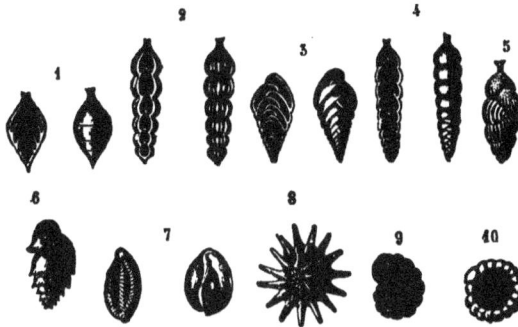

Foraminiferen.
(1. Glandulina. 2. Nodosaira. 3. Textularia. 4. Bigenerina. 5. Uvigerina. 6. Bulimina.
7. Triloculina. 8. Calcarina. 9. Planorbulina. 10. Cristellaria.)

Fig. 33.

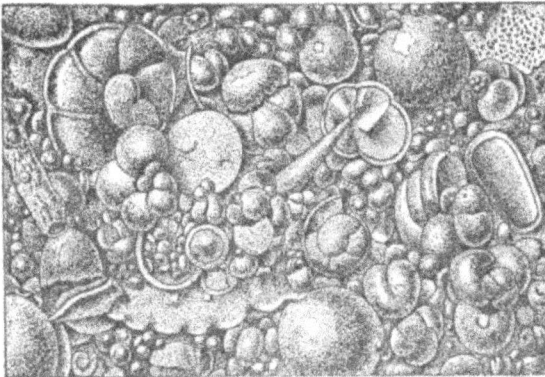

Globigerinenschlamm nach Thoulet (stark vergrößert.)

Fig. 34.

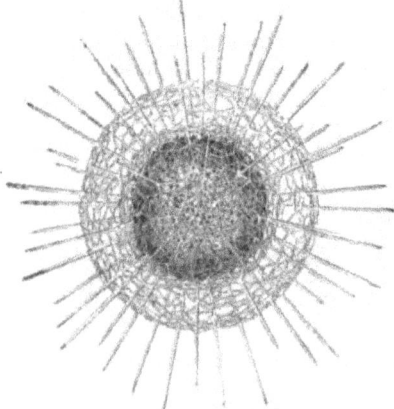

Haliomma (e'ne Radiolarie, 100 mal vergrößert).

je tiefer man kommt, und mehr und mehr verdrängt ' sie der unorganische Tiefsee-thon.

Die Radiolarien, auch Gittertiere genannt, haben in ihrem Innern ein kugeliges, gegittertes Kieselgerüst mit rings oder nur stellenweise darum angeordneten Stacheln; Fig. 34 und 35 zeigen zwei symmetrisch gebaute, besonders schöne Formen; das Gerüst der Xiphacanta ist allerdings so zart und leicht zerstörbar, daß es, wie das ihrer Sippe überhaupt, in den Tiefseeablagerungen kaum aufzufinden ist; hier sind hauptsächlich die Gruppen der Nasellarien und Spumellarien vertreten (Fig. 36).

Fig. 35.

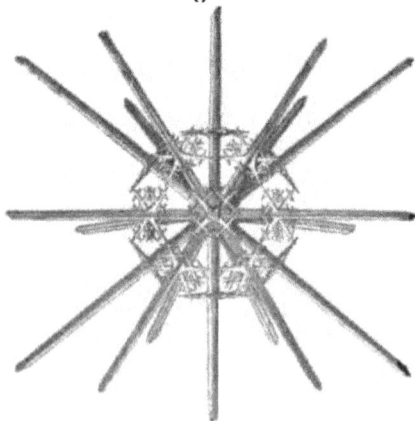

Xiphacantha (Gerüst einer Radiolerie, 60 mal vergr.)

Radiolariengerüste kommen in fast allen Ablagerungen des Globigerinenschlamms als nebensächliche Beimengungen vor; aber sie werden auch in den größten Tiefen (vom Challenger noch in 8185 m) gefunden. Wie Karl Apstein angiebt, liefern die Radiolarien nur ein Neuntel bis ein Zehntel

der von ihnen gekennzeichneten Ablagerungen; der
Rest ist ein ganz feiner, brauner, dem Tiefseethon
ähnlicher Schlamm. Nach Murray und Renard beherrscht
diese Bodenart über 6 Mill. *qkm* Fläche von meist mehr
als 5000 *m* Tiefe; ihr Vorkommen beschränkt sich auf
den centralen Teil des Stillen Ozeans und die Umgebung der Kokos- und Weihnachtsinsel im Indischen
Ozean, während er im Atlantischen ganz fehlt. Kalk-
und Kiesel-
schlamm fehlt
im Allgemei-
nen den abge-
schlossenen
Tiefenbecken
der Mittel-
meere; nur im
europäischen
Nordmeer und
im Karibischen
Meer kommt
reichlich
Globigerinen-
schlamm vor.
　Kieselabla-
gerungen lie-
fern auch die
Diatomeen,
namentlich in
den polaren
und weniger
salzhaltigen

Fig. 36.

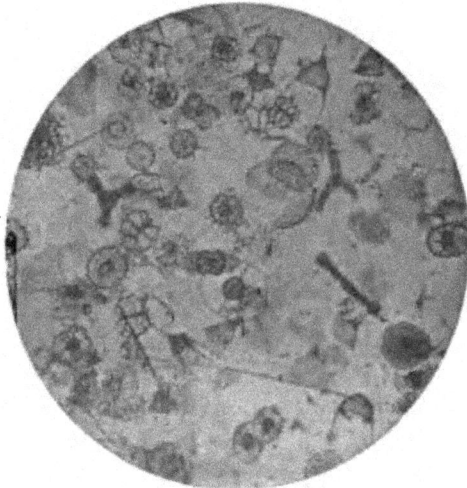

Radiolarienschlamm aus dem tropischen Indischen Ozean
nach Apstein (stark vergrößert).

Meeresstrichen beider Hemisphären, in Gestalt eines
blaß-strohfarbigen oder bräunlichen Schlamms. Eine
Probe aus hohen südlichen Breiten ist in Fig. 37 dar-
gestellt. Nach Murray und Renard ist die mittlere Tiefe
ihres Vorkommens nur 2700 *m*, das Areal 28 Mill. *qkm*.
Die Diatomeen sind in bestimmten Arten für gewisse
Meeresströmungen charakteristisch, wovon später die
Rede sein wird.
　Die größeren ozeanischen Tiefen von mehr als

5000 m beherrscht mit einem Areal von mindestens
134 Mill. qkm oder über zwei Fünftel der offenen Ozeane
der rote Tiefseethon. Dieser ist von grauer oder roter
bis schoko-
ladebrauner
Farbe und
läßt zwar
häufig so gut
wie gar keine
Beimengung
von kohlen-
saurem Kalk
wahrnehmen,
meist aber
sind Trüm-
mer von Glo-
bigerinen-
schalen ganz
vereinzelt und
von Kiesel-
schalen in
untergeord-
neten Men-
gen darin vor-
handen. Mur-
ray fand unter
dem Mikro-
skop außer
vulkanischen
Aschenteilen
und Bims-
stein, also
feldspat-
reichen, bei
ihrer Zerset-
zung Thon
liefernden

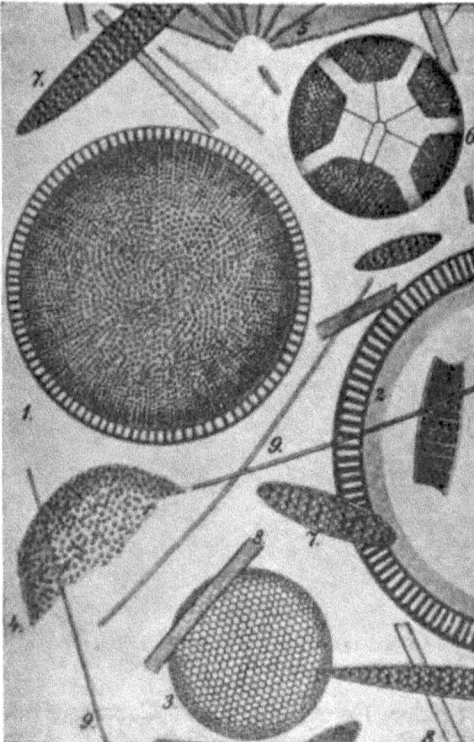

Fig. 37.

Diatomeenschlamm aus hohen südlichen Breiten, nach Chun.
(1—5. *Coscinodiscus*. 6. *Asteromphalus*. 7. *Fragilaria*.
8, 9. *Synedra*; stark vergrößert.)

Stoffen, besonders häufig Magneteisenstein in feinen
Splittern, offenbar kosmischen Ursprungs, sodann
Braunstein (Mangansuperoxyd), der bei den Lotungen

bisweilen in hühnerei-
großen Knollen herauf-
gebracht wurde; die letz-
teren gleichen (s. Fig. 38)
ungeheuren Brombeeren.
Aber solche vulkanischen
Stoffe samt dem Mangan
sind in unwesentlichen aber
deutlichen Mengen, ebenso
wie Quarzkörnchen und
Glimmersplitter, überall im
Meer verbreitet, sie fehlen
weder den litoralen noch
den organischen Schlamm-
und Schlickbildungen;
warum verdrängen sie in
den größten Tiefen die Ablagerungen des kohlensauren
Kalks?

Fig. 38.

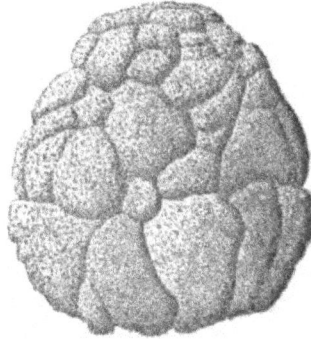

Manganknolle.

Die Frage ist noch immer nicht ganz gelöst. Merkwürdig ist zunächst folgender Umstand, dessen Bedeut-
samkeit Murray zuerst erkannt hat.

Fernab vom Land liegen im Tiefseethon häufig
verstreut die Zähne von Haifischen, Knochen und
Knochenteile von Walfischen (namentlich Gehörknöchelchen) und von Schildkröten. Diese, namentlich die Hai-
fischzähne und die Gehörknöchelchen, sind regelmäßig
von einer mehr oder weniger dicken Manganschicht
überzogen, und zwar fanden sich in den Grundproben
Exemplare mit solchen Rinden von über 2 cm Dicke
unmittelbar neben anderen, die noch gar nicht inkrustiert
waren. Dieser Inkrustations-Proceß ist stets ein sehr
langsamer, und wenn frische und überzogene Knochen
so nahe aneinander vorkommen, so können sich die
Tiefseesedimente nur sehr langsam ablagern. Im organischen Kalk- oder Kieselschlamm sind vom Lot oder in
den Grundnetzen der Challenger-Expedition solche Hai-
fischzähne nur zweimal, Gehörknöchelchen nur einmal
heraufgebracht worden; in den Küstenablagerungen
scheinen sie ebenso selten zu sein. Da liegt in der That
der Schluß sehr nahe, daß in diesen Gebieten eine

schnellere Ablagerung des Grundschlamms vor sich
geht, wodurch die doch überall nur vereinzelt fallenden
Zähne und Knöchelchen sehr bald verdeckt werden.
Was hindert nun aber, daß die an der Meeresoberfläche
so zahlreichen Globigerinen und Radiolarien nicht
ebensogut in den über 4000 *m* messenden Tiefsee-
mulden zur Ablagerung gelangen, wie sie das auf den
2—4000 *m* tiefen Stellen zwischen jenen Mulden so
reichlich thun? Erreicht denn der auf letzteren wahrscheinlich vorhandene stetige Regen von Globigerinenschalen und Kieselgerüsten dort den Boden nicht? Was
vernichtet sie unterwegs? Hier sind unserer Kenntnis
offenbar noch wichtige Thatsachen verborgen, die künf-
tigen Forschungen aufzuhellen vorbehalten bleibt. Sind
doch die roten Thone mit 135 Mill. *qkm* die unzweifelhaft ausgedehntesten Tiefseeablagerungen!

Murray ist der Überzeugung, daß die Kalkschalen
durch die Kohlensäure aufgelöst würden, die überall
im Meerwasser verteilt ist. Diese Ansicht wird dadurch
gestützt, daß das Meerwasser aus sehr großen Tiefen
thatsächlich reicher an kohlensaurem Kalk gefunden
worden ist, als in geringeren Tiefen; ebenso vielfach
auch in den Becken der Mittelmeere, die, wie oben
bemerkt, gleichfalls ja des Foraminiferenschlammes entbehren. Bemerkenswert ist auch Murrays Beobachtung,
daß Schalen der zarteren Foraminiferenarten an den
Gehängen der Vulkaninseln schon von 2000 *m* abwärts
fehlen; da in der Nähe aller Vulkanherde die Exhala-
tionen der Kohlensäure besonders reichlich zu sein
pflegen, wäre das durchaus im Sinne seiner Theorie.
Weiter ist die Thatsache bemerkenswert, daß Globigerinenschlamm, in Säuren aufgelöst, einen Rückstand
hinterläßt, der in allen wesentlichen Eigenschaften wirklich mit dem Tiefseethon identisch ist. Aber sollte die
Lösung in der Tiefe nicht längst eine gesättigte sein?
Sobald die Sättigung erreicht ist, müßte doch kohlen-
saurer Kalk in irgend einer Gestalt wieder abgeschieden
werden, — oder sollte der Verbrauch der Tiefseetiere
wirklich dafür genügen?

Jeder Leser weiß, daß die weiße Schreibkreide

nichts anderes ist, als eine Ansammlung von mikroskopisch kleinen Kalkschalen, und zwar rühren diese gleichfalls von Foraminiferen her. Die Kreide ist also in ähnlicher Weise entstanden, wie der Globigerinenschlamm unserer Meere, nur daß damals in der Kreidezeit die Gattung der Textularien (vgl. Fig. 32, 3) unsere heutigen Globigerinen vertrat. Außerdem aber sind noch einige andere Foraminiferenarten in beiden, nur nicht so reichlich, vorhanden und darunter 19 Arten ebensowohl in der Kreide, wie in unserem heutigen Kalkschlamm als identisch erwiesen; so u. a. die oben (Fig. 30) abgebildete *Globigerina bulloïdes.* Und wenn die Kreidefelsen so ausgezeichnet sind durch ihren Reichtum an Feuerstein-, d. h. Kieselsäureknollen, so kann man sehr wohl in letzteren nachträgliche Zusammenballungen der in Gestalt von Radiolarien- und Kieselalgenschalen dem ehemaligen Kalkschlamm beigemengten Kieselmengen wieder erkennen.

Schon Linné hatte vor 150 Jahren ganz allgemein die organische Abkunft aller Kalkablagerungen behaupten wollen (*omnis calx e vivo*), was doch wohl zu weit geht. Denn in einzelnen beschränkten Gegenden des Mittelmeers haben Natterer und Luksch thatsächlich ganz amorphe Kalksteinkrusten aufgefunden.

. Aber noch in anderer Weise sind die Schlammablagerungen der heutigen Tiefsee von Bedeutung für das Verständnis geologischer Fragen. Viele Planktonwesen bilden, um besser schwimmen zu können, Fett in kleinen Tröpfchen in ihrem Körper, und wenn ihre kleinen Leichen zu Boden sinken, wird dem Grundschlamm im Laufe der Zeiten nicht wenig Fett beigemengt werden. Zuerst wurde der Fettgehalt des Globigerinenschlamms von Gümbel in den Bodenproben der Gazelle-Expedition, nachher auch sonst nachgewiesen. In großer Mächtigkeit aufgehäufte Schlammablagerungen dieser Art aus den älteren geologischen Formationen können, durch die innere Erdwärme erhitzt, diesen Fettgehalt in höhere Schichten hinauf destillieren lassen und dadurch bituminöse Abscheidungen, ja vielleicht Lager von Petroleum schaffen.

Für die roten Tiefseethone fehlen in den neueren
geologischen Formationen anscheinend die äquivalenten
Sedimente, solche will man erst in gewissen roten, sehr
mächtigen Thonschiefern der paläozoischen Zeit erkannt
haben. Dem Radiolarienschlamm entsprechen unter den
älteren Gesteinen viele Kieselschiefer, besonders die
hornsteinartige Lydite, während der Diatomeenschlamm
im tertiären Kieselguhr als eine wenigstens äußerlich
ganz identische Ablagerung auftritt. — Dagegen sind
die litoralen Sedimente in allen Modifikationen auch
in den Ablagerungen der jüngeren Erdperioden leicht
wiederzufinden.

Zwei Erscheinungen, welche nicht gerade entschei-
dende, aber doch erkennbare Einwirkungen auf die Zusammensetzung der Meeressedimente äußern, wollen wir
zum Schlusse noch berühren. Das sind die unterseeischen
Vulkanausbrüche und die Staubfälle, beide auf gewisse
Meeresstriche beschränkt und zu Zeiten der Gegenstand
vieler Fabeln, freilich mehr unter den Gelehrten, als
unter den praktischen Seeleuten.

Es ist bekannt, daß bei einzelnen besonders großartigen Vulkanausbrüchen die ausgeworfenen Aschen,
d. h. die bis in die feinsten Partikelchen zerriebene
und zerblasene Lava, bis in den Bereich der oberen
Luftströmungen getrieben und von diesen auf viele
hundert Kilometer vom Eruptionspunkte fortgetragen
worden sind. Als die gewöhnlich dafür beigebrachten
Beispiele seien hier wiederholt: der Ausbruch der Tam-
bora auf Sumbawa am 11. April 1815, einer der ver-
heerendsten, der Holländisch-Indien je getroffen hat,
wobei die Asche das 1900 *km* östlicher liegende Amboina
erreichte; ferner die großartige Eruption des Coseguina,
vom Januar 1835, die über ganz Zentralamerika ihre
Wirkungen erstreckte, und deren Aschen nördlich bis
Jamaica (1200 *km*) getragen wurden. Auch über das
nördliche Europa haben bisweilen isländische Vulkanausbrüche ihre Aschenregen entsandt, so z. B. um Ostern
1875, wo solche bis nach Schweden hinein (also auch
über 1200 *km* weit) gespürt wurden. Und wer hat nicht
mit Verwunderung Kenntnis genommen von den un-

glaublichen Fernwirkungen des großen Vulkanausbruchs in der Sundastraße am 28. und 29. August 1883, dessen gröbere Aschen über einen Umkreis von 1000 *km* Radius in dichten Mengen fielen, und dessen feinste Lavastäubchen mit den entwichenen Gasen zusammen in den obersten Schichten der Atmosphäre über 50000 *m* hoch noch viele Monate lang sich schwebend erhalten und prachtvolle Dämmerungserscheinungen hervorgerufen haben!

Auf diesem Wege durch die Luft fortgeführt, können demnach vulkanische Mineralpartikelchen in großer Ferne vom Eruptionspunkte auf die Meeresoberfläche niederfallen und dann noch wieder durch Meeresströme verbreitet, endlich am Meeresboden zur Ablagerung gelangen. Daraus erklärt sich schon zum Teil die so allgemeine Verbreitung feiner Quarz- und Glimmersplitter und Bimssteinfasern in den Grundproben aller Ozeane.

Sehr viel wirksamer müssen aber unterseeische Vulkanausbrüche selbst sein, weil sie unmittelbar gröberes Material dem Ozean überliefern. Denn bei solchen wird nicht nur die flüssige Lava am Eruptionsorte selbst sich ablagern, sondern es werden auch größere und reichlichere Massen vom Bimsstein und Aschen zu Tage gefördert. Im Bereiche der großen Mittelmeere ist nun auch die submarine Vulkanthätigkeit ebenso intensiv wie die subaërische. Die südwestlich von Sizilien im Jahre 1830 unter heftigen Ausbrüchen aufgetauchte und bald darauf wieder verschwundene Insel Ferdinandea, sowie die 1866 bei Santorin aufgetretenen Vulkaninseln sind die bekanntesten Beispiele aus dem Bereich des Romanischen Mittelmeeres. Aber solche Bildungen fehlen auch dem offenen Ozean nicht. Im Januar 1811 entstand unter starkem Aschenauswurf bei der Azoren-Insel San Miguel eine neue Insel, die Sabrina benannt, aber nur ein Jahr alt wurde; im Februar 1812 war sie wieder versunken.

Am häufigsten sind solche Eruptionen aber beobachtet im westlichen Teile des Südpazifischen Ozeans im Bereiche des sog. Melanesischen Archipels, jener

hohen Inseln, die sich östlich von Neu-Guinea bis zu
den Fidschi-Inseln erstrecken. Schon aus dem Jahre 1861
wurde von der Brigg „Wailua", nördlich von Neu-Pommern
ein solches Phänomen berichtet, wobei das Wasser in
einem Strahl springbrunnenartig 50 *m* hoch in die Höhe
geschleudert wurde. Ungleich großartiger waren die
Ausbrüche im Februar 1878, worüber mehrfache Berichte
vorliegen. Zunächst entstand bei der Insel Tanna (Gruppe
der Neuen Hebriden) ein neuer Krater, ein zweiter
gleichzeitig in der Straße zwischen Neu-Pommern und
Neu-Lauenburg, wobei kolossale Massen von Bimsstein
und Aschen unter ungeheurem Getöse und Lufterschüt-
terungen ausgeworfen wurden, welche die ganze Meeresstraße mit einer dichten Schicht bedeckten, die stellenweise $1^1/_2$ bis $1^3/_4$ *m* stark war, so daß der deutsche
Dampfer Pacific, Kapt. Hernsheim, genötigt wurde,
umzukehren und sich der Insel von der Ostseite zu
nähern. — Wenige Wochen darauf erfolgte auch in
dem zwischen diesem neupommerschen Krater und dem
von Tanna gelegenen Archipel der Salomo-Inseln in
der Nähe der Bougainvillestraße ein unterseeischer Ausbruch, der so erhebliche Aschen- und Bimssteinmassen
auf die Meeresoberfläche warf, daß das britische Schiff
„Pacific Slope" vier Tage nacheinander in denselben
umherkreuzte. „Der Boden des Schiffes war vom Bimsstein ganz blank gescheuert und mehrere der Felder
hatten das Aussehen von Inseln und waren dicht genug,
um den Fortgang des Schiffes zu hindern." Diese Bims-
steinflächen sind dann das ganze Jahr 1878 hindurch
in diesem Meeresstriche hin und her getrieben und von
S. M. S. „Ariadne" bei den Ellice- und Gilbert-Inseln,
also 2600 *km* von der Bougainvillestraße, tagelang beobachtet worden. — Es sind aber auch vielfach ganz
irrtümlicherweise vulkanische Eruptionen von Seefahrern
berichtet worden, die auf irgend einer Art optischen
Täuschung (auf Luftspiegelungen od. dgl.) beruht haben
müssen, denn sorgfältige Untersuchungen des Meeresbodens an solchen Stellen ergaben vielfach nicht den
geringsten Anhalt für solche Berichte. Als warnendes
Beispiel für diese und ähnliche Täuschungen mag hier

folgender Vorfall gelten. Im zentralatlantischen Ozean ist eine Stelle ausgezeichnet durch submarine Erderschütterungen, die als Stöße den darüber segelnden Schiffen wahrnehmbar werden. Als Krusenstern im Mai 1806 auf seiner Weltumsegelung diesen Meeresstrich passierte, nahm er eines Abends eine hochaufsteigende Rauchwolke in der Entfernung wahr und deutete sie als einen vulkanischen Ausbruch, ohne die Sache indes näher zu untersuchen. Dieselben Berichte wurden im Jahre 1864 aus dem gleichen Meeresstrich mehrfach wiederholt und so lange in derselben Weise gedeutet, bis bekannt wurde, daß die Alabama, der bekannte Kreuzer der Konföderierten Staaten, zahlreiche Handelsschiffe der Unionsstaaten dort gekapert und verbrannt hatte. —

Die von dar Challenger-Expedition im Nordatlantischen Ozean heraufgeholten Grundproben enthielten sehr häufig ganz winzige Quarzkörnchen, die von den Splittern vulkanischer Abkunft sich durch ihre runde abgerollte Gestalt unterschieden. Die englischen Gelehrten entschieden sich dafür, in diesen Körnchen den Niederschlag des sog. Passat-oder Wüstenstaubes zu erkennen, der in der Gegend der Kapverdischen Inseln nicht selten vorkommt. Diese Auffassung wird noch dadurch unterstützt, daß der Globigerinenschlamm in dem obengenannten Meerestriche sich durch seine rötliche Farbe bemerkbar machte, während außerhalb dieser Zone der Staubfälle die Proben eine hellgraue oder ganz weiße Farbe zeigten. Der Passatstaub bei den Kapverden ist fast regelmäßig rot, nach den Angaben der Seeleute schwankt seine Färbung vom gelblichen Rot und Ziegelrot bis Zimmetbraun.

Schon der arabische Geograph Edrisi scheint im Jahre 1160 von diesem Charakterzug des Meeres westlich von der großen afrikanischen Wüste Kenntnis gehabt zu haben, da er diesem Meeresstriche den Namen des „Dunkelmeeres" beilegte.*) Jedenfalls ist den Seeleuten

---

*) Nach anderer Auffassung meinte er damit nur „das Meer des Sonnenuntergangs", also das „Westliche Meer".

die Erscheinung dieses roten Passatstaubs etwas ganz
Geläufiges. In systematischer Weise sind darauf be-
zügliche Nachrichten zuerst von dem bekannten Aka-

Fig. 39.

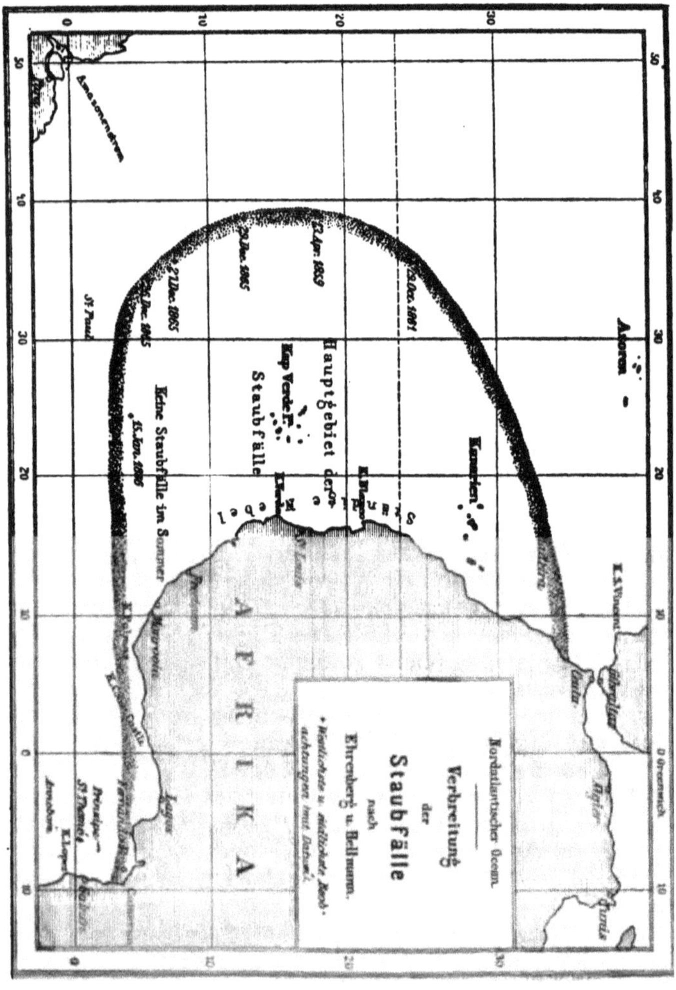

demiker Ehrenberg gesammelt worden, der aber leider, durch seine lediglich mikroskopische Untersuchung jener Staubfälle verleitet, eine unnatürliche Deutung ausgesprochen hat. Während die Seeleute gewohnt waren, von afrikanischem Staube zu reden, fand Ehrenberg, daß in den ihm davon mitgeteilten Proben eine große Menge von Infusorien und Diatomeen südamerikanischer und europäischer, dagegen sehr wenige afrikanischer Abkunft enthalten seien, und infolgedessen leitete er diesen Passatstaub aus Südamerika her, von wo derselbe mit aufsteigenden Luftströmungen in die höheren Schichten der Atmosphäre gelangen und dann von dem dort herrschenden südwestlichen Antipassat nach Nordosten hin fortgeführt werden sollte.

Eine neuere planmäßige Untersuchung dieser Staubfälle auf Grund einer sehr großen Anzahl englischer Schiffstagebücher von Gustav Hellmann hat indes der alten Auffassung der praktischen Seeleute zu ihrem nunmehr unbezweifelbaren Recht verholfen, und Kapitän Dinklage vermochte aus den Schiffstagebüchern der deutschen Seewarte für verschiedene Tage besonders reichen Staubfalls den aktenmäßigen Beweis dafür zu liefern. Wie die umstehende Karte zeigt, verbreiten sich die Staubfälle in einer so deutlich an den afrikanischen Kontinent sich anschließenden Zone, und so überwiegend sind sie von östlichen Winden begleitet, daß wenn man ihrer Herkunft ohne vorgefaßte Meinung entgegengeht, man von selbst auf die Westhälfte der großen Wüste Sahara als Ursprungsort geleitet wird. Ehrenberg führte freilich immer seine Diatomeenfunde dagegen ins Feld, ohne daß er doch von den über dem westlichen Wüstengebiete lebenden mikroskopischen Organismen genaue Kenntnis haben konnte. Überdies mögen, da die meisten Proben durch Abschaben des Staubes von den Segeln erhalten wurden,*) alle vom betr. Schiffe berührten

---

*) Die von Ehrenberg selbst empfohlene Methode, Passatstaub zu sammeln, besteht darin, daß man nicht zu kleine Flocken von Baumwolle oder Watte oder dgl. an den Segeln längere Zeit dem Staubwinde aussetzt und die Proben alsdann entweder sofort in

Himmelsstriche ihre Diatomeen in jenen Segeln abgesetzt haben, so daß es gar nichts beweist, wenn südamerikanische und namentlich auch europäische Arten
von Ehrenberg nachher so häufig gefunden wurden.

Es giebt im Umkreise des Nordatlantischen Ozeans
keine staubreichere Atmosphäre als die der westlichen
Sahara, die im Winter über den ganzen Sudan und
Senegambien hin ihre Staubwolken entsendet und neue
aus der dortigen roten Lateriterde sich erhebende aufnimmt, welche zusammen alsdann der Harmattan über
die Küsten hinaus seewärts fortführt. Die ständig an
der westafrikanischen Küste nördlich von der Gambia-
mündung und dem Kap Verde herrschenden mehr oder
weniger dichten und meist trockenen Nebel sind das
erwünschte Bindeglied zwischen dem Passatstaub und
dem Wüstenherde desselben.

Der rote Staub, keineswegs eine regelmäßige, aber
doch auch nicht seltene Erscheinung, kommt wie Dink-
lages Wetterkarten ergeben, ausschließlich mit dem
Ostwind und reicht nach Süden stets nur soweit, wie
der Passat, fehlt also in den drei Sommermonaten südlich
von 10^0 n. Br., nähert sich dagegen im März und April
dem Äquator bis über 5^0 n. Br. Der Niederschlag färbt
die oberen Segel häufiger und leichter als die unteren,
nicht weil er aus den höheren Luftschichten herabsinkt,
sondern in den unteren, dem Flugwasser erreichbaren,
schnell beseitigt wird. Häsige Luft oder trockene Nebel
bei Tage und ausbleibender Tau bei Nacht sind meist
die Anzeichen nahenden Staubfalles, der in einzelnen
Fällen Flächen so groß wie Deutschland gleichzeitig
zu treffen scheint. Die Karte zeigt den weit ausgedehnten
Staubfall um Neujahr 1866 als ein großartiges Beispiel
dafür, das auch zugleich einige der westlichsten überhaupt beobachteten Staubfälle betrifft (die Entfernung
zum nächsten Festlandpunkte beträgt hier über 2000 *km*).
Es ist keine Frage, daß soweit hinaus gewehter und

---

gut verschlossenen und gut getrockneten Fläschchen aufhebt oder
die Watte unter reinem Wasser sorgfältig ausspült und den
Bodensatz alsdann aufbewahrt.

alsdann von den Meeresströmungen erfaßter und weiter getragener Staub sehr wohl im Bereiche des ganzen Nordatlantischen Ozeans seine Spuren verbreiten konnte.

Es dürften aber auch anderen Ozeanen solche Staubfälle nicht fehlen, obschon sie weder an Großartigkeit noch an Popularität denen bei den Kapverdischen Inseln sich vergleichen lassen. So ist die Nordküste des Persischen Meeres im Winter beim Nordostpassat, die Küste des Somalilandes, mit dem berüchtigten Kap Guardafui („Gebt Acht auf Euch!"), im Sommer beim Südwestmonsun in trockene Staubnebel gehüllt, welche dem Seefahrer die Nähe des Landes verbergen und häufige Strandungen veranlassen. Natürlich liefern auch hier die benachbarten Wüsten den feinen Staub, der von den Landwinden seewärts entführt wird.

Kapitel III.

Das Meerwasser.

Wir haben den Raum kennen gelernt, den die Meeresbecken in sich schließen; es bietet sich uns nunmehr die stoffliche Erfüllung dieses Raumes, das Meerwasser, zur Betrachtung dar, und zwar nach seinen allgemeinen chemischen und physikalischen Eigenschaften, wie insbesondere nach der Verteilung der Wärme in demselben.

1. Allgemeine Eigenschaften des Meerwassers.

Das Meerwasser ist im Gegensatze zu dem Frischwasser, wie der Seemann sagt, oder süßen Wasser, welches den Quellen des Landes entströmt, nicht trinkbar, es ist von salzig-bitterem Geschmack, der durch eine reichliche Beimengung von zahlreichen mineralischen Substanzen erzeugt wird.

Die Chemie kennt einige 60 Grundstoffe oder Elemente, und von diesen sind gegenwärtig 32 oder nahezu die Hälfte im Seewasser nachgewiesen, die Mehrzahl freilich in so minimalen Mengen, daß man

sie vielfach nicht ziffernmäßig ausdrücken, sondern eben
nur ihre Anwesenheit erkennen kann. Da aber die chemischen Elemente ausnahmslos, wenn nicht in reinem
Zustande, dann doch in ihren Verbindungen in Wasser
löslich sind, so hat man wohl nicht mit Unrecht die
Behauptung aufgestellt, daß sie auch sämtlich im Seewasser vertreten seien, nur die Mehrzahl in so kleinen
Mengen, daß sie sich mit den gegenwärtigen Hilfsmitteln
chemischer Analyse noch nicht haben auffinden lassen.

In erheblichen Mengen treten indes nur gewisse
Salze auf, die, wenn man Meerwasser aus beliebigen,
nur fern vom Land gelegenen, Stellen vergleicht, ein
merkwürdig konstantes Verhältnis untereinander zeigen.
Dampft man Meerwasser bis zur Trockne ein, so ist
in dem Rückstande unter je 100 Gramm enthalten:

> Kochsalz (Chlornatrium) . . 78·32 Gramm
> Chlormagnesium . . . . . . 9·44 „
> Bittersalz (Magnesiumsulphat) 6·40 „
> Gips (Kalciumsulphat) . . . 3·94 „
> Chlorkalium . . . . 1·69 „
> Verschiedenes*) . . . . . . 0·21 „
> Zusammen 100·00 Gramm.

Das Kochsalz bildet also über drei Viertel des Nieder-
schlages und bewirkt daher den ausgeprägt salzigen
Geschmack des Seewassers; während die Magnesium-
verbindungen im wesentlichen den widerlich-bittern Bei-
geschmack erzeugen.

Georg Forchhammer, dessen Untersuchungen über
die Zusammensetzungen des Meerwassers grundlegend
sind, fand außer den oben angeführten meßbaren Bestand-
teilen noch einige höchst interessante, wenn auch nur
sehr geringfügige, Beimengungen, die man vorher darin
nicht vermutet hatte. Zunächst entdeckte er in der Asche
der marinen Organismen eine große Anzahl von Metallen
außer dem leicht direkt nachweisbaren Eisen. So enthält die Asche des Seegrases (*Zostera marina*) 4 Proc.

---

*) Brommagnesium, Kalciummetaphosphat, Kalciumbikar-
bonat, Eisenbikarbonat, Kieselerde, Chlorrubidium u. a.

oder $^1/_{25}$ ihres Gewichts Manganoxydul, $^1/_{80\,000}$ Zinkoxyd,
außerdem noch etwas Kobalt und Nickel; im Seetang
(*Fucus vesiculosus* u. a.) kommen Kupfer und Zink vor.
Kupfer und Blei sind auch in einzelnen Korallengerüsten
gefunden: *Heteropora abrotanoides* enthält an Kupfer
$^1/_{350\,000}$, an Blei $^1/_{50\,000}$, *Pocillopora alcicornis* an Kupfer
$^1/_{500\,000}$, an Blei $^1/_{370\,000}$ ihres Gewichts; aber auch Silber
ist in niederen Seetieren schon von Malagutti nachge-
wiesen. Forchhammer fand in der ebengenannten Ko-
ralle *Pocillopora* $^1/_{3\,000\,000}$ ihres Gewichts Silber. Dieses

Fig. 40.

S. M. S. „Gazelle", eine Tieflotung ausführend.

entsteht auch an dem Kupferbeschlag von lange fahrenden Schiffen, indem nämlich die Berührung des Seewassers mit dem Kupfer einen galvanischen Strom und
damit in den benachbarten Wasserschichten chemische
Wirkungen erzeugt, wobei sich das Silber in Form von
Silberchlorür ausscheidet. Man hat wohl versucht, die
im Meer gelöste Menge des Silbers zu berechnen*),

---

*) Sir John Herschel wollte sie zu 2 Mill. Tonnen schätzen,
d. h. zu zehnmal mehr, als seit der Entdeckung Amerikas in den
Bergwerken der Erde produziert worden ist.

indes entbehren solche Versuche aller wissenschaftlichen Basis.

In den letzten Jahren hat man übrigens noch andere
Metalle, wie z. B. auch Gold, aufgefunden, doch letzteres
nicht in meßbaren Mengen. Vielfach mögen die, gewissen
Seetieren für den menschlichen Genuß zugeschriebenen
schädlichen Eigenschaften darauf beruhen, daß sie irgend-
welche Metalloxyde in sich ablagern.

An anderweitigen interessanten Beimengungen mag
hier noch das Jod erwähnt sein, das man überhaupt zuerst in der Tangasche entdeckte; ferner findet sich Kalk
vorherrschend in der Form von Gips, während die Flüsse
reichliche Mengen von kohlensaurem Kalk dem Meere
zuführen. Davon bleibt offenbar nur wenig gelöst, da
die Organismen ihn in ihren Schalen, Gehäusen, Panzern
und Skeletten eifrig abscheiden.

Fig. 41.

Glas-
Aräometer.

Insgesamt sind in 1000 Gramm Meerwasser an mineralischen Mengteilen gelöst
enthalten 34 bis 36 Gramm, und diesen
Gewichtsanteil nennt man schlechthin den
Salzgehalt. Er bewirkt, daß das Meerwasser
schwerer ist, als Süßwasser, und zwar wiegt
ein Liter Seewasser je nach dem Salzgehalt
1024 bis 1028 Gramm, wenn ein gleiches Maß
Süßwasser bei gewöhnlicher Zimmertempe-
ratur (17,5° C.) 1000 Gr. wiegt. Setzt man
letzteres Gewicht als Einheit, so ergiebt sich
als Ausdruck für das sog. spezifische Gewicht
(s) des Meerwassers 1,024 bis 1,028. Nach der
empirischen Formel 1310 (s—1) kann man
den Salzgehalt p in Promille (im Anteil auf
1000 Gewichtseinheiten) finden.

Man bestimmt das spezifische Gewicht
nach verschiedenen Methoden, sowohl physikalischen als chemischen. Am beliebtesten
und bequemsten ist die Benutzung eines Aräometers, eines Glasinstrumentes von beistehender Gestalt (Fig. 41). Die in Deutschland
übliche Form giebt in der Teilung der Skala
gleich das spezifische Gewicht; man ist dann

aber genötigt, mehrere Instrumente für verschiedene Stufen des Salzgehalts vorrätig zu halten und die Skala nach anderen, feineren Methoden zu aichen. In England ist nach dem Vorgange des Physikers der Challenger-Expedition, J. Y. Buchanans, das Aräometer nur mit einer Millimeterskala versehen: durch Aufsetzen von kleinen spiraligen Drahtgewichten auf die Spitze des Skalenstengels kann man das Instrument bei jedem beliebigen Salzgehalt zum Eintauchen bringen. Man kommt so mit einem einzigen Instrumente für alle spezifischen Gewichte aus. Wer die Mühe nicht scheut, kann sich durch genaue Wägungen und Volumbestimmung des Aräometers ein sehr zuverlässiges Instrument schaffen, weshalb sich diese Aräometer nach dem Challengertyp besonders zu Normalinstrumenten eignen.

Da man nicht immer Meerwasser von $17\cdot5^0$ C schöpft, so muß das abgelesene spezifische Gewicht auf die genannte Temperatur reduziert werden; es sind dazu besondere Tabellen berechnet.

Sehr beliebt, namentlich bei den schwedischen Forschern, ist ein sehr scharfes chemisches Verfahren, wodurch der Gehalt des Seewassers an Chlor bestimmt wird. Forchhammer fand, daß dieser Chlorgehalt in einem nahezu konstanten Verhältnis zum ganzen Salzgehalt stehe, und zwar sollte letzterer das $1\cdot81$ fache des Chlorgehalts sein; diese Zahl ist der sog. Chlorkoeffizient. Neuere Nachprüfungen haben jedoch ergeben, daß diese Zahl nicht konstant, sondern bei geringem Salzgehalt größer ist. Immerhin ist es möglich, daraus Salzgehalt oder spezifisches Gewicht gut zu bestimmen. Da aber nur wissenschaftliche Expeditionen ein chemisches Laboratorium an Bord einrichten können, ist man gezwungen, die Seewasserproben auf der Fahrt in Fläschchen (von 250 *kbcm*) zu sammeln und nachher an Land zu bearbeiten. Hierbei können Irrtümer leicht unterlaufen. Auch ist es sehr wichtig, auf der Fahrt selbst an Ort und Stelle schon wenigstens angenähert das spezifische Gewicht des Wassers zu erfahren. So greift man dann doch zum Aräometer.

Die Unterschiede des an der Oberfläche der verschiedenen Meeresstriche gefundenen Salzgehaltes sind
durch zwei Faktoren bestimmt. (Vgl. die Karte Fig. 42
auf S. 111.) Einmal durch die Zufuhr von Süßwasser
vom Lande her und von Regenwasser aus der Luft;
beides bewirkt eine Verdünnung des Salzgehaltes. Das
Gegenteil schafft eine sehr starke Verdunstung, denn
bei diesem Prozesse geht nur chemisch reines Wasser
in Gasform in die Luft über, der Salzgehalt bleibt
zurück und erhöht somit das spezifische Gewicht. Schon
Aristoteles hatte eine ganz richtige Vorstellung hiervon.
Das niedrige spezifische Gewicht wird darum
allemal in der Nähe von Küsten und in abgeschlossenen, große Flüsse aufnehmenden Mittelmeerbecken
gefunden. Während der offene Atlantische Ozean durchschnittlich 35·5 Promille Salzgehalt besitzt, finden wir in
der Nordsee nur 34, südlich von Helgoland, angesichts
der Elbe- und Wesermündung, auch nur 32 Promille.
In der Ostsee nimmt der Salzgehalt je weiter nach
Osten hin desto entschiedener ab. Im Skagerrak bei
Skagen sind noch 30, im Großen Belt bei Korsör und
ebenso im Kleinen bei Alsen etwa 18, im Kieler
Hafen 15, bei Poel in Mecklenburg 13·5 Promille vorhanden. Weiter östlich aber sinkt der Salzgehalt schnell,
nördlich von Rügen sind nur noch 8 bis 9, in der
Danziger Bucht 6 bis 7, ebensoviel auch bei Gotland:
am Eingang zum Bottnischen Golf 4, an seiner Nordspitze bei Haparanda 1·5 und im Finnischen Golf bei
Kronstadt noch nicht 1 Prm. vorhanden. In den letzt-
genannten Teilen der Ostsee ist zur Zeit der Schnee-
schmelze im Frühjahr das Oberflächenwasser häufig
trinkbar gefunden worden, während man sonst dem
Ostseewasser den salzigen Geschmack nirgends ab-
sprechen kann. In der Tiefe ist der Salzgehalt viel
größer, bei Gotland in 250 m 12 Promille, in der Nähe
der dänischen Inseln am Boden 25 bis 30, im Skagerrak
ganz normal 35·5, wie im offenen Ozean.
Ausgesüßt durch die wasserreichen Flüsse ist dann
auch das Schwarze Meer (15 bis 18 Promille), eine
Thatsache, die schon den Alten bekannt war und von

Fig. 42.

Karte des Salzgehalts an der Meeresoberfläche

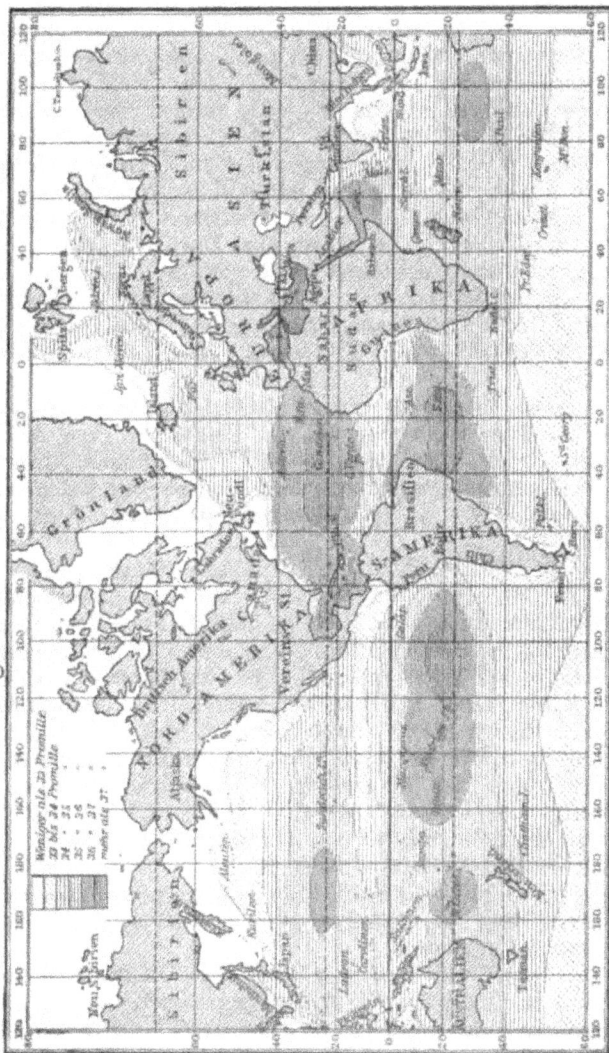

Strabo nicht nur erwähnt, sondern auch richtig erklärt wird. Arrhian (ca. 100 n. Chr.) bemerkte dazu als besonders auffällig noch, daß die Viehzucht treibenden Küstenbewohner ihre Herden zur Tränke an den Strand führten, und daß sie behaupteten, dem Vieh sei dieses schwachsalzige Seewasser viel zuträglicher als das ganz süße. Nach den neuen Untersuchungen von Baron Wrangel und Spindler nimmt der Salzgehalt nach der Tiefe hin merklich zu und erreicht bei 100 *m* etwa 20 und unterhalb 700 *m* 22, im Maximum 22·5 Promille. Nur in der nächsten Nähe des Bosporus steigt der Salzgehalt am Boden auf 33·8 Promille.

Selbst in den nur durch Inselketten abgeschlossenen Becken des australasiatischen Mittelmeeres ist der Salzgehalt in der Regenzeit unter 34 Promille erniedrigt.

Eine Verdünnung wird auch dadurch erzeugt, daß die Landwasser in Gestalt von Eisbergen dem Meere überliefert werden, doch wird im Nördlichen Eismeer in einiger Entfernung von den Küsten der Salzgehalt nirgends unter 30 Promille herabgedrückt. (Vgl. die Karte Fig. 42.)

Es können aber auch tropische Regengüsse, da wo sie dauernd und reichlich auf das Oberflächenwasser einwirken, wie in der äquatorialen Stillenregion, den Salzgehalt vermindern. So ist dieser im Atlantischen Ozean zwischen 3⁰ und 10⁰ n. Br. im Sommer gewöhnlich etwas unter 35 Promille, während er nördlich und südlich davon normal, also über 35·5 Promille ist. Auch in höheren Breiten wird gelegentlich durch anhaltende Regengüsse der Salzgehalt in meßbarer Weise erniedrigt. So berichtet Wyville Thomson, daß bei der Fahrt des „Challenger" im März 1876 von Montevideo nach Tristan da Cunha während 18 Tagen neun Regentage einen mittlern Salzgehalt von 35·0 Promille, neun sonnige Tage dagegen von 35·6 Promille an der Meeresoberfläche ergaben.

Diesen Gebieten von reichlicher Süßwasserzufuhr stehen in den Ozeanen solche gegenüber, wo die Verdunstung ganz erheblich die Niederschläge überwiegt.

Das sind die Regionen der Passate. Im Nordatlantischen Ozean ist im Nordostpassat westlich von den Kanarischen Inseln und im Südostpassat zwischen St. Helena und der brasilischen Küste der Salzgehalt 37·5 Promille, also 2·7 Promille höher als in der Stillenregion. In den anderen offenen Ozeanen findet sich in der Passatregion eine ähnliche, wenn auch nicht ganz so starke Steigerung des Salzgehalts: so sind im Pazifischen Ozean bei den Gesellschaftsinseln 36·7, im Nordostpassat zwischen den Hawaii- und Bonininseln am Wendekreis 36·0, in der dazwischen liegenden Stillenregion nördlich vom Äquator 33·6 Promille vom Challenger und Admiral Makarof beobachtet. Ähnlich ist es in der äquatorialen Region des Indischen Ozeans.

Am kräftigsten wird die Verdunstung auf jene Mittelmeerbecken subtropischer und tropischer Breiten einwirken können, die nur wenig Flüsse in sich aufnehmen. So steigert sich der Salzgehalt im romanischen Mittelmeer durchweg zu mehr als 37 Promille, er nimmt dabei von Westen nach Osten hin zu, hat im Jonischen Meer 38 bis 38·5, im levantinischen Becken bei Kreta bis 39·5, an der syrischen Küste fast 40 Promille. Noch etwas größer wird er im Roten Meer, wo nördlich von 20° n. Br. bis 41 Promille gefunden worden sind. Den stärksten Salzgehalt, mit dem Seeschiffe in Berührung kommen, enthält der Suezkanal, mit stellenweise fast 60 Promille.

Über die Verteilung des Salzgehaltes in der Tiefe sind wir erst in den letzten Jahrzehnten, wesentlich durch die Challenger- und Gazelle-Expedition belehrt worden. Die Hilfsmittel, um Wasser aus geringer Tiefe zu schöpfen, sind ziemlich einfach. Für den Gebrauch in der Nordsee und Ostsee ist die von Dr. H. A. Meyer-Forsteck empfohlene Schöpfflasche vollkommen ausreichend. Eine gewöhnliche große und starke Glasflasche ist an einer Lotleine in der beigezeichneten Weise angebunden; der mit einem Ring versehene Stöpsel ist gleichfalls mit einer kurzen Schnur an der Lotleine befestigt. Die Figur zeigt die leere aber verschlossene Flasche fertig zum Herablassen. Ist die gewünschte

Tiefe erreicht, so zieht ein kurzer, kräftiger Ruck den
Kork aus der Flasche, das Wasser dringt in diese ein

Fig. 44.

Fig. 43.

Dr. Meyers Schöpf-
flasche für kleine
Tiefen.

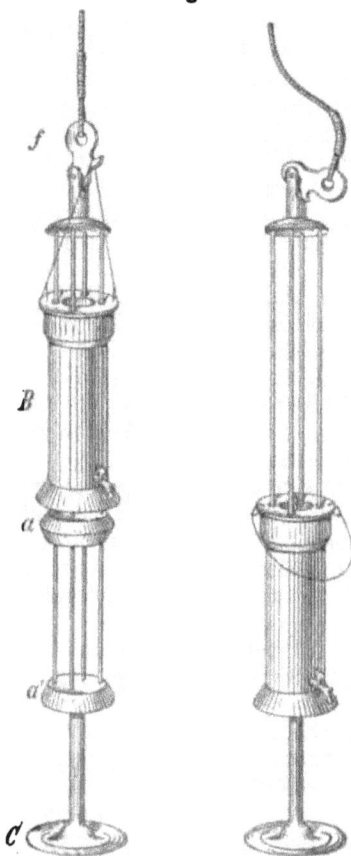

Dr. Meyers Schöpfapparat für große Tiefen.

und große an die Oberfläche quellende Luftblasen zeigen
den Moment an, wo sich die Flasche ganz mit Wasser
gefüllt hat. Diese wird darauf schnell aufgewunden.

Für große mehr als 50 *m* messende Tiefen versagt die Flasche leicht, weil der Stoß, der den Kork herausziehen soll, sich bei der Länge der Leine zu sehr abschwächt und überdies beim Heraufziehen das Wasser in der Flasche sich zu leicht mit dem darüber liegenden vermischt. Dr. Meyer erfand darum den Fig. 44 abgebildeten messingenen Schöpfapparat, der in den größten Tiefen der Nordsee und Ostsee seine Probe bestand und darauf von den Expeditionen des Challenger und der Gazelle mit gutem Erfolge verwendet wurde. Die linke Figur zeigt den Apparat im Herablassen. Der hohle und offene Cylinder *B* hängt an dem drehbaren Haken *f* in derselben Weise befestigt wie das Brooke'sche Tieflot. Stößt die breite Platte *C* auf den Boden auf, so giebt die Lotleine noch weiter nach, der Haken *f* neigt sich und wirft die Aufhängung des Cylinders ab, dieser gleitet an den Führungen abwärts, bis die dicken konischen Scheiben *a* und *a'* ihn aufhalten. Das so im Cylinder eingeschlossene Wasser kann durch einen Hahn abgelassen werden. In beliebigen Tiefen zwischen der Oberfläche und dem Boden verwendete Dr Meyer zur Auslösung der Aufhängung ein an der Lotleine heruntergelassenes, ringförmiges Abfallgewicht. Der Apparat muß sehr sorgfältig gearbeitet sein, damit die beiden Verschlüsse am oberen und unteren Ende des Schöpfcylinders dicht schließen. Das Wasser ist nicht nur in großen Tiefen einem kolossalen Druck ausgesetzt (für je 10 *m* Tiefe steigt der Druck um eine Atmosphäre), sondern außerdem auch sehr kalt: wird es an die Oberfläche aufgeholt, so dehnt sich das Wasser im Gefäße aus, sowohl wegen der Druckentlastung, als auch wegen der Erwärmung. Beide Ursachen werden beispielsweise bewirken, daß ein Wasserschöpfer von drei Liter Inhalt, wenn er Wasser in 5000 *m* Tiefe bei 0⁰ einschließt und an die Oberfläche bei 20⁰ heraufbringt, diesen anfänglichen drei Litern einen Raum von 3·077 Litern gewähren muß. Schon unterwegs wird sich das eingeschlossene Wasser ausdehnen wollen, und dem überschießenden Drucke werden die nur durch das Gewicht des Schöpf-

cylinders geschlossen gehaltenen beiden Ventile leicht
nachgeben: es kann Wasser austreten und dafür anderes
aus der Umgebung der höheren Schichten hineingelangen,
wodurch dann nicht mehr der rich-
tige Salzgehalt des ursprünglich geschöpften Wassers erhalten bleibt.
Ein großer Vorzug des Apparats
aber ist, daß er eine Wassersäule
ausschneidet und beim Verschluß
wirklich nur Wasser aus der gewollten Schicht einschließt — Eine Abart des Meyer'schen Apparats hat
H. R. Mill angegeben: statt der konischen Ventile sind hier Gummiplatten
vorgesehen, die sicher schließen, und
außerdem wird der Schöpfcylinder
durch Sperrfedern in der Schlußlage
festgehalten, sobald er abgefallen ist.

Der genannte Vorteil des Meyer-
schen Apparats fehlt dem von Sigsbee
zuerst konstruierten und seitdem von
den meisten Expeditionen (leider)
angewandten kleinen, knapp ein Liter
fassenden Schöpfapparat, der in Fig. 45
abgebildet ist. Auch hier erfolgt der
Verschluß des Schöpfcylinders durch
zwei genau eingeschliffene, durch
eine feste Stange miteinander verbundene, leichte Ventile D und E.
Wird der Schöpfer heruntergelassen,
so drückt der Widerstand des Wassers
von unten auf die Ventile, hebt sie
und gestattet dem Wasser den Eintritt. Bei der Form des Hohlraumes,
namentlich wegen des Schutzes, den
das untere Ventil E gewährt, wird
sich aber Oberflächenwasser dahinter
fangen, es wird mit in die Tiefe genommen und, wie vergleichende
Versuche in der Ostsee mit ihrem

Fig. 45.

Sigsbees Wasserschöpfer.

rasch nach unten zunehmenden Salzgehalt ergeben haben, mit dem in der gewollten Tiefe geschöpften vermischt werden. Beim Aufholen schließen sich die Ventile nicht nur durch den Widerstand des Wassers, sondern auch noch durch eine kleine Propellerschraube N, die sich beim Aufziehen in Drehung versetzt und einen Stift S fest auf das obere Ventil D drückt. Für feinere Messungen ist der Sigsbee'sche Wasserschöpfer keine geeignete Hülfe; nur seiner Handlichkeit verdankt er die häufige Anwendung.

Besser und vielfach bewährt ist der originelle Wasserschöpfer von J. Y. Buchanan, der zuerst von seinen schottischen Landsleuten erprobt, namentlich auch vom Fürsten von Monaco bevorzugt wird (s. Fig. 46 auf Seite 118). Ein cylindrisches Metallgefäß ist oben und unten durch Hähne abgeschlossen, die sich, außen durch eine Stange verbunden, beide gleichzeitig öffnen und schließen lassen. Wird die Stange nach oben gezogen und dort festgehalten (s. die Fig. 46 links), so ist der Schöpfcylinder offen, beim Hinablassen strömt das Wasser, durch trompetenförmige Ansatztrichter breit herbeigezogen, lebhaft von unten nach oben hindurch. Ist die bestimmte Tiefe erreicht, so kann durch ein Abfallgewicht die Verbindungsstange der Hähne befreit werden, sie sinkt abwärts, schließt beide Hähne, und ein Sperrhaken hält sie in dieser Stellung fest (Fig. 46 rechts). Um dem unter großem Druck eingeschlossenen Wasser die Möglichkeit einer gewissen Ausdehnung zu gewähren, ist am oberen Ende des Gefäßes ein Sicherheitsventil vorgesehen: eine nach oben geschlossene kurze Röhre, die nach dem Gefäßraum hin durch ein Federventil abgeschlossen ist; das eingeschlossene Wasser kann sich durch Verschieben dieses Ventils beim Ausdehnen nach Bedarf Platz schaffen. Daß an der Verbindungsstange noch ein sog. Umkehrthermometer zur Messung der Temperatur angebracht ist, kann als ein weiterer Vorzug dieses Apparates bezeichnet werden.

Mischungen von Oberflächenwasser mit Wasser in der Tiefe ist, wie die Prüfungen mit gefärbten

Buchanans Schöpfapparat.

Fig. 46.

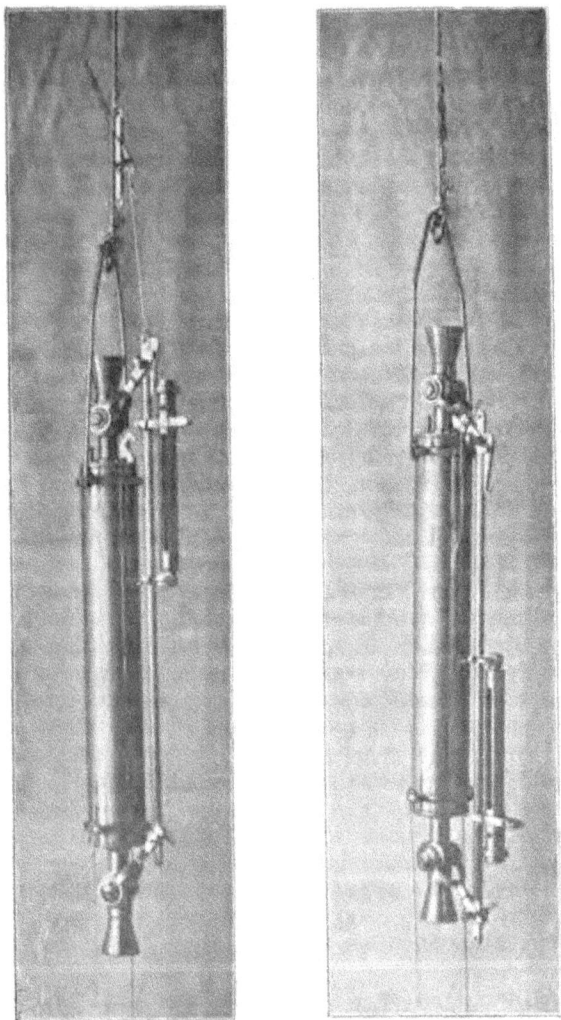

Buchanans Wasserschöpfer.

Flüssigkeiten ergeben haben, bei diesem Apparat nicht zu befürchten.

Die weitaus meisten Wasserproben sind aber mit dem Sigsbee'schen, und nächstdem mit dem Meyer'schen Schöpfapparat aus den Tiefen aufgeholt und dann auf ihr spezifisches Gewicht hin untersucht worden. Die Ergebnisse können darum nicht als einwandfrei gelten: wir kennen die Salzgehaltsverteilung in den großen Tiefen des Weltmeers in Wirklichkeit nicht mit der erwünschten Genauigkeit. Die vorliegenden Messungen ergeben, mit diesem Vorbehalt hingenommen, daß am Meeresboden der Salzgehalt sehr gleichmäßig verteilt ist: im Südatlantischen und ganzen Pazifischen Ozean, sowie allgemein in den höheren südlichen Breiten hält er sich zwischen 34·5 bis 35·0, beträgt dagegen im Nordatlantischen etwas mehr, 35·3 bis 35·5 Promille.

Allgemein ergab sich, daß die oben erwähnten und auf der Karte Fig. 42 dargestellten Unterschiede des Salzgehalts an der Oberfläche der Tropenmeere zwischen den Passatregionen und dem Kalmengebiete nur auf wenige hundert Meter hinabreichen: in der atlantischen Stillenregion nur bis 200 m. Wenn wir von dieser Oberflächenschicht absehen, fand sich ebenso allgemein eine gelinde Abnahme des Salzgehalts bis 2000 m, darauf aber bis zum Boden eine kleine Steigerung.

In den abgeschlossenen Nebenmeeren zeigt sich fast ausnahmslos salzigeres Wasser in der Tiefe, so auch im Nordpolarmeer westlich von Spitzbergen an der Oberfläche 34·0, am Boden 35·5 Promille. Die Verhältnisse in der Ostsee und im Schwarzen Meer haben wir oben schon berührt. Übrigens kommen wir später bei den Meeresströmungen noch auf weitere Einzelheiten zurück.

Nehmen wir als mittlern Salzgehalt der ganzen irdischen Meeresdecke 35·3 Promille an und denken wir uns denselben durch irgend welchen Proceß aus dem Wasser niedergeschlagen, so würde er den Meeresboden als eine gleichmäßige Schicht von 57 m Dicke überziehen.

Will man die mittlere Dichtigkeit des ganzen Weltmeers zahlenmäßig finden, so muß man außer dem mittleren Salzgehalt auch die durchschnittliche Temperatur kennen. Setzen wir diese gleich 3.5^0, so wird die mittlere Dichtigkeit 1.0281. In Wirklichkeit ist freilich dieser Wert viel größer. Die oberen Wasserschichten pressen durch ihr Gewicht die darunter liegenden zusammen, und wenn auch die Zusammendrückbarkeit des Seewassers nur sehr gering ist, so wird doch in einer Tiefe von 3500 *m* bei einem Druck von 351 Atmosphären die wahre örtliche Dichtigkeit auf 1.0446 steigen. Nimmt man nun der Einfachheit halber einmal an, sie stiege von der Oberfläche bis zu dieser Tiefe ganz gleichmäßig an, so werden wir auf halbem Wege, also bei 1750 *m*, angenähert die mittlere Dichtigkeit des ganzen Weltmeers finden, also dort den Wert 1.0364. Die Bedeutung dieser Zahl wird sich vielleicht auf folgende Weise am besten erklären lassen. Man denke sich, das Wasser verliere mit einem Mal seine Zusammendrückbarkeit; dann müßte sich das Meeresniveau überall heben und zwar um volle 28 *m*, um das alsdann vergrößerte Volum des Ozeans auf seiner Grundfläche von 365·5 Mill. *qkm* unterbringen zu können. Der englische Physiker Tait hat die Zusamendrückung, indem er andere Maße für Tiefe und Areal des Weltmeers zu Grunde legte, sogar auf 35 *m* berechnet. Immerhin würde ein Aufschnellen der Meeresoberfläche um 28 *m* genügen, 4 bis 5 Mill. *qkm* des flachen Küsten- und Niederungsgebiets der Kontinente unter Wasser zu setzen.

Außer den im Salzgehalt zum Ausdruck gelangenden mineralischen Mengteilen sind im Meerwasser aber auch noch Gase vorhanden: überall atmosphärische Luft und Kohlensäure, hie und da auch Schwefelwasserstoff.

Mit der Luft kommt das Seewasser an seiner Oberfläche durch die Wellenbewegung, namentlich bei Stürmen durch das Flugwasser, in sehr innige Berührung, wie ja auch umgekehrt die Luft über dem Meere feinen Salzstaub enthält, der selbst bei mäßigen Winden sich leicht auf Brillengläsern sichtbar niederschlägt und unter Umständen sogar an den Küsten der Vegetation verderblich wird, wenn diese ihm ungeschützt ausgesetzt ist.

Der Luftgehalt des Meerwassers wird von der Temperatur bestimmt, und zwar in der Weise, daß je kälter das Wasser ist, desto mehr Luft absorbiert wird. Da nun im allgemeinen die Temperatur mit der Tiefe abnimmt, so steigt im Meer der Luftgehalt mit der Tiefe, und zwar so regelmäßig, daß man auch im Bodenwasser der tiefsten ozeanischen Becken genau die Quantität Luft beigemengt auffand, die es besitzen würde, wenn es bei gleicher Temperatur an der Oberfläche geschöpft worden wäre. Das ist sehr merkwürdig und ein Beweis dafür, daß dieses jetzt in den größten Tiefen lagernde Wasser einmal mit der Atmosphäre in Berührung gekommen, also in den kalten Regionen der Erde an der Oberfläche gewesen sein muß. Auch auf diese Thatsache kommen wir später noch zurück.

Als Maß für die erwähnten Bestimmungen des Luftgehalts diente hierbei den Chemikern der Stickstoff. Bekanntlich ist Luft ein Gemenge aus diesem und aus Sauerstoff; der Stickstoff allein aber zeigt in seinem Auftreten im Meerwasser ein meist regelmäßiges Verhalten zur Temperatur. Tornöe fand in einem Liter Meerwasser von 0° Temperatur 14,4 *kbcm* Stickstoff absorbiert und konnte nach einer einfachen Formel für eine gegebene andere Temperatur die Stickstoffmenge genau berechnen. Hamberg zeigte, daß daneben auch Schwankungen des Salzgehalts von einiger, wenn auch untergeordneter Bedeutung sind. Karl Brandt hat aber neuerdings erwiesen, daß durch die Thätigkeit gewisser im Seewasser weit verbreiteter Bakterien auch Stickstoffgas aus Nitriten und Ammoniak abgeschieden und so der Meerwasserluft zugeführt werde: hier hat sich der Forschung ein ganz neues Feld eröffnet, und der gesamte Stoffumsatz im Meer erscheint immer verwickelter.

Deutlicher bekannt ist das Verhalten des Sauerstoffs, und zwar ist hier ein Unterschied an der Oberfläche und in den verschiedenen Tiefenschichten vorhanden. Während in 100 Liter atmosphärischer Luft 21 Liter Sauerstoff und 79 Liter Stickstoff mit größter Beständigkeit durcheinander gemengt enthalten sind,

wird schon in chemisch reinem Wasser verhältnismäßig
mehr Sauerstoff absorbirt als Stickstoff, und zwar nach
Dalton 35 Raumteile Sauerstoff gegen 65 Stickstoff.
Ganz ebenso fand Buchanan, der Chemiker der Challenger-
Expedition, die Luft im Oberflächenwasser der Meere
durchweg reicher an Sauerstoff: in der Passatzone nahm
dieser 33 bis 34, in höheren Breiten 35 Volumprozente
ein, also 13 bis 14 mehr als in der freien Atmosphäre.
Prof. Jacobsen fand im Nordseewasser 34 Raumprozente
Sauerstoff, 66 Stickstoff; Tornöe im europäischen Nordmeer einmal sogar 36,7 Prozent Sauerstoff. Diese
Schwankungen sind hauptsächlich von der Wassertemperatur abhängig; je niedriger diese ist, desto mehr
findet sich an Sauerstoff darin. Aber es sind auch noch
andere Ursachen im Spiel, nämlich die Atmungsthätig-
keit des vegetabilischen Planktons, wobei Sauerstoff
abgeschieden wird. Meeresgebiete mit besonders reichlich
vorhandenem Diatomeen- oder Algenplankton zeigen
deshalb merklich mehr Sauerstoff als der Temperatur
entspricht. Umgekehrt werden die Tiere des Planktons
bei ihrer Atmung Sauerstoff verbrauchen: es tritt dann
ein Deficit an solchem auf, während die Kohlensäure
zunimmt. Immerhin bleibt der verhältnismäßige Reichtum
an Sauerstoff in der Meerwasserluft sehr wichtig für die
Tierwelt: die an der Meeresoberfläche lebenden Tiere
nehmen beim Atmen eine erheblich sauerstoffreichere
Luft in ihre Kiemen auf als die freie Atmosphäre sie
darbietet; das gilt aber nur für die Oberfläche. In
größeren Tiefen nimmt nämlich der Sauerstoffgehalt
wieder ab, nach Buchanan sehr erheblich bis zum Niveau
zwischen 400 und 800 *m* Tiefe, wo nur noch 11 bis
15 Volumprozente Sauerstoff vorhanden sind; in noch
größeren Tiefen steigt dieser dann wieder bis 23 oder
24 Prozent. Buchanan hat die Vermutung ausgesprochen,
daß in der Schicht zwischen 400 und 800 *m* ein reicheres
Tierleben vorhanden und dies die Ursache größeren
Sauerstoffverbrauches sei. Doch bleibt im einzelnen
noch vieles problematisch.

Das Gleiche gilt von der Kohlensäure, die nur
in besonders sorgfältigen Messungen ihrem ganzen Be-

trage nach aufgefunden werden kann. Hier sind die Methoden von Jacobsen und Pettersson die zuverlässigsten. Tornöe fand im Liter Meerwasser 48 *kbcm* Kohlensäure aufgelöst und konnte im europäischen Nordmeer eine Zunahme derselben mit der Tiefe nicht nachweisen. Letzteres aber will die Challenger-Expedition gefunden haben als Wirkung der niedrigeren Temperaturen der Meerestiefen. Überhaupt zeigt das Auftreten der Kohlensäure ein sehr unregelmäßiges Verhalten.

Schwefelwasserstoff ist besonders im Tiefenbecken des Schwarzen Meeres reichlich vorhanden (bis zu 6.55 *kbcm* im Liter bei 2166 *m* Tiefe) und macht die Räume unterhalb 200 *m* völlig unbewohnbar für Organismen: die starke Ansammlung dieses giftigen Gases ist nur dadurch verständlich, daß das Tiefenwasser bei der Flachheit des Bosporus stagniert und in keiner Weise ventiliert werden kann. Überall tritt Schwefelwasserstoff als Verwesungsprodukt auf und kommt darum nur in der Nähe des Landes vor, so namentlich in den Flußmündungen und entlang den Mangrovesümpfen der tropischen Küsten.

Das Seewasser unterscheidet sich vom Süßwasser noch durch eine andere Eigenschaft, es schäumt leichter, und zwar um so mehr, je salziger es ist, wie leicht zu beobachten ist, wenn man aus einer Flußmündung in die See hinausfährt; erst wo der Salzgehalt beträchtlich wird, beginnt jenes Brausen und Zischen und Schäumen des Bug- und Kielwassers, das die wahre Freude eines jeden Seglers ist. Es ist wohl kaum zweifelhaft, daß die größere Schwere und innere Zähigkeit des Meerwassers an sich schon solche Schaumbildung begünstigt. Chemisch reines Wasser schäumt gar nicht. Nach Natterer hängt das Schäumen des Seewassers auch mit seinem Fettgehalt zusammen: daß viele der Planktonwesen Fett bilden, ist bereits erwähnt, und daß dieses bei ihrem Absterben sich dem Seewasser beimengt, leicht einzusehen. Das alkalisch reagierende Seewasser verseift nun einen Teil dieses Fettes und bildet fettsaure Salze, die sich im Seewasser auflösen.

Wenn man die Frage aufwirft, woher der Salzgehalt des Meerwassers seinen Ursprung nehme, ob er

von Uranfang an vorhanden oder erst durch die Flüsse
hineingeführt sei, so erhält man von den Geologen sehr
weit auseinander gehende Antworten. Die Mehrzahl
scheint gegenwärtig den Salzgehalt für ursprünglich
ozeanisch zu halten, und wenn man eine Zusammenstellung der mineralischen Mengteile im Flußwasser,
wie sie Justus Roth gegeben hat, aufmerksam betrachet,
so scheint diese Annahme nicht unbegründet. Indem
Roth die Analysen von Wasser aus Rhein, Weichsel,
Rhone, Loire, Themse, Nil, St. Lorenz und Ottawa zur
Berechnung eines Mittels für das Flußwasser und Forch-
hammers Bestimmungen für das Ozeanwasser benutzt,
erhält er unter 100 Gewichtseinheiten ihrer Mineral-
beimengung:

	in den Flüssen	im Meer
Karbonate . . .	60·1	0·2
Sulfate	9·9	10·3
Chloride	5·2	89·5
Verschiedenes*) .	24·8	0·0
	100·0	100·0

Die Chlorverbindungen, welche dem Meerwasser
seinen eigentlichen Charakter geben, können demnach von
den Landgewässern nicht leicht hergeleitet werden. Auch
machen sämtliche mineralischen Mengteile des Fluß-
wassers nur $\frac{1}{5000}$ bis $\frac{1}{6000}$ des Wassergewichts aus,
sind also absolut und relativ sehr unbedeutend.

Schöpft man Seewasser in geringen Mengen etwa
in einem Wasserglase, so ist es vollkommen farblos
und so durchsichtig, wie das klarste Quellwasser auf
dem Lande. Diese Durchsichtigkeit des Meerwassers
ist natürlich im höchsten Grade wichtig für das Eindringen von Licht- und Wärmestrahlen in größere Tiefen,
wo diese den Organismen zu statten kommen können.
Dennoch sind systematische Untersuchungen darüber
leider nur selten angestellt worden, obwohl von Humboldt
und Arago an alle Autoritäten solche empfohlen haben.

---

*) Kieselsäure, Thonerde, Eisenoxyd, organische Sub-
stanz u. s. w.

Soviel man aus den vorliegenden Angaben urteilen kann, ist die Durchsichtigkeit örtlich in der That sehr verschieden. Einzelne Tropen- und Subtropenmeere, wie das Mittelländische und Karibische, sind seit alters gerühmt worden wegen der krystallenen Klarheit ihrer Gewässer, und von dem sonst gar nicht durch verlockende Reize ausgezeichneten Roten Meer hat besonders Georg Schweinfurth die magischen Effekte einer windstillen Vollmondnacht geschildert, wo der silberne Schein dieses Gestirns Luft und Meer in gleicher Klarheit durchleuchtet: die Barke schwimmt alsdann gleich einem Luftschiff in einem einheitlichen durchsichtigen Medium, denn auch die Tiefen der See, erhellt vom senkrecht einfallenden Mondlicht, gleichen dem Himmel über dem Beschauer, und Scharen geheimnisvoller Wesen sieht dieser in buntem Getümmel tief zu seinen Füßen. Im orientalischen Märchenkreise von 1001 Nacht finden wir solche Beobachtungen in Korallenmeeren ausgestaltet zu phantastischen Vorstellungen von unterseeischen Königreichen in paradiesischen Gefilden mit einer dichten Bevölkerung in Prachtbauten von ungeahntem Glanze.

Von Bouguer, der sich von 1735—1744 in Südamerika aufhielt, liegt die Nachricht vor, daß er in den Tropenmeeren weißen Sandgrund häufig in 30 bis 40 m Tiefe deutlich gesehen habe. Aber auch aus den Polarmeeren, insbesondere der Spitzbergensee, rühmt William Scoresby die unglaubliche Klarheit des Wassers, so daß einst, wie er berichtet, Kapt. Hood im Jahre 1676 bei Nowaja Semlja den Meeresboden und sein Tierleben angeblich noch auf 80 Faden wahrgenommen haben soll (wahrscheinlich sind Fuß gemeint, also 25 m, was aber noch bemerkenswert genug bleibt.)

Exakte Messungen im offnen Ozean hat auf Horners Veranlassung schon Otto von Kotzebue auf seiner ersten Weltumsegelung (1817) mehrfach im tropischen Teile des Pazifischen Ozeans angestellt, wobei er sich leider roter Tuchstücke bediente, die, wie nicht anders zu erwarten, schon auf 25 bis 30 m Tiefe nicht mehr sichtbar waren. Einmal aber, in 10⁰ n. Br., 152⁰ östl.

Länge, versenkte er einen weißen Teller, der dann noch bis 49 *m* erkennbar blieb. — Ebenfalls im Pazifischen Ozean hat, wie Arago berichtet, auf der Überfahrt von den Wallisinseln nach dem Mulgrave-Archipel, also etwa in der Nähe der Elliçegruppe, Kapt. Bérard im Jahre 1845 einmal einen weißen Teller versenkt und bis 40 *m* Tiefe noch wahrgenommen. — Auch Ch. Wilkes hat auf seiner Weltumsegelung mit einem amerikanischen Geschwader (1838—1842) einige Male die Durchsichtigkeit des Wassers, namentlich in den antarktischen Gebieten, untersucht. Hier war die größte Tiefe, in welcher ein weißer Gegenstand noch gesehen wurde, in der Nähe der Eiskante in etwa 63⁰ s. Br. und 100⁰ ö. L. nur 20 *m* bei schlichtem Wasser und schönem Wetter. Im tropischen Teil des Stillen Ozeans fand er Sichttiefen von 31 *m*.

Systematischer sind die Untersuchungen, welche im Jahre 1865 Cialdi, seinerzeit Kapitän der päpstlichen Korvette „L'Immacolata Concezione", angestellt und welche der berühmte Astronom Secchi bearbeitet hat. Cialdi benutzte weiß gestrichene, über eiserne Rahmen gespannte Segeltuchflächen von etwas über 2 *m* Durchmesser, da kleinere Scheiben durch die von den Wellen gekräuselte Oberfläche des Meeres leicht so verzerrt gesehen werden, daß der Moment, wo die Sichtbarkeitsgrenze erreicht ist, sich nicht genau genug feststellen läßt. Die Beobachtungen wurden ferner nur bei Sonnenschein vorgenommen, und zwar so, daß der Beobachter selbst an der beschatteten Seite des Schiffes oder Bootes stand und sein Auge niemals höher als 3 oder 4 *m* von der Wasserfläche entfernt war. Die Scheiben wurden im Meerbusen von Gaëta bis auf 42.5 *m* Tiefe gesehen. Diese Versuche sind von den Professoren der Marine-Akademie in Fiume, Luksch und Wolff, im Adriatischen und Jonischen Meere wiederholt worden und ergaben als Maximalgrenze der Sichtbarkeit einer großen weißen Scheibe nahe bei der Insel Zante am 6. August 1880 sogar 54 *m*. In der Ostsee und Nordsee hat Kapitän z. S. Aschenborn auf S. M. S. „Niobe" in den Sommern 1887 und 1888 ebenfalls mit 2 *m* großen Scheiben be-

obachtet: er fand als größte Sichttiefen in der Kieler Bucht
vor Bülk einmal 16 *m*, im Nordcanal der Irischen See
22 *m*. Die größten Sichttiefen mit diesen großen Scheiben
sind aber auf der Plankton-Expedition in der Sargassosee gemessen worden, einmal 58, ein zweites Mal
66.5 *m*. Auf den Untersuchungsfahrten des österreichisch-
ungarischen Dampfers „Pola" im östlichen Mittelmeer
sowie im Roten Meer hat Luksch wieder kleinere, weiß
gemalte Scheiben von 45 *cm* Durchmesser benutzt: sie
waren an der syrischen Küste (33° 47′ n. Br., 34° 8′ ö. L.)
noch in 60 *m* sichtbar, im nördlichen Roten Meer bis
50 *m*, im südlichen dagegen nur bis 39 *m*. Überall zeigt
sich, daß diese Sichttiefen von der Höhe der Sonne über
dem Horizont nur wenig abhängen; stürmisches Wetter
aber die Durchsichtigkeit des Wasser rasch und nach-
wirkend vermindert, auch wenn in der Nähe vorher bei
Windstille die größten Sichttiefen gefunden waren. Es
scheint also die innige Vermischung von Wasser und
Luft im stürmischen Seegang die Durchsichtigkeit der
oberen Schichten zu vermindern. Daß dies im flachen
Küstengebiet und allgemein auf den verkehrsreichen
Reeden und Häfen besonders deutlich auftreten muß,
läßt sich erwarten und haben neuere wie ältere Beobachter genügend festgestellt: im Hafen von Kiel verschwindet eine 2 *m* breite Scheibe schon in 4 *m* Tiefe.

Alle diese Versuche zeigen noch nicht, wie tief
eigentlich das Sonnenlicht in die Tiefen hineindringt.
Denn die versenkte Scheibe entschwindet dem Auge
nicht etwa darum, weil das Licht auf dem Wege zur
Scheibe und zurück zum Auge völlig vom Wasser verlöscht wird, sondern vielmehr darum, weil wir den
Unterschied der Helligkeit und Färbung der Scheibe
und des umgebenden Wassers nicht mehr bemerken
können. Die weiße Scheibe erschien in der leuchtend
blauen Sargassosee beim Versenken wie ein blaßblaues
Wölkchen, das sich mehr und mehr blau färbte und
schließlich nicht mehr vom blauen Seewasser zu unterscheiden war.

Ein sehr viel besseres Hilfsmittel würde eine ihrer
Intensität nach genau bekannte Lichtquelle, etwa eine

elektrische Lampe, liefern, die man nachts in die Tiefe senkt, bis das Licht entschwindet. Obwohl moderne Seeschiffe über elektrisches Licht und oft lange Kabel verfügen, ist dieses Verfahren nur sehr vereinzelt angewendet worden. Spindler und Wrangel haben im Schwarzen Meer beobachtet, dass ihre 8 Kerzen starke Lampe im Küstenwasser vor Batum bei 2·1 *m*, nördlich von Sinope im tiefen warmen Wasser erst bei 43 *m* und weiter im Norden des Beckens erst bei 77 *m* Tiefe verschwand.

Häufiger hat man die Lichtwirkungen auf photographischem Papier in den Tiefen untersucht. Nach einigen verfehlten Versuchen der Challenger-Expedition waren jene der Schweizer Zoologen Fol und Sarrasin im Juli 1890 im klaren Wasser des Mittelmeers, 18 Sm. von der Rivièra entfernt, erfolgreich, indem sie noch in 465 *m*, aber nicht mehr bei 480 *m*, Schwärzungen der photographischen Platten erzielten, während Karl Chun vor Capri noch in 500 und 550 *m*, und Luksch im östlichen Mittelmeer ebenfalls bei 550 *m* noch Belichtungen nachzuweisen vermochte. Auf diesem Wege wird aber nicht alles in das Wasser eindringende Licht nachgewiesen, sondern nur das chemisch wirksame, also vorzugsweise der blaue, violette und überviolette Teil des Spektrums, während die roten Strahlen ausfallen. Freilich sind diese, wie aus der eigenen blauen Farbe des Seewassers schon geschlossen werden kann, in den Tiefen überhaupt von geringer Bedeutung, da sie schon in den obersten Wasserschichten absorbiert werden.

Ein weiteres Hilfsmittel zur Beurteilung der Durchsichtigkeit geben uns die im Meere selbst lebenden Organismen an die Hand. Nach den Beobachtungen G. Bertholds zeigen schattenliebende Formen von Meeresalgen im Golf von Neapel noch in 80 bis 100 *m* Tiefe krankhafte Veränderungen, die auf eine ihnen schon nicht mehr zusagende Fülle von Sonnenlicht hinweisen, und aus 120 bis 130 *m* Tiefe hat dieser Botaniker noch ganz gesunde Algen mit dem Scharrnetz bei Capri, Ventotene und Ponza heraufgeholt. In den nordischen Meeren dagegen gehen lebende Algen bei Weitem nicht

so tief: in der Ostsee nach Reinke nicht über 50, im
Skagerrak und bei Nowaja Semlja nach Kjellman nicht
über 40 *m*. Wieder zeigen sich also die kälteren Meere
weniger durchsichtig. Aber merkwürdig genug bleibt, dass
die modernen Tiefseeforschungen, zuerst die Plankton-
Expedition, noch in 2000 *m* Tiefe eine grüne kleine
Blasenalge (*Halosphaera viridis*) lebend gefangen haben,
wie ja auch neben zahlreichen blinden Tiefseetieren
nicht wenige mit ganz vollkommenen Augen ausge-
rüstete aus sehr großen Tiefen heraufgebracht worden
sind; und man weiß lange, daß in absoluter Dunkelheit
lebende Tiere, wie die Bewohner der Höhlenteiche, ihre
Sehwerkzeuge vollständig zu verlieren pflegen. Hier
liegen noch mancherlei Rätsel vor, deren Lösung große
Schwierigkeiten bietet: man könnte 'an die sehr ver-
breitete Phosphorescenz vieler Seebewohner denken
oder an die Fähigkeit dieser Tiefseeaugen, auch feine
Unterschiede in dem verschwindenden Minimum von
ultraviolettem Licht, das in jene Abgründe eindringen
kann, noch auf ihrer Netzhaut zu spüren.

Immerhin ist als gewiß anzunehmen, daß in den
kälteren Meeren die Durchsichtigkeit im Ganzen geringer
sein dürfte wie in den wärmeren; die Ursache hiervon
ist eine doppelte. Das Meerwasser hat die merkwürdige
molekulare Eigenschaft der Selbstreinigung: es scheidet
seine mineralische Trübung in ganz kurzer Zeit als
festen Niederschlag aus, während dieselbe Trübung in
destilliertem Wasser sich viele Tage lang noch schwebend erhält; je wärmer das Seewasser, um so rascher
bewirkt es diese Abscheidung. Daher können die Tropenmeere in ihren obersten sehr warmen Schichten von
ungleich größerer Klarheit bleiben als die kühleren
Meere. Zweitens hat die moderne Planktonforschung
ergeben, daß gerade die kalten Meere besonders reich
an Plankton sind. Kein Sonnenstrahl kann in der Ostsee oder im Nordmeer hundert Meter tief eindringen,
ohne durch den Körper eines solchen winzigen Orga-
nismus hindurchgegangen zu sein. Die wärmeren Meere
sind ungleich ärmer an Plankton, am ärmsten die sehr
durchsichtige Sargassosee und das östliche Mittelmeer:

hier fehlt also die lichtabsorbierende Trübung durch
schwebende Organismen. In der That zeigte sich
überall, wo die Plankton-Expedition die weißen Fries-
kegel ihrer Netze in geringeren Tiefen schon verschwinden sah, alsbald eine sehr reich entwickelte
Planktonwelt.

Diese Trübungs- und Durchsichtigkeitsunterschiede
machen sich nun aber besonders deutlich fühlbar in der
Farbe des Meerwassers.

Während, wie oben bemerkt, kleinere Quantitäten
Seewasser uns völlig klar und farblos erscheinen, tritt
eine eigentümliche Färbung desselben schon hervor,
sobald weiße Gegenstände in größere Tiefen versenkt
werden: diese erscheinen zunächst grünlich, werden dann
blaugrün, um endlich, lichtschwächer werdend, dem Auge
ganz zu entschwinden. Läßt man durch mehrere Meter
lange, innen geschwärzte Röhren, die mit filtriertem
Seewasser gefüllt sind, einen Sonnenstrahl hindurch-
fallen, so erscheint dieser prächtig blaugrün. Dieses
Blaugrün, das in den Tropen zu einem leuchtenden
reinen Blau*) wird, ist die natürliche Farbe des Seewassers im reflektierten Licht, wo große Wassertiefen
gegeben sind. Daher heißt der offene Ozean, die eigentliche Tiefsee, bei den Seeleuten auch wohl das „blaue
Wasser". Im Mittelländischen Meer und in der Sargassosee steigert sich diese Farbe bis zum leuchtendsten
Kobaltblau, und zwar nicht nur bei hellem Sonnenschein,
sondern auch bisweilen bei leicht verschleiertem Himmel,
wie schon eine Beobachtung von Goethe auf seiner
Überfahrt von Palermo nach Neapel beweist. „Der
ganze Himmel," sagt er, „war mit einem weißlichen
Wolkendunst umzogen, durch welchen die Sonne, ohne
daß man ihr Bild hätte unterscheiden können, das Meer
überleuchtete, welches die schönste Himmelsbläue zeigte,
die man nur sehen kann." Dieses Blau ist also nicht

---

*) Eine Lösung von einem Gramm Kupfervitriol in 190 g
destilliertem Wasser, dem 9 g Ammoniak zugesetzt sind, zeigt
dieses schöne Blau, wenn man sie in einer Schicht von 5 mm Höhe
auf einen weißen Teller gießt.

ein bloßer Spiegel des blauen Himmels auf der Wasserfläche, sondern die dem Meer eigentümliche Farbe.

Wo die Tiefen geringer sind, über Bänken und
an den Küsten, da wird die Farbe der See beeinflußt
durch die des Untergrundes. Besteht dieser aus feinem
weißen Sande oder, wie an den tropischen Küsten so
häufig, aus Korallen, so erhält das Wasser eine hell-
grünliche („apfelgrüne") Färbung: das einsegelnde Schiff
bewegt sich dann auf dunkelblauem Fahrwasser. Hier
ist auch unsere Ostsee anzureihen, deren Wasser als
flaschengrün bezeichnet werden darf. Ein und dasselbe
Gebiet kann in seiner Färbung aber auch wechseln;
so ist das Wasser der Kieler Föhrde bei ruhiger Luft
schön dunkelgrün, nach stürmischem Wetter aber mehr
grünlich grau, und der britische Kanal wird dann ganz
milchig grün.

Die prächtigsten Lichteffekte werden da beobachtet, wo durch ein besonders klares Wasser von geringer Tiefe ein stark reflektierender Untergrund vom
Licht getroffen wird. Der Physiker Aitken tauchte im
Mittelmeer bei Mentone eine lange Röhre, deren Wandungen innen geschwärzt waren und vor deren unteren
Ende er einen Spiegel angebracht hatte, senkrecht in
das Meer: das durch dieses Wasser gegangene, alsdann
vom Spiegel durch das dunkle Rohr zurückgeworfene
Licht erschien als ein Blau von unbeschreiblicher Pracht.
Dieses Experiment ahmt dasselbe nach, wie die Natur
in der bekannten blauen Grotte von Capri zum Ent-
zücken ihrer Besucher darbietet: die Höhle hat einen
so niedrigen Eingang, daß nur kleine Boote in dieselbe
eindringen können. So werden nur durch das Wasser
gegangene und von diesem und dem Boden reflektierte
Sonnenstrahlen das Innere der Grotte erleuchten und
als ein blau leuchtendes Feuerlicht wahrgenommen.

Will man die verschiedenen Abstufungen in der
Meeresfärbung zwischen Blau und Grün physikalisch
erklären, so darf man nicht einfach für jedes flache
Wasser die grünen und für alles tiefe die blauen Färbungen annehmen; dem widerspricht die Erfahrung, so
die von der Plankton-Expedition 1889 bemerkte hell-

9*

blaue Farbe des Wassers über der Neufundlandbank.
Da das letztere weniger Salzgehalt besaß als der blau-
grüne Golfstrom bei Schottland, so zeigt sich auch der
Salzgehalt allein nicht als maßgebend, wie man ja
auch blaue Alpenseen kennt, die gar nicht salzig sind.
Auch die Temperatur bringt keine Entscheidung, denn
blau ist das 29⁰ warme Wasser des Floridastroms und
das nur 5⁰ temperierte der hohen südlichen Breiten.
Von entscheidender Bedeutung ist allein die Durchsichtigkeit: je klarer das Wasser, desto blauer ist es. Die
schwebende mineralische Trübung läßt das Wasser auf
allen flachen Küstengebieten grün erscheinen, und je
reicher das Plankton auftritt, desto mehr neigt die
Wasserfarbe zum Grünen. So hat Franz Schütt, der
Botaniker der Plankton-Expedition, dafür das treffende
Schlagwort gefunden: Blau ist die Wüstenfarbe der Meere.
    Wo andere als blaue oder grüne Färbungen vor-
kommen, sind sie ausnahmslos durch Beimengung fär-
bender Körper erzeugt. Das Gelbe Meer ist bekanntlich
durch den vom Hwang-ho hineingeführten gelben Löß
so gefärbt; andere als rot bezeichnete Meere erhalten
diese Farbe angeblich durch organische Beimengungen.
So sind im südlichen Teil des Roten Meeres und im
Arabischen Meer sehr häufig große Flächen blutrot
gefärbt durch massenhaft auftretende mikroskopische
Algen. Doch ist das Rote Meer, wie Karl Ritter
erwiesen hat, unzweifelhaft nach den Erythräern oder
dem „roten Volk" der Alten benannt. — Im Bereiche
des Indischen Ozeans treten auch andere Färbungen auf,
so milchweiße oder gelbliche, oft zur Beunruhigung der
Seefahrer, welche unter dem helleren Wasser verborgene
Untiefen fürchten, bis eine von der Oberfläche der See
geschöpfte Probe ihnen die Ursache enthüllt. Besonders
starke Wucherungen des vegetabilischen Planktons
kennt man unter dem Namen der Wasserblüte in der
Ostsee, aber auch anderwärts, wie an der tropischen
Küste Brasiliens, wobei das Wasser eine trübe, gelblich-
grüne Farbe annehmen kann. — Im Südatlantischen
und Südpazifischen Ozean sind von den Kap Horn-Fahrern
sehr häufig rote Streifen von beträchtlicher Länge

angetroffen worden, die aus Scharen kleiner brauner Krebse zu bestehen pflegen, wie schon die Holländer im Jahre 1599 vor Entdeckung des Kap Horn berichteten. In den Polarmeeren sind einzelne olivengrün gefärbte Stellen unzweifelhaft auf Diatomeenschwärme, die sich dort ansammeln, zurückgeführt worden, so die schon von William Scoresby im Grönlandmeer westlich von Spitzbergen so anschaulich beschriebenen grünen Streifen. Ebenso hat James Clark Ross in der Nähe des Antarktischen Eises vielfach ein durch rostfarbene Diatomeen schmutzig braun gefärbtes Meer gefunden.

Zum Schluße mag noch darauf hingewiesen werden, daß solche Bezeichnungen wie das „Weiße“ oder „Schwarze“ Meer nicht von der Wasserfarbe hergenommen sein können, denn in beiden Fällen weicht sie von der normalen kaum ab. Vielmehr scheint hier der orientalische Sprachgebrauch im Spiel zu sein, der mit den Ausdrücken weiß und schwarz eine übertragene Bedeutung verbindet; „weiß“ ist das angesehenere, vollkommene, heilige, „schwarz“ das verächtlichere, untaugliche, heidnische. Das Weiße Meer mit seinem Wallfahrtsorte Ssolowetzk konnte darum sehr wohl gegen das von Mohammedanern umwohnte Schwarze Meer in Gegensatz treten. Es kann aber auch im letzteren Namen außerdem noch die Bedeutung der Gefährlichkeit, der Hafenarmut liegen: „Das schon von alters her so verrufene Schwarze Meer,“ sagt Moltke in seinen berühmten Reisebriefen aus der Türkei, „ist weder stürmischer noch so oft von Nebeln bedeckt wie unsere Ostsee, und Untiefen und Klippen wie jene hat es gar nicht. Die große Gefahr besteht hauptsächlich im Mangel an geschützten Reeden und gesicherten Häfen.“ Darum bedeutet das russische *tschornoje more* und türkische *kara-denghis* im Grund nichts anderes als das altgriechische *axeinos,* die Ungastlichkeit.

2. Die Wärmeverteilung.

Wir sahen oben, daß zwar die blauen und violetten Strahlen des Sonnenlichts nachweislich über $500\,m$ tief in das Meer eindringen können, daß aber die roten und gelben Strahlen, die vorzugsweise Träger der Sonnenwärme sind, bereits in den obersten Schichten absorbiert werden. Wie tief sich überhaupt am Tage die Sonne nach der Tiefe hin wärmend bemerkbar macht, wissen wir noch nicht; ihre Wirkung wird, abgesehen von der geographischen Breite, in jedem einzelnen Falle von der Bewölkung und der vorangegangenen nächtlichen Abkühlung abhängen. Aus den wenigen vorliegenden Versuchen aber darf man annehmen, daß

Fig. 47.

Princesse Alice II, der Forschungsdampfer des Fürsten Albert von Monaco.

in den tropischen Meeren, wo die Strahlen senkrecht einfallen können, dem Einflusse der Sonnenwärme nur eine oberflächliche Schicht von höchstens 150 *m* Dicke unterworfen sein wird. Darunter liegen Schichten, welche hiervon um so unabhängiger werden, je tiefer man hinabgeht. Aber ganz unabhängig sind sie doch nicht; wo eine lebhafte Verdunstung an der Meeresoberfläche stattfindet, werden die Wasserteilchen salziger, also schwerer und so genötigt, in die Tiefe zu sinken. Dabei nehmen sie die an der Oberfläche empfangene Temperatur mit. Die auf diesem Wege erzeugte Zufuhr von Wärme in tiefer liegenden Schichten hinein darf man auch nicht überschätzen: wir haben schon darauf hingewiesen, daß im Passatgebiet nur eine Oberflächenschicht von 200 *m* Dicke einen etwas größeren Salzgehalt hat (s. oben S. 119). Ganz unbedeutend ist die molekulare Wärmeleitung des Wassers aus den warmen Oberflächenschichten in die Tiefe nach unten.

Auf hoher See, zumal unter den Tropen, hält sich die Temperatur der Meeresoberfläche innerhalb eines Tages fast konstant: aus den sorgfältigen Beobachtungen der Challenger-Expedition im Nordatlantischen Ozean südlich von 40⁰ n. Br. hat Buchan als mittleren Unterschied der höchsten und niedrigsten Temperatur bei Tag und in der Nacht nur 0·3⁰ C. berechnet. Die Ursache besteht im Wesentlichen darin, daß bei Tage ein großer Teil der Wärme durch Verdunstung des Wassers gebunden wird, und bei Nacht die abgekühlten Wasserteilchen der Oberfläche, weil sie schwerer werden, versinken, und durch relativ wärmere, leichtere und darum aus der Tiefe aufsteigende verdrängt werden. Das gilt aber nur für tiefes Wasser, auf flacherem Wasser in der Nähe des Landes werden die Schwankungen größer: hier erwärmen die Sonnenstrahlen die verhältnismäßig dünne Wasserschicht bis zum Boden hinunter, und in der Nacht giebt das Wasser wieder einen Teil dieser Wärme durch Ausstrahlung ab, und dieser Verlust wird bis zum Sonnenaufgang nicht wieder ergänzt, weil von unten her Wasser nicht nachdringen kann.

Auch die jahreszeitlichen Schwankungen der Temperatur sind für die Meeresoberfläche viel geringer als sie sich für die Luft auf dem Lande ergeben. Die höchste Wärme in 10⁰ n. Br. im Nordatlantischen Ozean, westlich von den Kapverdischen Inseln beträgt etwa 27·5⁰ (im September), die niedrigste 24·8⁰ (im März), also die jährliche Schwankung nur 3·4⁰; ebenso schwankt im Osten von Westindien die Wasserwärme von 25⁰ im März bis 28⁰ im September. In höheren Breiten werden diese Unterschiede beträchtlicher: die vom briti-

schen Kanal nach Neu-York bestimmten Postdampfer
durchlaufen bis in die Nähe der Neufundlandbänke, wo
das Wasser sehr viel kälter wird, eine Temperatur, die
im Februar an 11^0, im August 16^0 beträgt. Hier also
sind die Schwankungen noch nicht doppelt so groß
wie in den Tropen. Nach den Zusammenstellungen von
G. Schott und Sir John Murray kommen die größten
Schwankungen da vor, wo sich im Winter das Seewasser seinem Gefrierpunkt ($- 2 \cdot 8^0$) nähert, während im
Sommer tropisches Wasser herbeigeführt wird. Dies
ist an zwei Stellen der Fall, im Osten von Neuschottland
und im Osten vom nördlichen Japan; beidemale liegen
diese äußersten Temperaturen um rund 31^0 auseinander.
Im Allgemeinen sind die jahreszeitlichen Schwankungen
am größten in 40^0 s. und 40^0 n. Br., nicht in den polaren
Breiten. — Die wärmsten Meeresteile sind der nörd-
lichste Zipfel des Persischen Golfs mit $35 \cdot 6^0$ und, in den
offenen Ozeanen, das westpazifische Tropengebiet, wo
vereinzelt bis zu 32^0 abgelesen worden ist. — Die
Temperatur der Luft über dem Meer ist übrigens nach
W. Köppens Untersuchungen fast immer etwas niedriger
als die der Meeresoberfläche. Meist bleibt dieser Unterschied unter 1^0, nur in den Polarregionen geht er darüber hinaus.

Die räumliche Verteilung der Oberflächen-Temperaturen, welche wir in den zwei umstehenden Karten zum
Ausdruck bringen, ist leicht verständlich, wenn man
die Richtung der Meeresströmungen beachtet, weshalb
vieles Auffallende später mit diesen zugleich seine Erklärung finden wird. Die Linien gleicher Wasserwärme
lassen erkennen, daß mehr als die Hälfte der Meeresflächen über 20^0 erwärmt ist, mehr als $^2/_5$ aber über 24^0.
Im Ganzen sind die Meere der nördlichen Hemisphäre
etwas wärmer als die der südlichen; über 24^0 warm
sind im Jahresdurchschnitt 55 Proz. der nördlichen, aber
nur 45 Proz. der südlichen. Die mittlere Temperatur
der gesamten Meeresoberfläche ist angenähert auf $17 \cdot 7^0$
anzusetzen. Nach Sir John Murrays Berechnungen sind
(im Jahresmittel) 22 Proz. über $26 \cdot 7^0$, 73 Proz. über 10^0,
6 Proz. unter 0^0 erwärmt.

Soviel von der Temperatur der Meeresoberfläche. Nunmehr soll uns die senkrechte Verteilung der Temperaturen im Innern der Wasserbecken, die Wärmeschichtung der Meere, beschäftigen.

Die Kenntnisse, welche die Alten hiervon besaßen, gipfeln in der sehr allgemeinen Behauptung des Aristoteles, daß das Meer an der Oberfläche wärmer sei als in der Tiefe. Wirkliche Beobachtungen in dieser Richtung reichen nicht über den Anfang des 17. Jahrhunderts zurück, ohne daß die ersten Versuche von wissenschaftlichem Erfolge begleitet gewesen wären. So hatte Graf Marsilli (ca. 1720) im Golf von Lion wohl Thermometer am Meeresboden deponiert, aber die Skala seiner Instrumente läßt sich mit den jetzt in Gebrauch befindlichen nicht in Beziehung bringen. Graf Buffon jedoch sprach es schon (ca. 1750) sehr deutlich aus, daß in den Tiefen der Meere sehr niedrige Temperaturen herrschen müßten. Er berief sich dabei auf einen von Boyle berichteten Versuch: man hatte auf der Fahrt nach Ostindien unter 37° s. Br. ein 35 Pfund schweres Senkblei in 400 Klafter (etwas über 700 m) Tiefe versenkt und als es herausgezogen worden, konstatiert, daß es sich so kalt anfühlte „wie ein Stück Eis. Die Reisenden zur See," sagt er weiter, „pflegen auch bekanntermaßen, wenn sie ihren Wein kühlen wollen, die Flaschen viele Klafter tief ins Meer herabzulassen: je tiefer man den Wein versenkt, desto kälter wird er heraufgezogen."*)

Ungefähr um dieselbe Zeit, als Buffon dies schrieb, waren auch die ersten Messungen der Temperaturen in größeren Meerestiefen versucht worden. Es war der schon oben (S. 37) erwähnte Kapt. Ellis, welcher im Jahre 1749 westlich von den Kanarischen Inseln (in 25° 13' n. Br., 25° 12' w. L.) ein metallenes Schöpfgefäß,

---

*) Diese Methode, in den Tropen ein kühles Getränk sich zu verschaffen, scheint gegenwärtig, im Zeitalter der Eismaschine, in Vergessenheit geraten zu sein; doch ist zu bedenken, daß der Kork der Flasche schon in verhältnismäßig geringen Tiefen dem Wasserdruck nachgeben und so Seewasser in die Flasche eindringen muß.

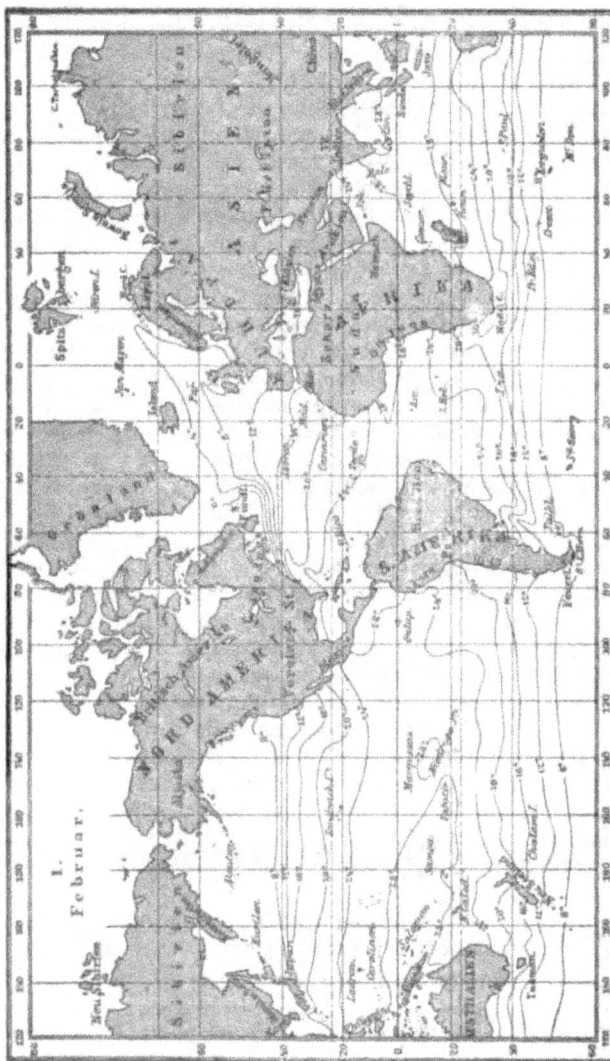

Fig. 18.

Linien gleicher Wassertemperaturen an der Meeresoberfläche.

Fig. 49.

Linien gleicher Wassertemperaturen an der Meeresoberfläche.

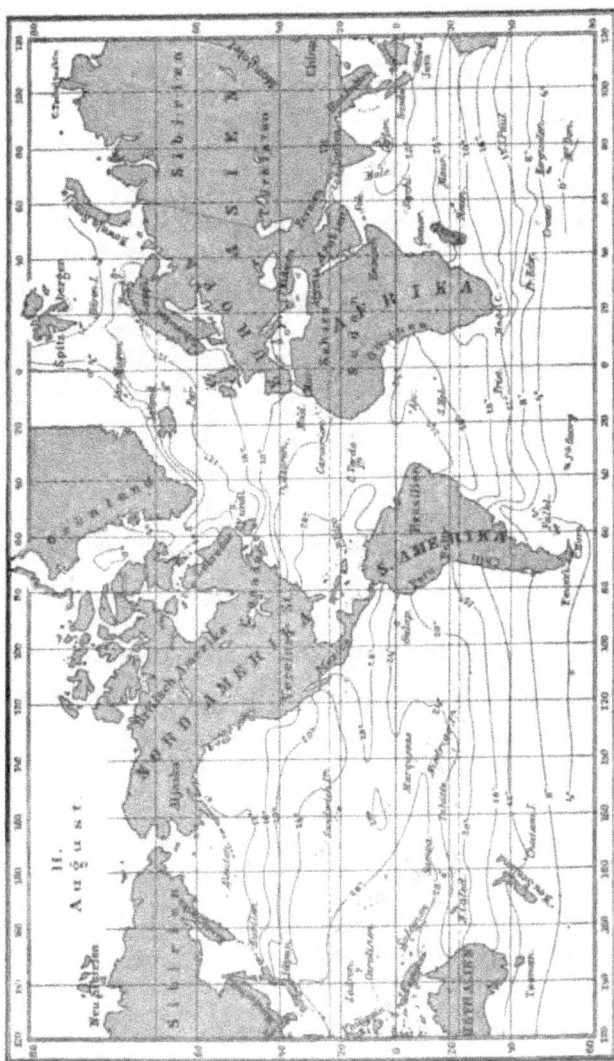

das sich beim Aufholen automatisch verschloß und im Innern ein Thermometer trug, bis 1630 *m* versenkte und daselbst eine Temperatur von 11·7° fand: nach dem heutigen Wissen um 6° zu viel, schon weil das aus der Tiefe geschöpfte, aber nur von dünnem Blech umschlossene Wasser beim Aufholen durch die oberen wärmeren Schichten seine niedrige Temperatur verlor. Mit demselben von Dr. Hales konstruierten Schöpfthermometer arbeitete auch Forster auf Cooks zweiter Weltumsegelung (1772 bis 1775), ohne jedoch 200 *m* zu überschreiten. Es wären dann noch weitere Versuche (von Dr. Irving mit Lord Mulgrave bei Spitzbergen 1773, Horner auf Krusensterns Weltumsegelung 1803—1806, Scoresby 1810—1822) zu erwähnen, welche sämtlich eine Zunahme der Temperaturen in den Meeren höherer Breiten beobachteten. Hier trat störend der Umstand ein, daß die Instrumente (meist Six's Indexthermometer) gegen den Druck der Wassermassen in den großen Tiefen nicht geschützt waren. Die Thermometerkugel wurde, je tiefer man sie hinabließ, von dem Gewicht des darüber lastenden Wassers desto stärker zusammengedrückt, so daß in den Polarmeeren, wo geringe Unterschiede in den Wärmegraden der Wasserschichten die Regel sind, sogar eine Zunahme der Temperatur mit der Tiefe sich ergeben konnte. Einige hiervon abweichende Beobachtungen von John Roß im Jahre 1818 in der Baffinsbai, wobei einmal die enorm niedrige Bodentemperatur von —3·5° C. in 1240 *m* Tiefe beobachtet war, wurden verworfen und vergessen, da einzelne Theoretiker behaupteten, daß Seewasser bei so niedrigen Temperaturen nicht in den Tiefen verharren könne, sondern aufsteigen müsse, da dieses ebenso wie Süßwasser bei +4° C. seine größte Dichtigkeit erreiche. Selbst die davon abweichenden Resultate, wie sie von Lenz auf Grund seiner eigenen, und von Arago auf Grund mehrerer französischer Weltumsegelungen veröffentlicht wurden, fanden keinen allgemeinen Anklang, nachdem Dumont d'Urville 1826—1829 und James Clark Roß 1839—1841 durch eine große Anzahl von Thermometerablesungen die Tiefenschicht mit der beständigen

Temperatur von 4⁰ C. in den höheren südlichen Breiten aufgefunden hatten. Lenz und Du Petit Thouars dagegen
hatten mit besser arbeitenden Instrumenten beobachtet,
daß in den Tropen die Temperaturen mit der Tiefe
abnehmen, so daß der erstere im Nordatlantischen Ozean
in 7⁰ 20′ n. Br., 22⁰ w. L. v. Gr. für 1050 *m* Tiefe nur
2·2⁰ C., der andere in 4⁰ 23′ n. Br., 20⁰ 7′ w. L. v. Gr.
für 1130 *m* Tiefe 3·2⁰ abgelesen hatte, gegenüber 25·8⁰
resp. 27·0⁰ Wärme an der Oberfläche; es war ihnen auch
schon weiter aufgefallen, daß gerade unter dem Äquator die Wärmeabnahme verhältnismäßig schneller erfolge
als unter den Wendekreisen. Aus alledem haben Lenz,
Arago und Humboldt bereits auf unterseeische Strömungen geschlossen, durch welche das kalte Wasser
aus den höheren Breiten dem Äquator zugeführt werde.
Alles das aber blieb Jahrzehnte hindurch unbeachtet
oder wurde doch nicht seinem vollen Werte nach gewürdigt, auch nachdem die Amerikaner bei ihren Untersuchungen des Golfstroms an ihren Küsten Temperaturen
in den größeren Tiefen festgestellt hatten, die sich nur
wenig über 0⁰ erhoben. Es half auch noch wenig, daß
mehrere Physiker, wie Erman, Despretz und Karsten,
später auch Zöppritz, durch Experimente erwiesen, daß
die größte Dichtigkeit des Seewassers erst bei Temperaturen unter 0⁰ erreicht werde und zwar bei um so
niedrigeren, je größer der Salzgehalt war. Diese Versuche
wurden als „Kabinettsphysik" verworfen, weil sie angeblich den Verhältnissen in der Natur nicht vergleichbar wären, und weil eben d'Urville und Ross das Gegenteil beobachtet hätten.

Da kam mit den Jahren 1868 und 1869 helles
Licht in diese Verwirrung. Zur Erforschung der in den
Tiefen des Meeres lebenden Tiere war von der englischen
Regierung eine Expedition an Bord des Dampfers Light-
ning ausgerüstet worden, welche mit guten, gegen die
Druckänderungen in den Tiefen geschützten Thermo-
metern versehen war. Diese fand sehr niedrige Tempe-
raturen in einer schmalen tiefen Rinne zwischen den
Färöer und Nordschottland, so u. a. in 60⁰ 10′ n. Br.
und 6⁰ w. L. in genau 1000 *m* Tiefe —1·2⁰ C. Diese

Rinne wurde im zweiten Jahre (1869) durch dieselben
Gelehrten an Bord des Vermessungsschiffes Porcupine
untersucht und hier, wie dann auch im angrenzenden
Atlantischen Ozean, die sehr niedrigen Bodentemperaturen
von 2·5⁰ festgestellt. Nun verloren die älteren Beobachtungen von J. C. Ross ihre Autorität, und man
besann sich allgemein auf die Behauptung der Physiker
und die abweichenden Beobachtungen von Lenz, Du
Petit Thouars und den Amerikanern. Nachdem die Porcupine auch im Sommer 1870 noch die Gewässer an der
portugiesischen Küste und das Mittelländische Meer besucht hatte, wurden die Vorbereitungen getroffen zur Ent-
sendung der großen Expedition an Bord des Challenger,
von der wir bei einer früheren Gelegenheit schon gesprochen haben. Neben den Messungen der Meerestiefen
war dieser Expedition auch die systematische Messung
der Temperaturen in den verschiedenen Tiefen aufge-
tragen. Dasselbe gilt von der ebenfalls schon erwähnten,
gleichzeitigen Weltumsegelung der deutschen Korvette
Gazelle und der Forschungsreise des amerikanischen
Kriegsdampfers Tuscarora im Pazifischen Ozean, wie
auch für alle neueren Forschungsexpeditionen.

Erst durch diese ist ein einigermaßen gesicherter
Einblick in die Wärmeverteilung im Ozean gewonnen
worden, und zwar verdankt man das im Wesentlichen
der Vervollkommnung der Thermometer. Es waren in
dieser Hinsicht zwei Aufgaben zu lösen, einmal mußte
das Instrument selbstthätig die in beliebiger Tiefe
herrschende Temperatur sicher aufzeichnen und zweitens
durfte es nicht empfindlich sein gegen die Druckwirkung
der Wassermassen in großen Tiefen.

Für geringe Tiefen, namentlich zur Messung der
Temperaturen am Boden der flachen Ost- und Nordsee,
leistet Dr. H. A. Meyers „träges Thermometer" ganz
vortreffliche Dienste: es ist ein gewöhnliches Thermometer, gänzlich mit Hartgummi umgossen, so daß es sehr
langsam, in seiner gebräuchlichsten, hier abgebildeten
Form erst nach 100 Minuten, die Temperatur seiner
Umgebung annimmt. Die Gummischicht umgiebt die
Thermometer-Kugel in einer Dicke von 25 *mm*, das

übrige Instrument von 10 *mm* und läßt nur einen schmalen Schlitz zum Ablesen der Skala frei. Das ganze ist in einer röhrenförmigen Kapsel von Messing wohl verwahrt. Das Hartgummi-Thermometer wird von den Leuchtschiffen oder Zollwachtschiffen aus an einer Schnur an den Boden versenkt, oder kann auch in beliebigem Abstande zwischen Oberfläche und Boden aufgehängt werden, immer aber ist es nur von festen Stationen aus verwendbar, und auch an diesen nur, wenn der Meeresstrom in der Tiefe nicht zu stark ist und das Instrument in die Höhe reißt.

Für den Gebrauch im offenen Ozean, im blauen Wasser, dienen zwei andere Arten Instrumente, die man als Index- und Umkehrthermometer unterscheidet.*) Die von Casella in London nach Prof. Millers Angaben angefertigten Maximum- und Minimumthermometer sind nur verbesserte Indexthermometer nach Six's Prinzip. Sie bestehen aus einer U förmig gebogenen an den beiden Enden mit einer cylindrischen Erweiterung versehenen Glasröhre. (Fig. 51.) Der große Raum A enthält die eigentliche Thermometer-Kugel, die ebenso wie die obere Hälfte des linken Schenkels mit einer Mischung von Weingeist und Kreosot gefüllt ist. Die untere Hälfte des Hufeisenrohrs ist aber mit Quecksilber gefüllt und der kleinere Raum C ist größtenteils mit schwach komprimierter Luft versehen; über dem Quecksilber selbst steht aber auch im rechten Schenkel die Mischung von Kreosot und Weingeist. Wird das Instrument er-

Fig. 50.

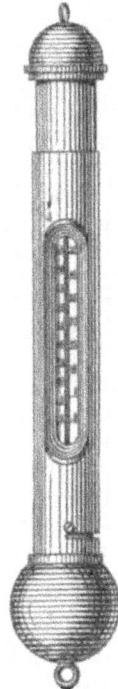

Dr. H. A. Meyers
träges
Thermometer.

---

*) Einige neuerdings konstruierte elektrische Registrierthermometer haben sich in der Praxis noch nicht bewährt, weshalb wir sie hier übergehen.

wärmt, so dehnt sich die Flüssigkeit im Raum *A* aus,
drückt das Quecksilber im linken Schenkel vor sich her
und treibt es im rechten in die Höhe; die Flüssigkeit
dieses rechten Schenkels wird zum teil nach *C* hinauf-
gedrängt, wo die eingeschlossene Luft wie ein Polster
wirkt. Sinkt die Temperatur nun wieder, so zieht sich
die Flüssigkeit in *A* zusammen und der Quecksilberfaden schiebt sich links hinauf, und die in *C* komprimierte
Luft wirkt nunmehr wie eine entlastete Feder, sie drängt
die unter ihr befindliche Flüssigkeit zurück. Über jedem
Ende des Quecksilberfadens sind nun kleine Stahlstäbchen
in die Röhre gelegt, die durch eine haardünne Draht-
spirale sich an den inneren Wänden der Röhre mit
schwacher Reibung aufhängen. Der Index a an der
rechten Seite wird durch die Verschiebungen des Quecksilberfadens bei Erwärmung nach oben gedrängt und
bleibt, wenn das Quecksilber zurückweicht, in der Röhre
haften: sein unteres Ende läßt also an der Skala das
erreichte Maximum der Temperatur ablesen. Der linke
Index a' wird bei Abkühlung des Instruments nach
oben bewegt, registriert also die Minimaltemperatur.

An dem Raum *A* befindet sich nun die sehr einfache Kompensation gegen den Druck der Wassermassen: er ist nämlich von einem anderen Glasmantel *B*
umhüllt, und der Zwischenraum etwa zur Hälfte mit
Alkohol ausgefüllt. Sowie nun beim Eintauchen in
große Tiefen der Druck auf die äußere Hülle *B* sich
vermehrt, so wird der zwischen diesen und dem inneren
Raum befindliche Alkohol komprimiert, und da er Platz
hat sich auszudehnen, der innere Raum vom Drucke
gar nicht weiter oder nur unbedeutend betroffen, wie
Experimente in hydraulischen Pressen erwiesen haben.

Das Miller-Casella'sche Tiefseethermometer wird
in einer mit entsprechenden Öffnungen versehenen
Kupferbüchse versenkt, nachdem die kleinen Stahlin-
dices mit einem Magneten auf das Quecksilber heruntergezogen sind. Sind die Indices gut gearbeitet, laufen
sie weder zu locker noch zu straff in ihren Feder-
spiralen, so daß sie namentlich bei den im Seegang
unvermeidlichen ruckenden und stoßenden Bewegungen

Fig. 51.

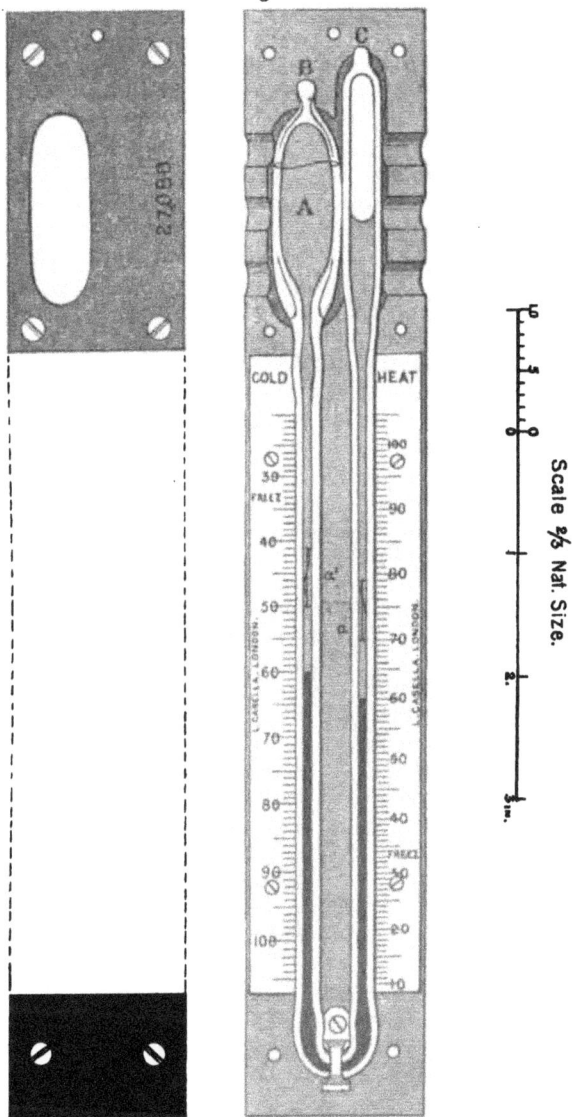

Miller-Casellas Thermometer.

des Schiffes, die sich trotz des Akkumulators auf die Lotleine, wenn auch gemildert, fortpflanzen, ihren Ort nicht plötzlich verändern, so arbeiten die Instrumente vorzüglich. Doch müssen die Änderungen des Nullpunktes durch den starken Druck stetig kontroliert werden. Mit Hülfe dieses Apparates*) sind die epochemachenden Temperaturbeobachtungen der Challenger- und Gazelle-Expedition angestellt worden. Die Miller-Casellas haben dem kolossalen Druck in 8000 *m* Tiefe**) zwar nicht immer widerstanden, haben aber in geringeren Tiefen sich so gut kompensiert gezeigt, daß die abgelesenen Temperaturen auf einen halben Grad genau sind. Nur für einen nicht gerade häufigen Fall versagen sie: wenn die Temperaturen nicht regelmäßig abnehmen, sondern unter einer kalten Schicht etwa wieder eine wärmere sich einschaltet. Beim Durchlaufen der kalten Schicht stellt sich das Minimumthermometer auf alle Fälle ein, und jene wärmere Schicht wird nur dann vom Index des Maximumthermometers (rechten Schenkels) registriert, wenn daselbst die Temperatur eine höhere ist als an der Oberfläche.

Dieser Umstand gab Veranlassung zur Herstellung von sog. Umkehrthermometern, die von den Mechanikern Negretti und Zambra in London in mehrfachen Modifikationen hergestellt sind und in der That gestatten, die in beliebigen Tiefen herrschenden Temperaturen unmittelbar zu messen. Die gebräuchlichste Form des Instruments und seine Anwendung geht aus Figur 52 (S. 148) hervor. Das Thermometer hat ein cylindrisches langes Gefäß, an welches die engere Röhre sich in einer S-förmigen Biegung ansetzt: an der Ansatzstelle bei *A* ist die Röhre durch einen eingeschmolzenen Glassplitter verengert. Wird das Thermometer schnell umgekehrt, so reißt hier der Quecksilberfaden ab und gleitet an das entgegengesetzte Ende der Röhre. Je

---

*) Derselbe kostet mit Büchse und Magnet 45 Mark.

**) Das Instrument in Originalgröße hat an seiner Thermometerröhre eine Oberfläche von ca. 95—100 *qcm*; der in 8000 *m* Tiefe darauf lastende Druck kommt also dem von fast 800 *kg* gleich.

höher die Temperatur, desto länger ist der abgerissene
Faden, gestattet also eine Messung der Temperatur für
den Moment des Abreißens. Das Instrument nimmt
beim Hinablassen eine Lage an, wie die Figur sie an
der linken Seite zeigt. Die Röhre ist in einem hohlen
luftdichten Glasgefäß eingeschlossen, welches den Druck
aufnimmt und stärkeren Druckeinwirkungen widersteht
als die Miller-Casellas. Das Umkippen des Thermometers
wird meist durch eine Propellerauslösung bewirkt. Die
Figur 52 (rechts) zeigt den vom italienischen Kapitän
Magnaghi zuerst hierfür angewandten Rahmen. Beim Ab-
wärtsfallen des Apparats drückt die Propellerschraube C
ihre Axe F in eine am oberen Ende der Thermometer-
hülse angebrachte Vertiefung. Wird der Apparat aber
aufgeholt, so dreht sich der Propeller in entgegen-
gesetzter Richtung und, je nachdem sein Spiel eingestellt ist, läßt er früher oder später die Thermometer-
hülse frei, die dann, weil unterhalb ihres Schwerpunkts
aufgehängt, die gewünschte Drehung ausführt und in
der Ablesestellung von einer Sperrfeder KR festgehalten
wird. — Der sog. schottische Rahmen, der auch vom
Fürsten von Monaco bevorzugt wird, bewirkt die Auslösung durch ein entlang der Leine herabfallendes Lauf-
gewicht; dieses trifft einen gabelartig mit dem langen
Arm die Leine umfassenden Hebel, während der kurze
Arm in einem Gelenk nach unten den die Hülse hal-
tenden Stift trägt. — So angenehm es ist, ein nur mit
Quecksilber gefülltes, sich schnell anpassendes und leicht
zu kontrolierendes Thermometer in diesen Negretti-
Zambras zu besitzen, so ist doch niemals eine Sicherheit
dafür vorhanden, daß der Quecksilberfaden richtig an
der Verengung abreißt oder dieses durch das Zerren
des Schiffes an der Leine nicht zur Unzeit erfolgt. Beim
Aufwinden des Thermometers an die wärmere Oberfläche dehnt sich ferner das Quecksilber im Bulbus
wieder aus und tritt dann tröpfchenweise in die Röhre
über, wo die S-förmige Krümmung (bei B) dazu dient,
es aufzunehmen. Man hat mehrfach Vorkehrungen getroffen, um diese Mängel zu beseitigen: so, indem man
die Quecksilberkugel zur Seite umbiegt, so daß bei

nachträglicher Erwärmung kein Quecksilber nachfließen kann; aber diese von Dr. M. Knudsen angegebenen

Fig 52.

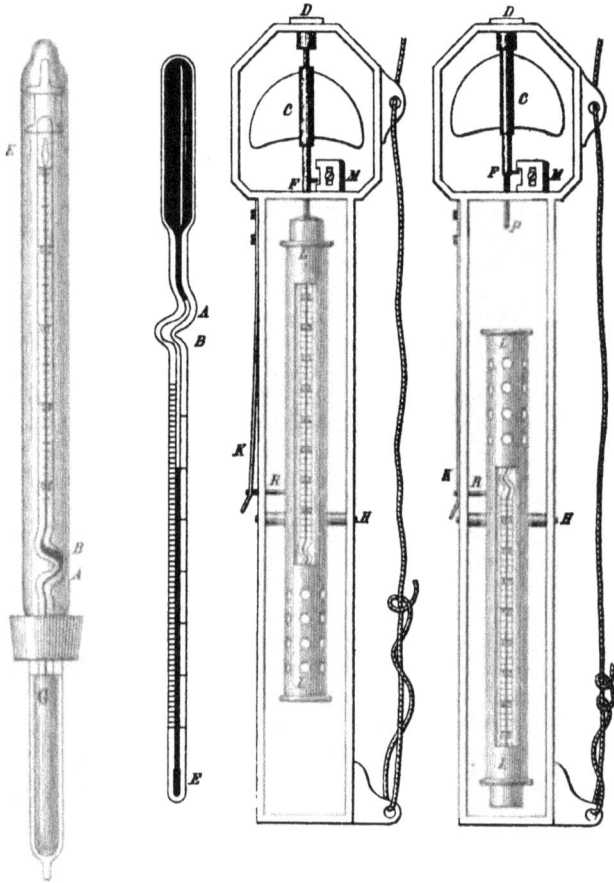

Negretti-Zambras Umkehrthermometer im Magnaghischen Rahmen.

Thermometer sind wieder zerbrechlicher als die andern. Im Ganzen erfordern die Negretti-Zambras also noch

Vorsicht beim Gebrauch, sind aber in den oben angeführten Fällen anomaler Wärmeschichtung geradezu
unentbehrlich.*)

Um die Verteilung der Wärme in den verschiedenen Tiefen zu messen, werden in bestimmten Ab-
.ständen die Thermometer an der Leine angebracht, es
werden also ganze Reihen von Temperaturmessungen
auf einmal gewonnen. Man hat dabei noch den Vorteil,
daß sich etwaige Störungen an den Instrumenten einigermaßen kontrolieren lassen.

Neuerdings ist noch ein anderes Verfahren mit
großem Erfolg ausgebildet worden, dessen Princip schon
auf Eduard Lentz zurückgeht, dessen wenig beachtete
Untersuchungen (1821—26) bereits oben erwähnt worden
sind. Lentz verwendete einen Wasserschöpfapparat, der
durch schlechte Wärmeleiter, Schichten von Holz und
Pech, rings umgeben, in seinem Innern ein Thermometer
mit in die Tiefe nahm, sich unten automatisch fest
schloß und mit dem eingefangenen Wasser die diesem
eigene Temperatur heraufbrachte. Lentzens Apparat
war sehr unhandlich, ebenso auch der vom russischen
Kapitän Makarof auf seiner Weltumsegelung mit der
Korvette Witjäs verwendete, ähnlich gebaute Wasserschöpfer; doch gelang es Makarof durch umsichtiges
Ermitteln aller störenden Einwirkungen, die Temperaturen bis auf 0·1⁰ zuverlässig zu erhalten. Ungleich
bequemer ist der wärmehaltende Wasserschöpfer von
Otto Pettersson, der sich seit 20 Jahren bei den fleißigen
Arbeiten der Schweden in den nordeuropäischen und
Nordmeergewässern wohl bewährt hat und dem namentlich nach einigen wichtigen Verbesserungen Nansens
eine große Zukunft bevorsteht. Die Wärmeisolierung
erzielt Pettersson mit drei concentrischen Hartgummi-
mänteln, zwischen denen beim Schließen des Apparats
das Tiefenwasser eingefangen und festgehalten wird.
Obere und untere Verschlußplatte (ebenfalls dreischichtig
gebaut) wie der cylindrische Mantel bewegen sich

---

*) Der Preis eines solchen Thermometers mit Rahmen ist
115 Mark.

Fig. 53.

Petterssons Wasserschöpfer mit
Wärmeisolierung.

unabhängig übereinander an
zwei parallelen Messingstan-
gen, und beim Herablassen
des Apparats spült das
Wasser überall frei hindurch:
tritt die Propellerauslösung
in Thätigkeit, so zieht das
unten angehängte Lotgewicht
die obere Verschlußplatte auf
den Mantel und drückt dann
auch diesen auf die untere
Verschlußplatte, worauf dann
eine Sperrfeder alles in dieser
Lage festhält. Man kann ein
Thermometer mit in die Tiefe
schicken oder es nach dem
Aufkommen des Apparats an
Bord einführen und jetzt die
Temperatur bis etwa 800 *m*
Tiefe hin ganz zuverlässig
auf mindestens $\pm$ 0·02⁰ messen, also genauer als auf
irgend einem andern Wege.

Die systematischen Un-
tersuchungen der Tiefsee-
temperaturen haben nun folgende allgemeine Ergebnisse
gehabt.

Erstlich ist die Wärme-
schichtung in den offenen
Ozeanen, mit Ausnahme der
dem Polarkreise nahen Ge-
biete, eine regelmäßige inso-
weit, als die Temperaturen
stetig von der Oberfläche
abwärts abnehmen, anfangs
schnell, dann langsamer, so
daß am Boden in Tiefen
über 4000 *m* Temperaturen von nur 1⁰ oder weniger
herrschen. Beistehende graphische Darstellung giebt

eine Serie von Temperaturmessungen der Gazelle aus
dem zentralen Teil des Pazifischen Ozeans; die Kurve
kann als die normale gelten.

In den abgeschlossenen Nebenmeeren ist die Wärme-
schichtung komplizierter: im arktischen und antarktischen
Gebiet kommen sogar in den großen Tiefen wärmere
Temperaturen vor als an der Oberfläche.

Im Großen und Ganzen darf man die mittlere
Temperatur der irdischen Meeresdecke eine auffallend

Fig. 54.

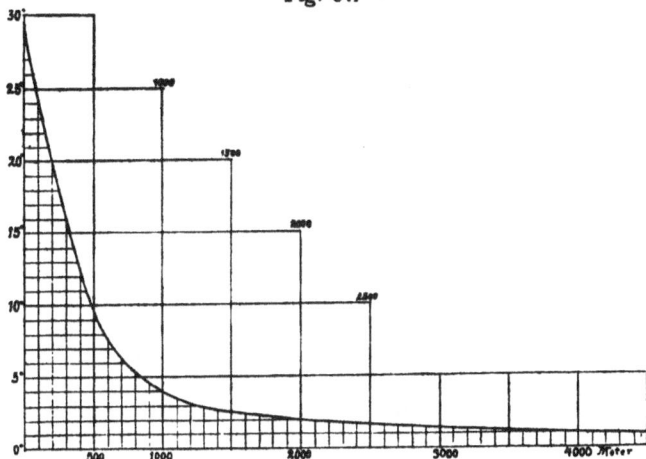

Kurve der Temperaturabnahme von der Oberfläche bis zum Boden in 14·5° s. Br. und
172·3° w. L. im Pazifischen Ozean.

niedrige nennen; nach angenäherter Berechnung beträgt
sie wahrscheinlich nur 3·5°.

Nehmen wir den ganzen Pazifischen Ozean zwischen
40° n. und 40° s. Br. und die südäquatorialen Teile des
Atlantischen und Indischen Ozeans bis 50° s. Br., so haben
wir in diesem nahezu drei Viertel der ganzen Ozeanfläche
umfassenden Gebiet von 1000 m Tiefe abwärts nahezu
dieselben Temperaturen, nämlich in der Nähe des Äquators 4° bis 5°, bei 40° Br. 3° bis 4°. Wir sehen also
eine überraschende Gleichförmigkeit der Tiefentempe-

raturen von 1000 *m* abwärts vor uns, so daß nur die verhältnismäßig dünne oberste Schicht von 1000 *m* der Einwirkung der klimatischen Unterschiede an der Erd-oberfläche und der Meeresströmungen ausgesetzt er-scheint. Auf die Wärmeverteilung in dieser oberen Schicht im Einzelnen soll hier nicht eingegangen werden, einiges kann überhaupt erst mit den Meeresströmungen zugleich zum Verständnis gelangen. Doch sei im Allge-meinen Folgendes bemerkt.

Im äquatorialen Teil des Atlantischen und Pazifi-schen Ozeans nimmt die Temperatur in den obersten 200 *m* rund 6⁰ bis 8⁰ je nach der Jahreszeit, für die ersten 500 *m* aber um 18⁰ ab. (Vgl. Fig. 54.) Wer in den Tropen geweilt hat, weiß, wie empfindlich man dort gegen kleine Temperaturänderungen wird; ein gegen die Luftwärme um 15⁰ bis 18⁰ abgekühltes Bleilot konnte darum den Reisenden Buffons (vgl. oben S. 137) „eiskalt“ vorkommen. In der Nähe des 40⁰ Br. dagegen ist die Abnahme schon langsamer, sie dürfte (bei 14⁰ im Jahresmittel an der Oberfläche) auf die ersten 200 *m* etwa 5⁰, auf 500 *m* aber 9⁰ betragen, ist also für letz-teres Niveau nur halb so groß wie am Äquator.

In den höheren Breiten ist der Unterschied der Temperatur an der Oberfläche gegen die der Tiefe noch geringer. So maß die Challenger-Expedition im Indischen Ozean schon bei den Crozet-Inseln (46⁰ s. Br., 48¹/₈⁰ ö. Lg.) auf die ersten 200 *m* nur 2⁰ Abnahme (von 5⁰ auf 3⁰), und in 500 *m* Tiefe stand das Thermometer nur ¹/₈⁰ niedriger als in 200 *m*. Diese gleichmäßige Wärmeabnahme in Verbindung mit der Druck-zunahme mit der Tiefe erklärt in sehr einfacher Weise, wie James Clark Roß fälschlich eine Temperatur von 4⁰ in der ganzen Wassersäule von der Oberfläche bis in die größten Tiefen finden konnte; bei seinen nicht gegen Druck geschützten Thermometern wurde die Wärmeabnahme genau durch die steigende Kompression aufgehoben, was man denn auch durch Experimente mit hydraulischen Pressen hat wiederholen können.

In den nordhemisphärischen Teilen des Indischen und noch mehr des Atlantischen Ozeans ist die Erwärmung der Gewässer von oben her eine viel kräftigere: da ist in 1000 *m* Tiefe nicht wie am Äquator die Temperatur 5⁰, sondern 8⁰ bis 9⁰. Auch hierfür werden wir die Erklärung in den Meeresströmungen kennen lernen.

Auffallen müssen die Bodentemperaturen von nur wenig über 0⁰ selbst unter dem Äquator. Man könnte eher erwarten, gerade am Boden der Meere viel höhere Temperaturen zu finden, mindestens solche, die den niedrigsten Lufttemperaturen, die in der Tropenzone vorkommen, gleichen. Nehmen wir ein abgeschlossenes, mit Salzwasser gefülltes Seebecken von einiger Ausdehnung und einer Tiefe von 4000 *m*, so würde, wenn die Luft an der Oberfläche des Wassers jahraus, jahrein 25⁰ zeigte, diese Temperatur durch Leitung der ganzen Wassersäule mitgeteilt werden. Wenn dann einmal einige Zeit hindurch die Lufttemperatur auf 20⁰ herunterginge, so würden auch die obersten Wasserschichten diese Temperatur annehmen: dadurch jedoch würden sie schwerer werden und in die Tiefe sinken, um dem leichteren, weil noch wärmeren Wasser unter ihr Platz zu machen. Wechseln warme und kalte Jahreszeiten miteinander ab, so wird demnach am Boden dieses Sees die Temperatur der kältesten Jahreszeit gefunden werden.

Man könnte nun fragen, würde nicht in einem solchen See, an dessen Boden man dem bekanntlich sehr heißen Erdinnern um 4000 *m* näher ist, sogar eine sehr hohe Temperatur herrschen müssen? Es nimmt doch auf jede 30 *m*, die wir in der festen Erdrinde abwärts gehen, wie in Bergwerksschächten, die Temperatur um 1⁰ zu. Es wird aber leicht einzusehen sein, daß in einem irgendwie geräumigen Becken sehr bald eine Zirkulation des Wassers eintreten müßte, indem nämlich die von dem heißen Erdinnern erwärmten untersten Wasserschichten, weil durch Erwärmung leichter geworden, an die Oberfläche steigen und durch kältere ersetzt würden. Diese kälteren Wasserschichten entziehen der warmen Erdrinde mehr und mehr die Wärme, und schließlich wird ein gewisser Gleichgewichtszustand erreicht werden: sobald die Tiefenschichten sich über

die Wintertemperatur an der Oberfläche erwärmen, so
werden sie aufsteigen und die kältesten Oberflächenschichten an ihre Stelle treten. Daß aber thatsächlich
der Grundschlamm der Meere in seinen tieferen Schichten
wärmer ist als da, wo das Bodenwasser ihn berührt,
hat man lange aus dem Verhalten gewisser schlamm-
bewohnender Tiere geschlossen, wie sich z. B. die Aale
im Winter in den Grundschlamm der Ostsee einwühlen.
Als Dr. Johannes Petersen bei Frostwetter in der Kolding-
föhrde und bei Svendborg ein Thermometer mit einem
Pfahl etwa 1 m tief in den Grundschlamm eintrieb, fand
er dort Temperaturen über 7⁰, während das Bodenwasser
selbst nur 0⁰ zeigte. Eine schwache Quelle der Erwärmung für die Tiefenschichten der Meere wird also in
der That das Erdinnere werden.

Die Ozeane sind aber nicht solche abgeschlossenen
Becken, sie stehen vielmehr in breitester Ausdehnung
im Zusammenhang mit sehr kalten Meeren, namentlich
auf der südlichen Hemisphäre. Dort sind also große
Räume mit einer Wassertemperatur vorhanden, die nur
wenig von 0⁰ entfernt sein wird, schon in der Nähe
des südlichen Polarkreises. Denken wir uns nun einmal
zwei abgeschlossene Wassersäulen, eine durchaus warme
vom Äquator, eine eiskalte vom Polarkreis, dicht nebeneinander gestellt und dann die Scheidewand entfernt,
so würde das kalte Polarwasser als das schwerere die
tiefsten Schichten, das tropische Wasser das wärmste
die Oberfläche einzunehmen suchen. Es würde diese
Anordnung auf dem Wege einer vertikalen Zirkulation
sich vollziehen, wobei in der Tiefe ein Strom vom
kalten Gebiet in das warme, an der Oberfläche aber
umgekehrt ein Strom vom warmen Gebiet ins kalte
auftritt, bis alles im Gleichgewicht ist.

In der Natur ist nun der Abstand vom Äquator
bis zum Polarkreise sehr groß, über 6000 km, also
1700 mal länger als die Tiefe der Ozeane. Denken wir
uns quer über die Ozeane bei jedem zehnten Breitengrad eine Scheidewand errichtet, so würden am Boden
einer jeden Abteilung die niedrigsten Wintertemperaturen, welche an der Wasseroberfläche vorkommen, ge-

funden werden. Aber die Unterschiede in der Wärmeschichtung, zwischen je zwei benachbarten Wassersäulen, werden so erheblich nicht mehr sein, und wenn nun sämtliche Scheidewände entfernt würden, dürfte man keineswegs einen sehr starken Strom erwarten, weder einen sehr kräftigen an der Oberfläche zum Polarkreise, noch in der Tiefe zum Äquator. Ausbleiben aber wird eine solche vertikale Zirkulation keinenfalls: nur sehr langsam, ganz gewiß nicht als Strom meßbar, wird sie sich vollziehen, vielmehr nur in der Form eines ganz langsamen Nachdrängens.

Wären die Tiefen der Ozeane durchweg gleich, so müßte sich schließlich als Dauerzustand ergeben, daß die Bodentemperaturen rings um die Erde überall dieselben wären. Ein kleiner klimatischer Unterschied wird aber doch nicht verwischt werden können. Die niedrigsten Temperaturen des Polarmeeres, also — 2·5⁰, werden bei ihrem Wege auf dem Äquator zu nicht unverändert bleiben, da sie durch Leitung von oben her doch ein wenig sich erwärmen müssen. Die Meeresdecke der Erde ist eben im Vergleiche zu ihrer Tiefe zu dünn, als daß bei dem langen und äußerst langsam durchmessenen Wege zum Äquator auch die untersten Schichten ganz unbeeinflußt von der an der Oberfläche und im Erdinnern herrschenden größeren Wärme sich halten könnten. Darum finden wir im Indischen Ozean nordwestlich von Australien am Boden in 5500 m noch + 0·9⁰, im Pazifischen Ozean am Äquator in 5000 m Tiefe 0·8⁰, im Südatlantischen Ozean im Nordosten von Brasilien noch 0·1⁰, nicht aber — 2·5⁰, eine Temperatur, die der ältere Ross in dem Bodenschlamm der Baffinsbai einst fand (s. oben S. 140), und welche als das denkbare Minimum von Meerestemperatur gelten muß, da sie dem Gefrierpunkt des normalen Seewassers gleichkommt. Rossens Beobachtung selbst verdiente übrigens mit den modernen Apparaten nachgeprüft zu werden.

Die niedrigsten Bodentemperaturen in den antarktischen Breiten des Südatlantischen und Indischen Ozeans fand die Deutsche Tiefsee-Expedition zu — 0·5⁰, also nicht — 2·5⁰; wir werden später die Komplikationen

kennen lernen, die durch die oberflächlichen Schmelz-
wasserschichten in der Wärmeanordnung dieser polaren
Räume zustande kommen. Auch außerhalb der kalten
Zone fand die Challenger-Expedition im Südatlantischen
Ozean im Osten der Laplata-Mündung bei sechs Lotungen
die niedrigen Werte von — 0·3⁰ bis — 0·6⁰ in rund
5000 *m* Tiefe. Auf der Osthälfte des Südatlantischen
Ozeans dagegen sind in der gleichen Breite um einen
Grad höhere Temperaturen (bei übrigens gleicher Tiefe)
gefunden. Noch erheblicher ist der Unterschied zwischen
der West- und Osthälfte des Südatlantischen Ozeans in
der Breite von 20⁰ S. In der brasilischen Tiefe fanden
Challenger und Gazelle Bodentemperaturen von + 0·4⁰
bis + 0·6⁰; in der Benguelatiefe dagegen die Gazelle
+ 2·3⁰ und + 2·4⁰, bei fast genau gleichen Tiefen von
5100 *m*. Dieser Unterschied ist nur dadurch zu erklären,
daß eine Bodenschwelle von 3000 bis 3500 *m* Tiefe sich
von Tristan d'Acunha nach Südafrika (Walfischbai) hinüber erstreckt (Supan hat kürzlich vorgeschlagen, sie
Walfischrücken zu nennen), welche das nordwärts gelegene ostatlantische Gebiet gegen das Eindringen der
kalten antarktischen Gewässer deckt. Unbehindert dagegen dringen diese in das brasilische Becken ein und
bewirken dort südlich von 33⁰ s. Br. Bodentemperaturen
von weniger als 0⁰, nördlich davon bis zum Äquator
und ein wenig über denselben hinaus zwischen 0⁰ und
+ 1⁰; in 5⁰ 30' s. Br. und 33⁰ 6' w. Lg. hat der Kabeldampfer Silvertown in 4650 *m* noch + 0·1⁰ gemessen.
Dieses ganze westliche Stück des Südatlantischen Ozeans
hat man darum auch wohl die kalte Rinne genannt.
    Auch im Nordatlantischen Ozean scheint ein solcher
Gegensatz der Bodentemperaturen in der West- und
Osthälfte, wie beide durch den Azoren- und Delphinrücken getrennt sind, zu bestehen, wenn auch weniger
ausgeprägt. In der Westhälfte nämlich sind durchweg
Temperaturen von 1·5⁰ gefunden gegen 1·8⁰ bis 2·2⁰ in
der Osthälfte, beidemal in 5000 *m* Tiefe. Diese Trennung durch den Delphinrücken und das atlantische
Plateau setzt sich also höchst wahrscheinlich noch südwärts fort bis unter den Äquator, wo sie im Äquatorial-

rücken Anschluß an jenen südatlantischen Längenrücken
gewinnt, der von Ascension bis Tristan d'Acunha die
oben beschriebene Scheidung in eine Ost- und Westhälfte bewirkt (s. oben S. 74).

Die antarktischen Gewässer der kalten Rinne bei
Brasilien treten aber anscheinend auch nicht viel weiter
als bis 10⁰ n. Br. über den Äquator hinüber, denn sonst
würden die Bodentemperaturen der westindischen Tiefe
doch wohl weniger als $1{\cdot}5^0$ betragen müssen. Gegen
die Einwirkung des Kaltwassers aus dem Nördlichen
Eismeer ist der ganze Nordatlantische Ozean wohl verwahrt durch die oft genannten Bodenschwellen von
höchstens 550 *m* Tiefe, welche die Baffinsbai, die Dänemarkstraße und das Gebiet zwischen Island und Schottland nach Süden hin abschließen. Da können nur durch
den kalten Ostgrönland- und Labradorstrom, mit den
Schmelzwässern des Treibeises, niedrige Temperaturen
dem Westbecken dieses Ozeans zugeführt werden; indes
wird ihre Einwirkung auf die Tiefenschichten dadurch
vermindert, daß dieser arktische Strom salzarmes, also
leichtes Wasser besitzt, das trotz niedriger Temperaturen
an der Oberfläche zu verbleiben geeignet ist. Immerhin
ist die Wirkung dieses abschmelzenden Eises darin erkennbar, daß nicht nur die Bodentemperaturen auf $+ 1{\cdot}3^0$,
sondern auch der Salzgehalt von 35·3 auf 34·6 Promille
in den Grundschichten des nordwestatlantischen Beckens
zwischen Neufundland und Ostgrönland herabgesetzt sind.

Wie wirksam jener Wyville-Thomson-Rücken
zwischen Ost-Grönland und Schottland in thermischer
Hinsicht ist, mag folgender Vergleich der Temperaturen
nordöstlich und südwestlich desselben, also im Nordmeer
und benachbarten nordatlantischen Gebiet, zeigen.

Temperatur:	Warmes Gebiet:	Kaltes Gebiet:
an der Oberfläche	11·4⁰	11·1⁰
in 450 *m* Tiefe	8·1⁰	3·5⁰
„ 600 „ „	7·0⁰	— 0·7⁰
„ 1000 „ „	6·0⁰	— 1·3⁰

Diese beiden Gebiete grenzen so scharf aneinander,
daß auf 15 *km* Abstand in der gleichen Tiefe doch Unter-

schiede von 5° vorhanden sind, während die Temperaturen
der Oberfläche dabei bis auf einen halben Grad über-
einstimmen.   Untersuchungen   durch   den   englischen
Dampfer Triton im Sommer 1882 unter dem Kommando
von Kapt. Tizard haben übrigens ergeben, daß sich in
der Mitte dieses Rückens eine Einsattelung von 13 *km*
Breite und 600 *m* Tiefe findet, durch welche merkwürdiger-
weise ein wenig Eismeerwasser (von — 1°) in den
Atlantischen Ozean eintritt. Aber schon in 10 *km* Abstand
vom Scheitel des Sattels hat es sich bis auf + 3° erwärmt, und so scheint es wegen seines geringfügigen
Volums und äußerst langsamen Stromes überhaupt keine
weitreichende Abkühlung südwestwärts zu verbreiten.
Beistehender Querschnitt (Fig. 55) verdeutlicht diese
interessante unterseeische Einströmung durch die Lage
der Isotherme von 0° und 5°; die vertikalen Linien geben
die Tiefen in Metern.

Ganz in derselben Weise wie hier der Nordatlantische Ozean durch solche unterseeische Landrücken
gegen das Eindringen des eiskalten arktischen Boden-
wassers geschützt ist, so sind auch die größeren Mittelmeere wegen ihrer engen und flachen Verb'ndung mit

Fig. 55.

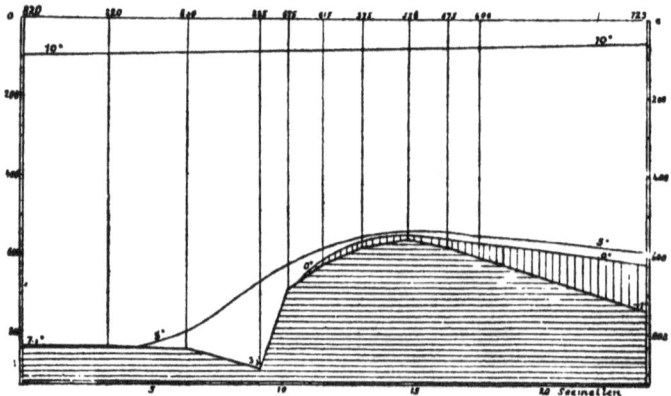

Wärmeschichtung über dem Thomsonrücken zwischen Schottland und den Färöer
(nach Tizard).

den Nachbarozeanen wieder gegen den Übertritt kühleren Tiefenwassers aus den letzteren abgesperrt. Das Romanische Mittelmeer steht mit dem Atlantischen Ozean nur durch die Straße von Gibraltar in Verbindung. Diese ist nur 13 400 *m* (oder rund 7 Sm.) breit und durch einen westlich vor den Eingang sich vorlagernden Rücken bis auf 300 *m* gegen den Ozean abgeschlossen. In diesem Niveau von 300 *m* herrscht eine Temperatur von 13°, und diese ist also die kälteste, welche von dort in das Mittelmeer eindringen kann. Die Temperaturlotungen im Bereiche des Mittelmeeres haben nun gezeigt, daß dasselbe von 500 *m* abwärts eine stets sich gleichbleibende Temperatur von 13° bis zum Boden in 4400 *m* Tiefe besitzt, wobei in der Osthälfte des Meeres diese „homothermische" Schicht noch etwas über 13° erwärmt ist. Im Winter tritt also nicht selten der merkwürdige Fall ein, daß von der Oberfläche bis zum Boden das ganze Meer eine und dieselbe Temperatur hat. Die Unveränderlichkeit der Bodentemperatur im Mittelmeere und ihre Höhe von 13° hat übrigens bereits der Physiker Saussure im Jahre 1780 festgestellt, indem er bei Genua und Nizza Thermometer, die nach Art der Meyer'schen durch Einhüllung in eine dicke Wachsschicht träge gemacht waren, bis in 580 *m* Tiefe versenkte.

Solche homothermischen Tiefenschichten sind aber auch in anderen Mittelmeeren gefunden worden. Umstehende graphische Darstellung (S. 160) zeigt in den ersten drei Querschnitten die Wärmeschichtung im Mittelländischen Meer, im Amerikanischen Mittelmeer und Roten Meer; die folgenden sechs Querschnitte beziehen sich auf die Temperaturverhältnisse der einzelnen Tiefenbecken des Australasiatischen Mittelmeeres (Chinasee, Philippinensee, Sulusee, Celebessee, Bandasee und Sawusee). Die homothermischen Schichten sind schraffiert; die größte Mächtigkeit derselben zeigt das Amerikanische Mittelmeer, die höchsten Temperaturen das Rote Meer, die Sulusee und das Romanische Mittelmeer.

Für die Nebenmeere der höheren Breiten müssen andere Gesetze gelten: hier erniedrigen die kalten Winter die Temperaturen an der Oberfläche des Wassers bis

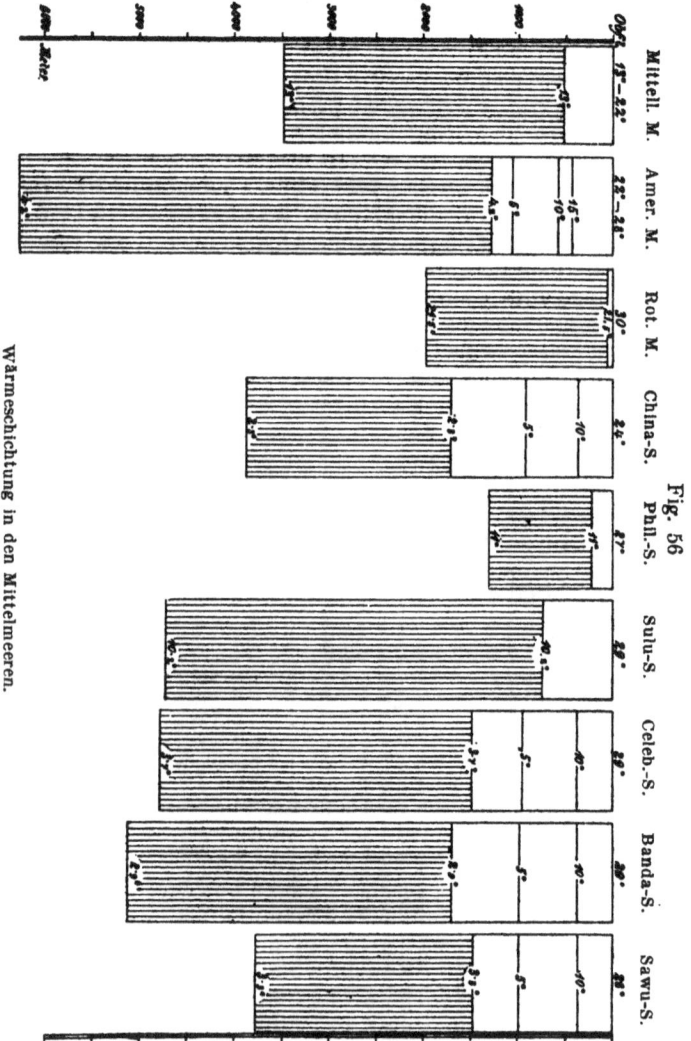

Fig. 56

unter o°, so daß sich vielfach größere Gebiete mit einer
Eisdecke überziehen, wie das im Golf von St. Lorenz,
in der nördlichen Ostsee und in den ostasiatischen Randmeeren entlang den Festlandküsten nördlich von 37°
n. Br., jeden Winter der Fall ist, während in den flacheren
Küstenstreifen der Nordsee und im Schwarzen Meer
nur die strengeren Winter von Eisbildung begleitet sind.
Die Verhältnisse im nördlichen Polarmeere werden wir
alsbald ausführlicher behandeln; hier mögen als Muster
dieser Art Nebenmeere die Wärmevorgänge in der
Nordsee und Ostsee ein wenig dargelegt werden, so
wie sie sich aus den langjährigen Beobachtungen der
sog. „Kieler Kommission" und den Arbeiten der anderen
Uferstaaten, namentlich auch der Schweden Otto Pettersson und Gustav Ekman, ergeben haben.

Die Oberflächen-Temperaturen der Nordsee zeigen
ziemlich starke Schwankungen mit den Jahreszeiten.
Während vor dem Britischen Kanal und bei Schottland der Unterschied der kältesten von der wärmsten
Monatstemperatur 6·5° beträgt, steigert sich derselbe
an der deutschen Küste nördlich von der Emsmündung
(bei Borkum Riff Feuerschiff) auf 15·4°, bei Helgoland
auf 14·3°, und erreicht hier fast dieselben Werte, wie
die Schwankung der Luftwärme. Die absoluten Temperaturen in den extremen Jahreszeiten veranschaulichen
die beiden umstehenden Kärtchen; die absolut höchste
Wärme wird in der Mitte des August, die niedrigste
in der ersten Hälfte des März anzusetzen sein. Man
sieht, wie im Sommer die flachsten Teile im äußersten
Südosten, im sog. Wattenmeer, am wärmsten sind,
während im Winter das vom Golfstromwasser beherrschte
Meer nördlich von Schottland diesen Rang behauptet.

Am Boden der Nordsee sind die Temperatur-
Schwankungen um so größer, je flacher das Meer ist.
Eine schwache, aber doch nachweisbare Strömung regelt
die Tiefentemperaturen: sie setzt von den Shetland-Inseln
an südwärts an der Ostküste Schottlands und Englands
entlang und wendet sich alsdann, verstärkt durch einen
aus dem Kanal kommenden Strom, nach der holländischen
Küste östlich, bestreicht dann die deutsche Nordsee-

küste und, in der Helgoländer Bucht nach Norden biegend, geht sie endlich an der Westküste Jütlands bis in das Skagerrak, wo sie über Skagen hinaus, immer an die jütische Küste gelehnt, noch im westlichen Kattegat

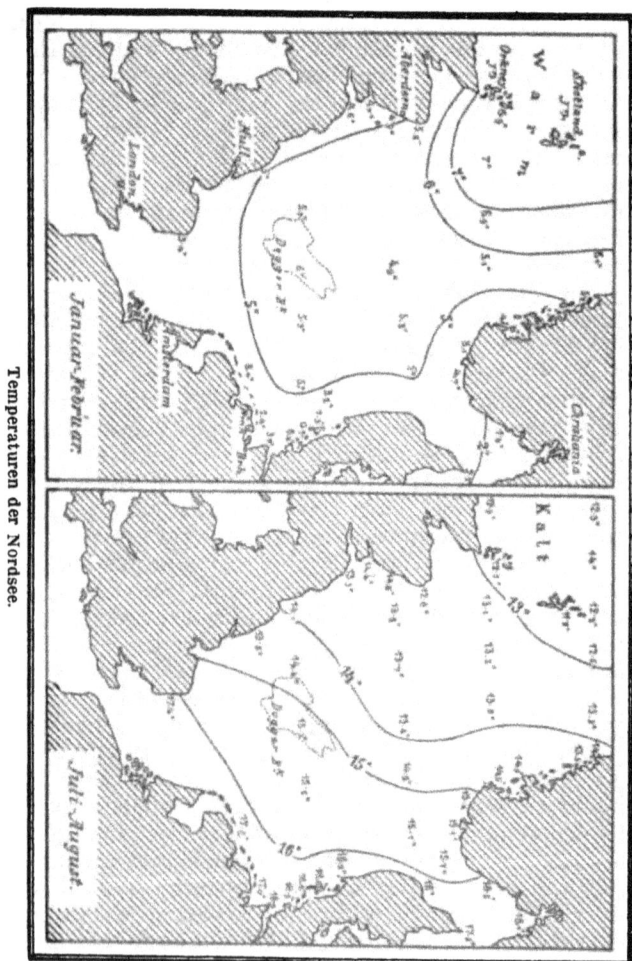

Fig. 57.

erkennbar ist. Diese Strömung trägt ozeanisches Wasser an der englischen Küste nach Süden und bewirkt daselbst verhältnismäßig geringe Schwankungen der Wasserwärme (jährliche Oscillation bei Scarborough nur 9[0]!). Die stagnierende Mitte dieses Stromringes aber liegt etwas nördlich von der Doggerbank, und dieser Raum bewahrt in der Tiefe bis in den Sommer hinein verhältnismäßig niedrige Temperaturen. Mitte August 1872 fand die Kieler Kommission an Bord S. M. S. Pommerania daselbst an der Oberfläche 15.6[0], dagegen von 27 m an bis zum Boden in 66 m nur 7.2[0], während sich südlich von der Doggerbank schon im Frühsommer das flachere Wasser bis auf den Grund hin schnell erwärmt, so daß man sagen kann, südlich der Doggerbank ist das Tiefenwasser in mehr als 40 m Tiefe im Sommer durchweg 9[0] wärmer als nördlich von der Bank. Im August ist auf dem Feuerschiff Außenjade die Temperatur an der Oberfläche 17.9[0], in 15 m Tiefe 17.6; dagegen im März an der Oberfläche 4.2[0], in der Tiefe 4.3[0], also um 0.1[0] wärmer. Hier zeigt sich also die Zufuhr wärmeren (aber salzigeren, also schwereren) Wassers in der Tiefe noch eben spürbar. Über das Verhalten des nördlichsten Teils der Nordsee hat H. N. Dickson in allen Jahreszeiten gute Beobachtungen beigebracht. Er fand die Temperaturen im Sommer an der Oberfläche etwas über 12[0], nach der Tiefe hin langsam abnehmend, in 50 m 10[0], in 200 m 9[0] und am Boden in 330 m 8.5[0]. Im Herbst, Winter und Frühling dagegen herrschen vollkommen gleiche Temperatur in allen Schichten, bei ebenfalls nahezu identischem Salzgehalt: im November (in 62[0] n. Br.) 9[0], im Februar (in 58[0] n. Br.) 5.4[0].

Die Ostsee zeigt noch extremere Schwankungen der Temperaturen als die südliche Nordsee in ihren flacheren westlichen Teilen und Küstengebieten. In der Kieler Bucht sind an der Oberfläche als äußerste Grenze — 1[0] und + 22.5[0], in 9 m Tiefe 0[0] und + 16.5[0], in 20 m 0[0] und + 14.5[0] beobachtet; und da der Salzgehalt in der Tiefe sehr viel beträchtlicher ist als an der Oberfläche, so nimmt im Winter die Temperatur normalerweise mit der Tiefe zu. In der Kieler Bucht (Friedrichsort) ist im Winter das Tiefenwasser in 29 *m* Tiefe durchschnittlich $2^1/_4^0$ wärmer als das Oberflächenwasser, in der Wismar'schen Bucht bei Poel (in 7·3 *m*) sogar 2·6⁰, und noch in Reval im Finnischen Golf 0·4⁰, im letzteren Falle bei nur 2·3 *m* Tiefe! Dagegen ist im Sommer das Tiefenwasser bei Friedrichsort um 9·8⁰ (im Juli allein 10·7⁰), in Poel 1·8⁰, in Reval 0·2⁰ kälter als die Oberflächenschicht.

Diesen Küstenpunkten sehr ähnlich verhält sich auch das ganze Gebiet der Beltsee, d. h. die Übergangsregion von der Nordsee bei Skagen bis zu der eigentlichen Verbreiterung der Ostsee bei Rügen. Auch in der Beltsee ist im Sommer das Wasser oben wärmer als unten, im Winter aber kälter als unten; nur nach starken Stürmen, die dieses meist nicht über 30 *m* tiefe Flachseegebiet bis zum Grunde aufwühlen, ist in allen Jahreszeiten schon vorübergehend gleiche Temperatur von oben bis unten gefunden worden. Die später noch zu erwähnenden Stromvorgänge stellen aber nach einigen ruhigen Tagen die normale Wärmeschichtung wieder her, indem stärker salziges Wasser am Grunde in die Ostsee hinein, schwach salziges an der Oberfläche hinausfließt. In der eigentlichen, offenen Ostsee, von Bornholm bis zu den Ålandinseln und in den Finnischen Golf hinein, erstrecken sich die jahreszeitlichen Schwankungen der Temperatur nicht über 60 *m* in die Tiefe: Sie spielen sich in einer 50 bis 60 *m* dicken Schicht von überall gleichem Salzgehalt von 7·5 Promille ab, in der sog. homohalinen Deckschicht. Diese ist im Sommer bis in 20 *m* Tiefe hin recht warm, bei Bornholm und Gotland nach ruhigem sonnigen Wetter 14⁰ bis 16⁰; weiter in die Tiefe nimmt die Temperatur sehr rasch ab, ist in 25 *m* nur noch 7⁰ bis 8⁰, in 40 *m* 4⁰ bis 5⁰ und in 50 *m* unter 2⁰, oft wenig über 0⁰. Im Herbst kühlt sich die Oberfläche ab, das Wasser wird dadurch schwerer, sinkt in die Tiefe und wird von wärmerem ersetzt, das aufsteigt, bis die ganze homohaline Deckschicht gleich temperiert ist: so haben schwedische Forscher sie im November 8·6⁰, im März 1·5⁰ warm gefunden. Unterhalb dieser Deckschicht liegt ruhiges Wasser, das von 100 *m*

Tiefe abwärts jahraus jahrein Temperaturen von ungefähr 3⁰ bis 4⁰ zeigt, mit etwa 12 bis 13 Promille Salzgehalt (bei Gotland). Die Ostsee ist also am kältesten am untersten Rande der Deckschicht, weil unter dieser, bei der Zunahme des Salzgehalts, zu schweres Wasser liegt, um noch in Austausch mit den oberen Schichten gelangen zu können. Die sommerliche Erwärmung dieser Deckschicht ist übrigens für das Klima der Ostseeküsten und Ostseeinseln sehr wichtig: sie wirkt im Winter wie eine Warmwasserheizung, die das Zufrieren der offenen Ostsee verhindert. Der lange milde Herbst auf Gotland ermöglicht dort den Anbau der Zuckerrübe und das Reifen von Wallnüssen, in den meisten Jahren sogar der Weintrauben. Wenn aber im Winter die Temperatur der Deckschicht bis auf 1·5⁰ abkühlt, so sind dabei nicht mehr die eben erwähnten vertikalen Verlagerungen der Wasserschichten durch zunehmende Schwere an der Oberfläche maßgebend, denn Seewasser von 7·5 Promille Salzgehalt hat sein Dichtigkeitsmaximum bei +2·5⁰; es muß also eine mechanische Durchmischung der Wasserschichten stattfinden, und zwar geschieht diese vorzugsweise durch die aufrührende Thätigkeit der Sturmwellen, daneben vielleicht auch durch das massenhafte Absterben des Planktons, wobei die in die Tiefe sinkenden winzigen Leichen etwas von der Oberflächentemperatur mit sich nehmen.

Im Bottnischen Golf ist die Oberfläche im Sommer entlang den Küsten ziemlich warm, in Haparanda öfter über 16⁰, dagegen nach der Mitte des Beckens hin merklich kälter, noch im Juli unter 6⁰; soweit hinaus reicht also die Wirkung des Flußwassers nicht. Die homohaline Deckschicht wird kaum erkennbar, sie ist nirgends über 10 m mächtig, und in der Tiefe von 30 m sind schon 1·7⁰, am Boden der bottnischen Wieck in 120 m von F. L. Ekman dem älteren 1877 nur 0·5⁰ gefunden (mit einem Salzgehalt von 4·7 Promille).

Im nördlichen Eismeer haben wir drei Gebiete nach ihrer verschiedenartigen Wärmeschichtung zu unterscheiden: das tiefe, großenteils eisfreie Becken des sog. „Europäischen Nordmeeres" zwischen Norwegen,

Grönland und Spitzbergen, das flachere und eisbedeckte Meer östlich vom Meridiane des norwegischen Nordkaps, dem die nordsibirische Flachsee ähnlich ist, und endlich das tiefe, von Nansen auf der Framfahrt entdeckte Becken nahe am Pol selbst.

Im Europäischen Nordmeer nimmt die Temperatur normaler Weise stetig bis zum Boden hin ab, so daß z. B. nach einer Messung Mohns im Juli 1877 die Temperatur an der Oberfläche 8·6⁰ betrug, dann weiter

$$100\,m \quad \text{noch} \quad 5^0,$$
$$1100\,m \quad \text{schon} \quad 0^0,$$
$$\text{am Boden in } 3130\,m \text{ aber } -1\cdot3^0.$$

Nansen fand im Sommer 1900 in derselben Gegend am Boden etwas weniger, nämlich — 1·15⁰ bis — 1·19⁰. In der Nähe der westlich von der Insel Jan Mayen treibenden Eisfelder aber ändert sich die Wärmeschichtung je nach der Jahreszeit. Im März und April ist nach Mohn in den obersten 75 bis 100 m die kälteste Schicht von — 2⁰ vorhanden, nach unten nimmt dann die Temperatur zu (in einem Falle in 290 m Tiefe bis zu +0·1⁰), wobei natürlich das Tiefenwasser auch einen erheblich größeren Salzgehalt besitzt. Schmilzt nun im Sommer das Eis, so lagert sich über das kalte Winterwasser eine sehr schwach salzige aber wärmere Schicht; dann nimmt die Temperatur von der Oberfläche erst ein wenig ab, aber weiter nach unten wieder zu: ein Verhalten, das sich auch unter dem Ostgrönlandstrom, in der Davisstraße, in der Beringsee und im Ochotskischen Meer, solange es Eis führt, wiederholt. Martin Knudsen und Otto Pettersson haben gezeigt, daß in dem Wasser, worin das ostgrönländische Treibeis schwimmt und abschmilzt, eine bedeutsame Stromzirkulation hervorgerufen wird: nicht nur steigt das Schmelzwasser entlang der Kante des Eises auf und zieht dabei Ersatz von der Seite, aus dem warmen Golfstromgebiet herbei, sondern auch das untergelagerte Wasser wird durch Berührung mit dem — 1·6⁰ kalten Treibeise abgekühlt und zum Absinken nach der Tiefe hin gebracht. Beachtet man außerdem, daß im Gebiet um Jan Mayen auch an der

Meeresoberfläche Wintertemperaturen von — 1·5⁰ vorkommen, so erklärt sich damit die kalte Bodenschicht
von nur — 1·2⁰, die die tiefe Nordmeermulde unter 3000 *m*
erfüllt, wie wir sie auch am Ostrande des Wyville-
Thomson-Rückens schon kennen gelernt haben (s. o.
S. 157). Entsprechend diesen Vorgängen ist auch der
Salzgehalt der eiskalten Bodenschicht um 0·4 Promille
niedriger als der der Oberfläche des Golfstromgebiets;
also ähnlich wie im nordwestatlantischen Becken. Westlich von Spitzbergen wird auch an der Oberfläche das
Golfstromwasser unter 5⁰ abgekühlt und trotz seines
Salzgehalts von 35·3 Promille damit schwerer, als das
arktische Wasser mit 0⁰ bis — 1⁰, aber nur 34·5 bis
35·0 Promille Salzgehalt: dann sinkt das warme Wasser
unter, und an der Oberfläche herrscht das arktische allein.

Etwas anders als im Europäischen Nordmeer fand
Weyprecht die Verhältnisse im flacheren Barentz-Meer
zwischen Nowaja Semlja und Franz Joseph-Land: dort
war im Winter in 50 *m* Tiefe eine Temperatur von — 2·1⁰,
in 310 *m* am Boden aber — 1·1⁰, also hier eine Zunahme
der Temperatur und selbstverständlich auch des Salzgehaltes. Dagegen nahm im Sommer die Temperatur
von 50 *m*, wo sie — 2·1⁰ geblieben war, ab bis — 2·2⁰
am Boden in 210 *m* Tiefe; dann hatte also die ganze
Wassersäule eine nahezu gleiche, aber sehr niedrige
Temperatur. Nach Weyprecht ergiebt sich als Mittel-
temperatur von der Oberfläche bis zum Boden

$$\text{im Sommer} \quad -2\cdot1^0,$$
$$\text{im Winter} \quad -1\cdot5^0.$$

Dieser Teil des Eismeeres hat also im Winter wär-
meres Wasser als im Sommer. Weyprecht hat dieses para-
doxe Verhalten dadurch zu erklären versucht, daß er in
diesem verhältnismäßig flachen Meer im Sommer die großen Mengen von Schmelzwasser, welche aus den sibirischen Strömen herstammen, alles beherrschen läßt: diese
bewirken ein höheres Niveau des Meeres und verdrängen
die salzigeren, aber wärmeren, aus dem norwegischen
Meer vordringenden Tiefenschichten. Im Winter dagegen können diese, die äußersten Ausläufer des Golf-

stroms, sich unter dem Eise nach Osten hin ausbreiten, denn nun fehlen die sie zurückdrängenden Schmelzwassermassen.

Diese mächtig entwickelte eiskalte Schmelzwasserschicht nordasiatischen Ursprungs spielt nun eine bedeutende Rolle in dem tiefen centralen Polarbecken. Hier sah Nansen unter einer nur im Sommer auftretenden ganz oberflächlichen Schicht von 2 m Dicke mit $+ 1^0$ Wärme die Temperaturen sofort unter $- 1^0$ sinken, mit einem Minimum von $- 1 \cdot 5^0$ in rund 70 m Tiefe, worauf sie zwar langsam anstieg, aber erst in 200 m über 0^0 erreichte. Diese eisige Deckschicht ist im Wesentlichen identisch mit dem von Weyprecht nördlich von Nowaja Semlja beschriebenen kalten Wasser. Darunter folgt nun in der polaren Tiefsee von 200 bis 800 m, also mit 600 m Mächtigkeit, eine relativ warme Zwischenschicht, wo die Thermometer durchweg über 0^0 zeigten, mit einem Maximum von $+ 0 \cdot 5^0$ bis $+ 0 \cdot 9^0$ bei rund 300 m. Unterhalb von 820 m aber sank die Temperatur von Neuem unter 0^0, hatte (am 17. August 1894 in 81^0 6' n. Br., 128^0 0' ö. L.) ihr Minimum mit $- 0 \cdot 79^0$ in 2900 m, worauf sie zum Boden hin noch wieder um eine Kleinigkeit stieg: in 3800 m waren es $- 0 \cdot 68^0$. Die über 0^0 temperierte Zwischenschicht wird von Nansen als submarine Fortsetzung des Golfstroms angesehen; und da dieses wärmere salzige Wasser von dem Treibeis durch jene rund 200 m mächtige Deckschicht schwachsalzigen Wassers getrennt ist, kann hier nicht, wie beim Ostgrönlandstrom, eine weitere Abkühlung stattfinden. Wenn nun am Boden eine Temperatur von $- 0 \cdot 7^0$ gefunden wird, statt $- 1 \cdot 2^0$ im Nordmeerbecken, so schließt Nansen hieraus, daß das centrale Polarbecken durch eine unterseeische Schwelle zwischen Spitzbergen und Ostgrönland abgeschlossen sein müsse. In der That lassen einige Tiefseelotungen in dieser Gegend diese Vermutung als richtig erkennen, abgesehen davon, daß schon die Bodentemperaturen, nach der Analogie der abgeschlossenen Mulden aller großen Mittelmeere, diese Schwelle geradezu als unabweislich fordern. Otto Pettersson hat dazu mit Recht

bemerkt, daß darnach das eigentliche Schlachtfeld
zwischen arktischem und tropischem Wasser im Europäischen Nordmeer bei Jan Mayen läge, wo, je nach
den meteorologischen Verhältnissen, bald die Wassermassen des Polarstroms, bald die des Golfstroms an
Feld gewinnen, beide sich aber im Ganzen das Gleichgewicht halten.

Der Wärmeschichtung des centralen Polbeckens
ist übrigens die der hohen südlichen Breiten innerhalb
des Treibeises ganz ähnlich, wie schon die unvollkommenen Messungen des Challenger erkennen ließen,
nun aber durch die sorgfältigen Beobachtungen der
deutschen Tiefsee-Expedition zuverlässig erwiesen ist.
Gerhard Schott berichtet, daß die oberste Schmelzwasserschicht mit einer mittleren Temperatur von
etwa — 1·5⁰ bis 160 m Tiefe hin reichte, dann die wärmere
Zwischenschicht bis 1500 m hinab mit Temperaturen
durchweg über 0⁰, mit dem Maximum von etwas
über + 0·8⁰ in 900 m, folgte, und dann die kalte Grund-
schicht etwas unter 0⁰ bis zum Boden hin herrschte,
wobei sich aber noch in 4000 m Tiefe — 0·2⁰, in 5000 m
— 0·5⁰ fanden. Hier haben die gleichen Ursachen die
gleichen Wirkungen: das schwere ozeanische Wasser
kann nicht in Berührung mit dem Treibeis und der
antarktischen Winterluft kommen, da sich die leichte
Schmelzwasserschicht als schirmende Decke dazwischen
schiebt; nur die riesigen Eisberge ragen mit ihrem
Fuß durch diese Deckschicht hindurch.

3. Die Eisverhältnisse.

Schon die letzten Betrachtungen führten uns in
die Polargegenden der Erde und zeigten uns die tief
und weit reichenden Wirkungen der Eismassen, welche
große Flächen der arktischen und antarktischen Räume
beherrschen.

Das im Meere vorkommende Eis ist dreierlei Art,
Süßwassereis, Gletschereis und Feldeis, wovon nur das
letztere aus gefrorenem Meerwasser besteht. Diese Eis-
arten unterscheiden sich leicht durch ihre feinere Struktur.
Zwar bilden sie alle beim Auftauen der Oberfläche

Fig. 58.

Dampfer Valdivia der deutschen Tiefsee-Expedition.

Körner von Erbsen- bis Kartoffelgröße; aber die Körner
des Süßwassereises bestehen aus Plättchenbündeln, die
parallel zum Wasserspiegel gerichtet sind, während die
des Meereises senkrecht dagegen und die des Gletscher-
eises in allen möglichen Winkeln orientiert sind. So
kann der Polarfahrer unter der Lupe jedem Stück Eis,
das er trifft, seinen Ursprung nachweisen.

Süßwassereis wird nur in einigen Teilen des Nord-
polarmeeres gefunden, so im Karischen Meer, der
Barentz-See nördlich von Nowaja Semlja und bei den
sibirischen Küsten: es wird durch die auftauenden
großen Flüsse Sibiriens und Nordrußlands in jedem
Frühjahr nach mächtigem Eisgange in die See hinaus-
geführt, wo es durch seine krystallhelle grünliche Farbe,
große Härte und Sprödigkeit von dem Feldeise des
Meeres leicht zu unterscheiden ist. Die norwegischen
Walroß- und Robbenjäger, welche mit ihren kleinen
starken und flinken Yachten diese Meere durchstreifen,
gehen auch den kleinsten Stücken dieses scharfen Eises
aus dem Wege, während sie Zusammenstöße mit dem
mürberen Feldeise keineswegs scheuen.

Das Gletschereis liefert die imposantesten Eis-
bildungen der arktischen Meere, die großen Eisberge.

Ihre Geburtsstätte liegt in den schnee- und firnerfüllten Thälern und Mulden der hohen Landflächen, die im arktischen Gebiet in Grönland, Spitzbergen, Franz-Josephs-Land stellenweise fast alpinen Charakter annehmen. Namentlich ist das ganze innere Grönland als ein großes Firngebiet aufzufassen, welches seine Gletscherzungen an die Küsten herunterschiebt und in den Fjorden bis in die See hineinragen läßt. Da die Gletscher auch im Winter in steter Vorwärtsbewegung bleiben, so brechen die vordersten Enden derselben durch den Auftrieb des Wassers ab und werden alsdann durch Strom und Wind von den Küsten hinweggeführt, weithin von ihrem Entstehungsorte. Die arktischen Eisberge sind also nichts als abgebrochene Gletscherköpfe. So bringen sie auch alle Kennzeichen des Gletscher-

Fig. 59.

Eisbildung.

eises mit sich, zeigen eine gewisse Schichtung, sind beladen, besonders an ihrer ursprünglichen Unterseite, mit Steinen und Schutt, zeigen zahlreiche Spalten, die den zerstörenden Kräften geeignete Angriffspunkte gewähren. In wärmere Breiten getrieben, zerfällt der große Berg mehr und mehr, die Kraft der Sonne schmilzt ihn in der Luft, das wärmere Wasser in seinem untergetauchten Teile, der Seegang nagt unaufhörlich an seinen Flanken, und Regengüsse spülen vertiefend durch seine Spalten. So stellen sich diese treibenden Eisberge bisweilen in wunderlichen, grottesken Formen dar, bald turmartig steil in Zinken und Zacken sich erhebend, jederzeit mit drohendem Einsturz oder Umsturz die Annäherung der Schiffe gefährdend, bald mit ganzen Gallerien von hängenden Zapfen malerisch umkränzt. Der stets wechselnde Anblick dieser von schräg einfallendem und mannigfach gefärbten Licht des ununterbrochenen arktischen Sommertages beleuchteten Eiskolosse wird von allen Polarforschern einstimmig als unvergleichlich reizvoll geschildert. Doch sind die Höhen dieser Eismassen über dem Meeresspiegel vielfach überschätzt worden; Berge von 300 oder 500 m Höhe kommen in den nördlichen Meeren niemals vor. Schon Rink hat für die grönländischen Eisriesen eine durchschnittliche Höhe von nur 70 m über dem Meeresspiegel angegeben, und Erich von Drygalski konnte das durchaus bestätigen: der höchste von ihm sicher gemessene Berg hatte nur 137 m, ein andrer, bei nebliger Luft, also weniger zuverlässig, 195 m; solche über 100 m waren keineswegs häufig.

Da diese Berge von Eis aus einem Stoffe bestehen, dessen spezifisches Gewicht nur ein wenig geringer ist[*]) als das des Seewassers, in dem sie schwimmen, so befindet sich ihre Hauptmasse stets unter dem Wasser. Beständen sie ganz aus massivem und homogenem Eise, so würde etwa nur ein Achtel ihres Gewichts über das Wasser hinausragen dürfen, sieben

---

[*]) Schon Scoresby (1820) bestimmte das specifische Gewicht desselben zu 0·915.

Achtel also eingetaucht sein. Aber die Porosität und damit der Luftgehalt des Firneises wird zur Folge haben, daß dieses letztere Maß auf mindestens vier Fünftel, oft drei Viertel zu erniedrigen ist. Wegen dieses erheblichen Tiefganges sind die großen Berge von den Winden unabhängiger als die kleineren Brocken und Schollen; sie werden daher durch die stetigeren Meeresströmungen tausende von Kilometern südwärts geführt, so entlang der Ostküste Grönlands, der Ostküste Davislands und Labradors, hier südlich der großen Neufundlandbank bisweilen den 40. Breitengrad nach Süden überschreitend.

Das Meerwasser selbst gefriert desto schneller, je niedriger sein Salzgehalt ist. So werden die schleswigschen Buchten der Ostsee sich früher bei gleicher Temperaturerniedrigung mit Eis bedecken als die gegenüberliegenden Watten der Nordsee. Für die arktischen Meeresgebiete gilt eine Temperatur von mindestens — 2·5⁰ als Bedingung des Gefrierens.

Der Vorgang des Gefrierens ist mehrfach beschrieben worden. Nach Prof. Börgen, dem bekannten Mitglied der Koldeweyschen Expedition nach Ostgrönland (1869 und 1870), geht dieses in der Weise vor sich, daß zuerst einzelne Nadeln zusammenschießen, die zuerst gar keinen Zusammenhang haben, dann aber einen dicken Brei bilden und endlich sich zu einer Eisdecke vereinigen; ein Schneefall begünstigt diesen Vorgang besonders. Die erste Decke ist biegsam wie Leder, so daß sie bei einer Dicke von einem Centimeter den Seegang, wenn auch gedämpft, in schön gerundeten Wellen fortpflanzt, ohne dadurch zu zerreißen. Diese Biegsamkeit und Plastizität ist auch bei dickerem frischem Eise noch vorhanden. Weyprecht vermochte die teigartig weiche Decke mit einem Stabe zu durchstoßen, und der Fuß des darüber hin Schreitenden hinterließ wie im Lehm tief eingeprägte Spuren. Gefriert das Meerwasser schnell, wie es der Fall ist, wenn bei sehr großer Kälte das Eis zerspringt und in den Spalten das Wasser empordringt, so wird beim Erstarren desselben fast alles Salz in dem Eise eingeschlossen; gewöhnlich vollzieht sich dieser Prozeß jedoch langsamer, so daß nur ·eine Oberflächenschicht von ein paar Centimeter stärker salziges Eis liefert, das tiefer liegende Eis dagegen nur wenig davon einschließt; immerhin enthielt grönländisches Fjordeis nach Erich von Drygalskis Messungen beim Schmelzen doch bis zu fünf Promille Salz, und nach demselben Forscher ist dieser Salzbeimengung die mehr oder weniger auffallende Biegsamkeit des Jungeises zuzuschreiben. Im Allgemeinen wird das Salz im Momente des Gefrierens von den Wasserteilchen ausgeschieden und an die tiefer gelegenen abgegeben, deren Salzgehalt so sich steigert. Damit werden sie aber auch schwerer gefrierbar, außerdem werden sie beim Wachsen der schlecht leitenden Eisdecke von der Berührung mit der kalten Luft mehr und mehr geschützt. So kommt es, daß im Polarmeer das Eis nicht bis ins Unendliche wächst, sondern daß es schließlich eine Maximaldicke für dasselbe geben wird, welche in einem Winter erreichbar scheint, mag die Lufttemperatur noch so tief sinken. In der That haben die Beobachtungen an den verschiedensten Stellen des nördlichen Eismeeres dies bestätigt und ergeben, daß diese Maximaldicke auf 2 bis $2^{1}/_{2}$ m anzusetzen ist. Im Sommer tauen solche einwinterigen Schollen auf, zerspringen in kleinere Stücke, frieren mit anderen wieder zusammen, werden durch Stürme hin und her getrieben, aneinander gepreßt, übereinander getürmt, durch die Wellen, die an ihnen branden, aufgerollt und so erheblich verändert und umgestaltet. Selten haben darum die Schollen oder Flarden eine Oberfläche, die eben zu nennen wäre; immer ist sie mit einem ·Gewirr von Höckern und Klippen bedeckt, in denen der Schnee sich fängt und die den Schlittenreisenden den Weg sehr beschwerlich machen. Im Sibirischen Eismeer heißen diese Unebenheiten Tarossen. Diese bieten aber auch dem Winde eine Fläche dar, auf welche drückend er die Schollen vor sich hertreibt. Großartig ist der Anblick solcher Schollen, wenn sie vor dem darüberhin fegenden Nordsturm einhersegeln, in wirrer Bahn, bald sich drehend, bald stoßend, bald von unwiderstehlicher Pressung

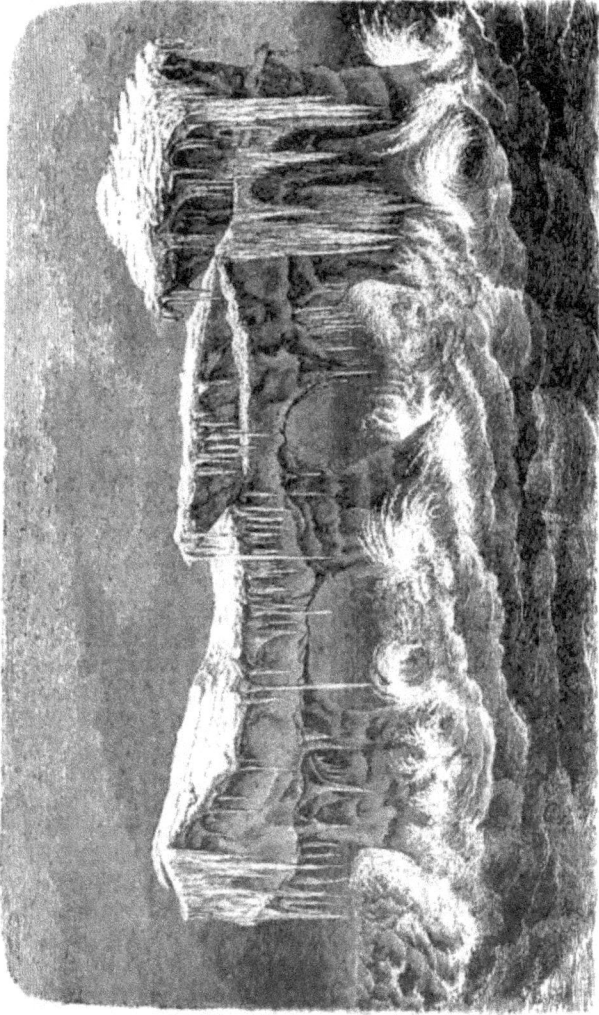

Eisbildung.

knirschend und krachend, auf den trägeren Nachbar
geschoben und getürmt. Holen sie in dieser schnellen
Fahrt (nach einer Messung von Scoresby im Jahre 1804
bis 4 Sm. in der Stunde oder 2 *m* in der Sekunde!)
einen Eisberg ein, so teilen sich ihre lockeren Massen
aufbäumend und zersplitternd an ihm und bereiten dem
unkundigen Auge die Täuschung, als ob der Berg, mit
Riesengewalt nach Norden dringend, die widerstehenden
Schollen durchbräche.

Beginnen dann die Frosttage des Herbstes, so
frieren die Schollen zusammen und kommen an den
Küsten zum Stehen. In den Straßen des Parry-Archipels
im Norden von Amerika, besonders aber im Norden
vom Smithsund und Robeson-Kanal, werden die Schollen
und Felder jahrelang nur wenig von der Stelle bewegt,
in manchen Sommern vielleicht überhaupt ganz festgefroren bleiben. Dort fand denn auch die britische
Nordpolexpedition unter Sir George Nares wahrhaft
kolossale, die Spuren hohen Alters zur Schau tragende
Aufhäufungen von solchen Schollen, die vielfach eisberg-
artig hoch (40 bis 50 *m*) übereinander geschoben waren
(s. Abbildung S. 179). Daher die englischen Forscher
diesem Meere säkulärer Eismassen den Namen des
„paläokrystischen“ oder „Ureis“ führenden beilegten.
Auch Weyprecht konnte, während sein Schiff Tegetthof
festgefroren im Eise lag und in der Barentz-See nordwärts trieb, feststellen, daß dieses Packeis aus drei Stock-
werken übereinander bestand, deren oberstes bis 3 *m*,
zweites von $3^1/_2$ bis 7, drittes bis 9 *m* Tiefe einnahm;
in den Zwischenräumen war Seewasser.

Am höchsten und stärksten sind die Schollen, am
festesten fügen sie sich aneinander in den innersten
Teilen des Nordmeeres, in denen sich auch Fridtjof
Nansens denkwürdige Expedition abgespielt hat. Diese
alten Bildungen allein hat man ursprünglich mit dem
Namen Packeis benannt; vielfach bezeichnet man aber
auch überhaupt größere Massen von Meereis so, wenn
sie in der Nähe der Küsten vorkommen und auf absehbare
Strecken hin den Schiffen keinen Durchpaß gestatten.

Das Feldeis ist mürbe und locker, schon weil es

Fig. 61.

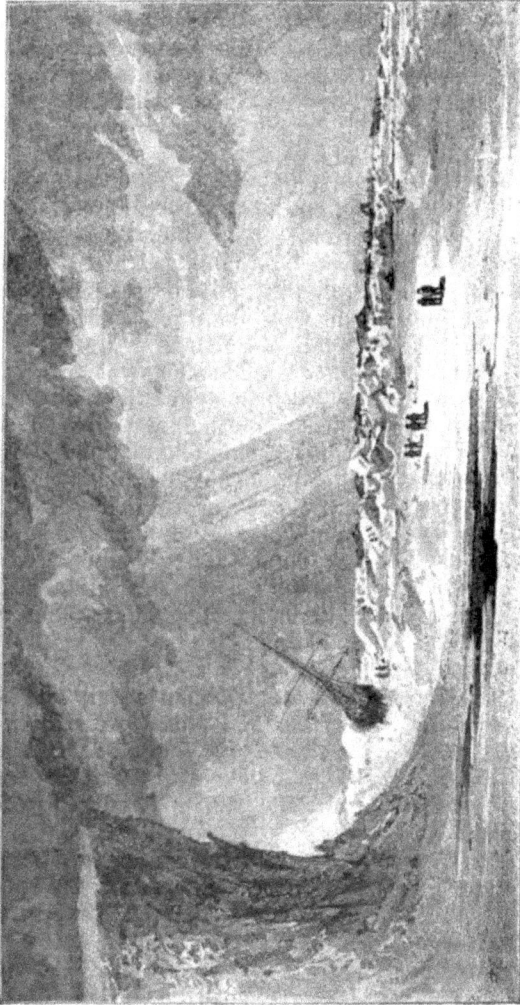

Packeis an der Küste von Nordwest-Grönland (nach Kane).

zum guten Teil aus Lagen von Schnee besteht; daher erliegt es den zerstörenden Einwirkungen des arktischen Sommers noch schneller als das Gletschereis. Doch auch im Winter verringert sich das Volumen des Eises an seiner Oberfläche, indem auch dann die Verdunstung nicht ganz aufgehoben ist; Weyprecht fand, daß ein im Freien aufgestellter Eiswürfel in der Zeit vom 1. Oktober bis 17. Mai über die Hälfte seines Gewichtes, durch Verdunstung an seiner Oberfläche, einbüßte.

Sind größere Flächen im Sommer solcher Verdunstung ausgesetzt, so bleibt das den Schollen ursprünglich beigemengte Salz, das ja nicht mit verdunstet, zurück und bildet alsdann die schlüpfrigen, schwer passierbaren und mit Recht von den Schlittenreisenden gefürchteten Flächen von „Schmiereis".

Bisweilen kommen auch Schollen von riesigen Dimensionen in verhältnismäßig niedrigen Breiten noch vor. Clavering fand 1823 nördlich von der Dänemarkstraße eine solche von 60 Sm. oder 110 km Länge. — Den Polarfahrern, die durch diese treibenden Schollen hindurch ihren Pfad suchen, verraten sich die größeren Eisflächen schon in der Ferne durch den weißen Schein, mit dem sie die Luft darüber erhellen, den sog. „Eisblink", während offenes Wasser den Himmel dunkel läßt; dieser „Wasserhimmel" zeigt ihnen dann die einzuschlagende Fahrtrichtung.

Wegen ihrer geringen Widerstandsfähigkeit treiben diese Schollen bei weitem nicht in so niedrige Breiten hinab wie die unvergleichlich massigeren Eisberge. In den Meeren der südlichen Halbkugel aber herrschen die Eisberge überhaupt, auch erreichen sie dort eine Größe und Häufigkeit, wie sie im Nordpolargebiet unerhört sind.

Von diesen antarktischen Eisbergen hatte schon G. Forster vor 125 Jahren als merkwürdig hervorgehoben, daß sie vielfach als an ihrer Oberfläche ebene und im Ganzen tafelförmige Gebilde aufzutreten pflegen. James Clark Ross und Wilkes (um 1840) wie die Challenger-Expedition (1876) und die Deutsche Tiefsee-Expedition (1899) haben diese Beobachtung nur im vollsten Maße

bestätigen können: der normale Eisberg der hohen südlichen Breiten ist sehr regelmäßig geformt, oben flach,
mit senkrechten Seiten, dabei meist von enormer Grund-

Fig. 62.

Neugebildete „Eisberge" am Ausgange des Robeson-Kanals. Winter 1875—76.

fläche. Es sind wahre Eisinseln: solche von 1 bis 2000 m
Durchmesser, also von der Größe Helgolands, ganz gewöhnlich. Viele der kleineren gleichen schwimmenden

12*

Würfeln. (Fig. 63.) Die stürmische See tobt an ihrer Luvseite mit gewaltiger Brandung wie an einem hohen Felsgestade; an der Leeseite sammeln sich abgelöste Bruchstücke an. Merkwürdig ist nun, daß diese antarktischen Berge in den Breiten jenseits 60° s. Br., wo sie durch Abschmelzen noch wenig gelitten haben, als Tafeln von 50, 60, seltener sogar bis 80 *m* Höhe über See aufragen. Schon durch diese Dimensionen sind ihre

Fig. 63.

Antarktischer Eisberg, nach Chun (an der linken Kante eine hohe Brandungswelle.)

Beziehungen zu dem antarktischen Landeis angedeutet, einer Bildung von einziger Großartigkeit, der auf der nördlichen Hemisphäre nichts Ähnliches gegenüber zu stellen ist, die aber wahrscheinlich zur sog. Eiszeit einst auch dort vorhanden war.

Diejenigen Forschungsexpeditionen nämlich, welche, wie Wilkes und J. C. Ross, am weitesten in die antarktischen Räume vorgedrungen sind, sahen sich schließlich aufgehalten durch eine hunderte von Seemeilen lang

unabsehbar in derselben Beschaffenheit sich hinziehende
senkrechte Eismauer, die 50 *m* Höhe fast durchweg
übersteigt und wie glatt abgeschnitten, ohne Spalte,
ohne Vorsprung endigt (Fig. 64). Nur einmal vermochte
Ross vom Großtopp seines Schiffes aus auf die obere
Fläche der daselbst nur 46 *m* hohen Eiswand hinauf-
zusehen, sie erschien ganz glatt und glich mit ihrer
frischen Schneelage einer unermeßlichen Ebene von gefrorenem Silber. Immer zeigt die Eiswand eine deutliche
horizontale Schichtung, und von oben nach unten nehmen
die Schichten an Dicke ab, so daß die untersten durch
den Druck der darüber lastenden zusammengepreßt erscheinen. An einigen von Ross untersuchten Stellen
scheint diese Eismauer auf dem Meeresboden festzuliegen,
an vielen andern Stellen war dies aber entschieden
nicht der Fall. So fand er am 23. Februar 1842 in
77° 49′ s. Br., 163° 36′ w. L. in einem Abstande von
$1^1/_2$ Sm. oder 2800 *m* vor der ausnahmweise nur 23*m* hohen
Eismauer eine Tiefe von 530 *m*, wobei also der unter
Wasser befindliche Teil der Eismasse schwerlich auf
mehr als 200 *m* zu veranschlagen war.

Aus den vorliegenden Nachrichten, so unvollständig
sie auch sein mögen, läßt sich doch als höchst wahrscheinlich folgern, daß wohl der ganze Südpolarraum
von einer zusammenhängenden Eisdecke überlagert ist,
welche jedenfalls größtenteils eine festländische Basis
zur Unterlage hat. Land ist jenseits des Südpolarkreises
mehrfach mit Sicherheit gesehen worden, James Ross
vermochte ja Berge von Montblanchöhe in dem von
ihm entdeckten Viktorialand zu beschreiben, und Beweise,
daß die schwimmenden Eistafeln an ihrer Unterseite
regelmäßig durch eingefrorene Steine und Schutt belastet
sind, giebt es bei Ross und Wilkes in großer Zahl. So
erzählt Ross: „Während ich einen Aufnahmewinkel (an
der Küste von Viktorialand) maß, erschien eine Insel,
die ich vorher nicht bemerkt hatte und von der ich
gewiß wußte, daß sie vor zwei oder drei Stunden noch
nicht sichtbar gewesen war. Sie hatte über 30 *m* Höhe
und der Gipfel und die Ostseite waren ganz frei von
Schnee. Als ich meine Überraschung darüber äußerte,

bemerkte einer der Offiziere, daß ein großer Eisberg,
den wir früher beobachtet hatten, verschwunden sei oder
vielmehr sich umgewälzt habe, so daß er jetzt eine neue
Seite mit Erde und Steinen bedeckt zeige, welche den
Berg einer neuen Insel täuschend ähnlich machten;
übrigens war bei genauer Beobachtung noch ein
schwaches Schwanken der Masse bemerklich."

Diese kolossale Eiskappe, mit welcher eine allem
organischen Leben feindliche Natur eine Fläche halb
so groß wie Afrika wie mit einem Leichentuch verhüllt
hält, wächst wie ein großer Gletscher aus dem Innern des
antarktischen Raumes nach allen Richtungen hinaus. Sowie der äußere Saum in tieferem Wasser zum Schwimmen
kommt und sein Auftrieb stärker wird als die Festigkeit
des Eises, bricht er ab und liefert so jene kolossalen tafel-
förmigen Eisinseln, welche für die südlichen Meere so
charakteristisch sind. Diese Eisberge zeigen, wie die
Gletschermauer selbst, an ihrer Oberfläche jenes Lager
blendendweißen Schnees, dann ebenso eine deutliche
Schichtung, die sich schon von fern her durch die nach
unten hin zunehmende blaue Färbung verrät.

In den offenen Meeresflächen jener Breiten, welche
durch heftige Stürme fast ununterbrochen bewegt werden,
kommt es nur in den höchsten Breiten, namentlich dicht
an der Eismauer zur Ausbildung von Meereis; aber auch
dieses wird durch den kräftigen, nimmer rastenden Seegang stets in kleinen Dimensionen gehalten; große
unabsehbare Felder von geschlossenem Packeis, wie sie
im Nordpolarraum so gewöhnlich sind, hat man in jenen
südlichen Meeren nur in Landnähe angetroffen. So kommt
es, daß nur Entdeckungsexpeditionen antarktisches Feldeis kennen lernten, während die Eismassen, welche
gelegentlich auf den großen Segelstraßen südlich von
40° s. Br. von den Handelsschiffen getroffen werden,
ausnahmslos Tafelberge oder doch Ruinen oder Trümmer
von solchen sind.

Die Karten in Polarprojektion (S. 186 und 187) zeigen
die äquatorialen Grenzen des Treibeises in beiden Hemisphären. Auf der nördlichen ist das Hauptgebiet desselben
die Davisstraße, der Labradorstrom, dann der Ostgrön-

landstrom und das Meer östlich von Spitzbergen und
Nowaja Semlja. Die Beringsee ist in ihren nördlichsten
Teilen zu flach, das anliegende Land zu niedrig, um
erhebliche Eismassen zu liefern; so kommt nur winter-
liches Feldeis von geringfügigen Dimensionen dort und
im Ochotskischen Meere in Betracht. Im Bereiche des
letzteren entsteht es vorzugsweise in den nördlichen
Buchten (Penschina- und Gischiga-Bai), von wo es im
Frühling südwärts treibt und sich bis in den Juli hinein
bei den Schantar-Inseln nördlich von der Amurmündung
erhält.

Außerhalb der eingezeichneten Linie sind Eisberge
nur sehr seltene Gäste. Den europäischen Küsten bleiben
sie immer fremd, auch vom Nordkap hält sie der warme
Golfstrom fern. Es war ein unerhörter und seitdem nicht
wiedergekehrter Fall, daß Kapitän James Ross im
Jahre 1836 zwei große Eisberge in der kalten Rinne
am Wyville-Thomson-Rücken (61⁰ n. Br., 6⁰ w. L.)
erblickte. An der Südküste von Island sind Eisberge
nur im Mai 1826 und 1859 gesichtet worden. In der
Gegend der Neufundlandbänke sind ihre äußersten
Punkte im Jahre 1890 verzeichnet worden: nach Süden
hin gelangte damals ein Eisberg bis (angeblich) 36⁰ 49'
n. Br. in 42⁰ 18' w. L., also mitten in das Gebiet des
Floridastroms; nach Osten aber bis in 46$\frac{1}{2}$⁰ n. Br.,
28$\frac{1}{2}$⁰ w. L.; ja noch in 49⁰ n. Br., 24$\frac{1}{2}$⁰ w. L. hat
der Hamburger Dampfer Slavonia (am 10. Juli) eine
Eisscholle von 2 *m* Länge gefunden: nur 550 Sm. oder
kaum zwei Tagereisen von der Küste Irlands entfernt.

Das Kärtchen auf S. 188 (Fig. 67) giebt nach einer
von der Seewarte für den Gebrauch der Hamburger
und Bremer Dampferkapitäne seinerzeit entworfenen
Zusammenstellung einen Überblick über die mächtigen
Eismassen, welche im Frühsommer 1882 im Osten und
Südosten der Neufundlandbank aufgetreten waren. Es
war kein übermäßig eisreiches Jahr, und das Bild verdeutlicht aus den eingetragenen Linien der Wassertemperaturen, wie hier der Hauptstrom des Eises und
des Schmelzwassers am Ostrande der Bank entlang führt.
Am 24. Mai 1882 passierte ein nach Newyork bestimmter

deutscher Postdampfer während 24 Stunden hier nicht
weniger als 351 Berge der verschiedensten Größe. —

F

Die anta

Auf einer zweiten Karte (Fig. 66) ist das süd-
hemisphärische Treibeis zur Darstellung gebracht. Die

äußere punktierte Linie umschreibt die Räume, in denen
überhaupt Eisberge gesichtet worden sind, die innere

64.

ie Eismauer.

gestrichelte Linie dagegen das eisreichere Gebiet, wo
Eisberge häufig vorkommen. Interessant und nicht ohne

Berufung auf einen warmen Meeresstrom zu erklären
ist die Eisfreiheit des Meeres um die Kerguelen-Insel
im südlichen Indischen Ozean. — Die äußere Zone wird
nur in sogenannten Eisjahren von Eisbergen besucht.
Diese folgen sehr unregelmäßig und in großen Zwischenräumen aufeinander, und lassen alsdann Eis in Breiten
vordringen, welche auf der nördlichen Hemisphäre nie-

Fig. 65.

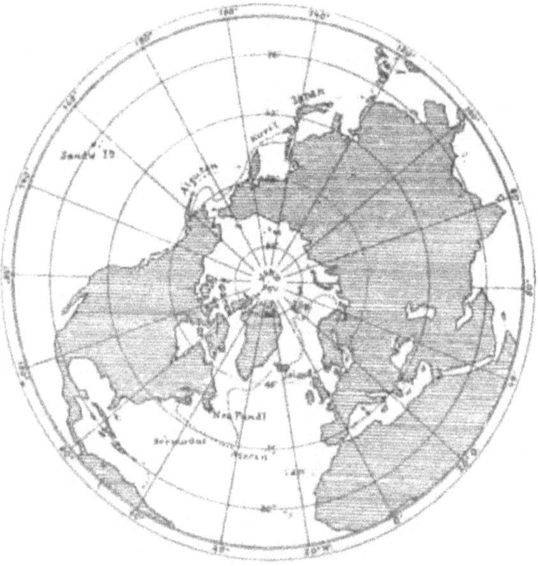

Nordpolkarte.

mals von solchem berührt werden. Es sind Natur-
erscheinungen von besonderer Großartigkeit, denen sich
auch der kühnste Schiffer machtlos gegenüber gestellt
sieht. Solche Eisjahre waren im 19. Jahrhundert: 1834,
der Sommer 1839 zu 1840, 1844, 1850, 1855 zu 1856,
1867, 1868 zu 1869 und 1878 zu 1879; dann auch 1892
und 1893. Unter diesen ergab zunächst der Sommer 1855
zu 1856 besonders niedrige Breitenpositionen; sowohl im

Indischen wie im Pazifischen Ozean wurde damals von
den Eisinseln der 40.^{0} s. Br. überschritten und in Sicht
des Kap Agulhas, der Südspitze Afrikas, mit 34$^3/_4$^{0} s. Br.
die niedrigste Breite erreicht, die jemals von Eisbergen
bisher berührt wurde: sie würde auf der nördlichen
Hemisphäre zwischen der von Gibraltar und Madeira
die Mitte halten. Nächstdem brachten die Jahre 1892
und 1893 besonders großartige Ausbrüche antarktischen

Fig. 66.

Südpolkarte.

Eises. Drei kolossale Massentriften folgten aufeinander
und beunruhigten die um Kap Horn zurückkehrenden
Segler im Südatlantischen Ozean. Die erste dauerte
von April bis Oktober 1892 und machte sich besonders
bei 42^0 s. Br. und 34^0 w. Lg. lästig: wie eine gewaltige
Phalanx im Winkel aufmarschiert, mit der Spitze nach
Osten, die Schenkel 70 Sm. lang, undurchdringlich für
die Segelschiffe, lag sie dort. Später breitete sich das
Eis mehr aus, zerstreute Berge kamen bis 37^0 s. Br.
nach Norden und 15^0 w. Lg. nach Osten. Einzelne

Schiffe hatten sich auf Strecken von 300 Sm. ihren
Weg mühsam zwischen den Eisinseln in Sturm oder
Nebel zu suchen; einige Berge hatten 10 Sm. Länge
und viele über 100 *m* Höhe. Die zweite und dritte Trift
betrafen mehr die Gegend östlich von den Falkland-
inseln in der Zeit vom Januar bis Juli 1893 und vom

Fig. 67.

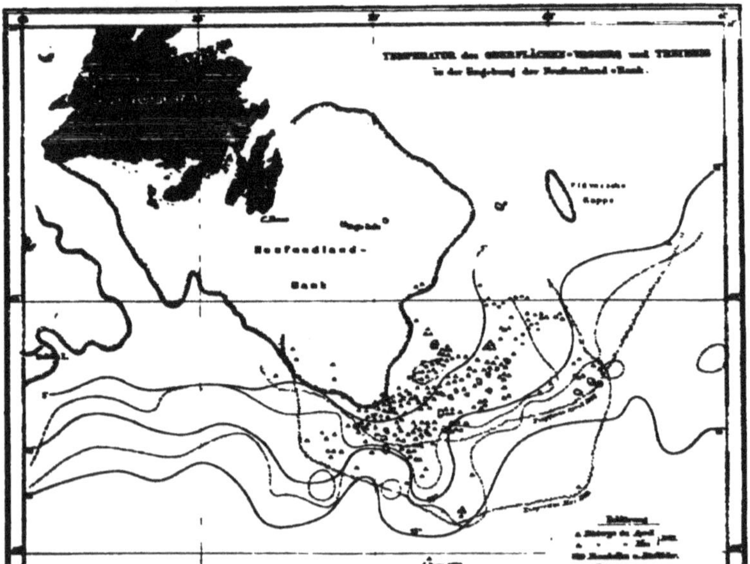

September 1893 bis Januar 1894. Hier wurden noch
größere Eisinseln gesichtet als je vorher: Höhen von
200 *m* und Längen von 15 bis 20 Sm., gleich der Insel
Bornholm oder Wight! Von 50° s. Br., 50° w. Lg. an,
in einer festgeschlossenen Mauer von 150 Sm. Länge,
mit der Front nach Nordosten, versperrten sie den Weg,
und viele Schiffe kamen damals zu schaden oder gingen

mit Mann und Maus verloren. Diese Eisausbrüche rückten dann in den Indischen Ozean vor, wo sie 1894 noch störend genug wurden. Die Ursachen, welche abwechselnd bald reiche, bald spärlichere Ablösungen von Eisbergen von der antarktischen Eismauer bedingen, sind uns noch völlig unbekannt. Ob klimatische Ursachen allein ausreichend sind, dies zu erklären, mag dahingestellt bleiben, man könnte eher an gewaltsamere Vorgänge denken, anknüpfend an die vulkanischen Erscheinungen jener antarktischen Räume oder an die Fernwirkung jener großartigen Seebeben, welche weit mehr als die halbe Wasserdecke der Erde in Schwingungen versetzen, wie die großen Erdbebenfluten von Arica (1868), Iquique (1877) und Krakatau (1883).

Den auf der Fahrt um Kap Horn und auf der nach Australien vielfach bis in 50⁰ s. Br. und südlicher kommenden Segelschiffen verrät sich die Nähe von Eis bisweilen durch eine plötzliche Erniedrigung der Wassertemperatur; in sehr vielen Fällen jedoch und gerade dann, wenn Eisberge in besonders niedrigen Breiten auftreten, versagt dieses Anzeichen ihrer Nähe, so daß bei unsichtiger Luft unaufmerksame Schiffer sich sehr leicht Kollisionen mit dem Eise aussetzen können. Doch versichert Scoresby auf Grund seiner langjährigen Erfahrungen im nördlichen Eismeer, daß man auch nachts meistens die Eisberge wie selbstleuchtende Körper aus großer Entfernung wahrnehmen könne, während sie im Nebel ihre Anwesenheit durch eine sonderbare Verdunkelung der Atmosphäre verraten. Karl Chun hat auf der Deutschen Tiefsee-Expedition gefunden, daß der Nebel in unmittelbarer Nähe eines jeden Eisbergs fehlte, vermutlich, weil sich die Wasserstäubchen an den kalten Eisflächen niederschlugen. Sein Dampfer Valdivia durchfuhr dieses eisreiche Gebiet damals unter stetigem Gebrauch der Dampfsirene, deren Töne von etwa benachbarten Eisbergen als deutliches Echo zurückgeworfen wurden. Für Segler aber bleibt neben dem Wasserthermometer auf alle Fälle ein scharfer Ausguck die durch den Erfolg am meisten bewährte Maßregel, um den Eisbergen aus dem Wege zu gehen.

Fig. 68.

Der Dampfer National der Plankton-Expedition.

Kapitel IV.

Die Bewegungsformen des Meeres.

1. Die Meereswellen.

Sehr selten ist die Meeresoberfläche im offenen Ozean vollkommen ruhig, so daß sie als eben gelten darf, während die Nebenmeere nicht selten spiegelglatt vor dem Beschauer liegen, wenn völlige Windstille herrscht. Der gewöhnliche Zustand der Meeresoberfläche ist der wellenbewegte.

Die Meereswellen, oder wie der Seemann sie nennt, „die Seen", sind ein Produkt des Windes. Ihre Erzeugung durch den Wind kann man in jedem kleinen Wasserbecken beobachten, über dessen vorher spiegelglatte Oberfläche ein Hauch hinwegfährt. Man sieht alsdann, wie sich augenblicklich die getroffene Fläche in Falten legt. Die moderne Physik erklärt diesen Vorgang nach Hermann v. Helmholtz (1888) folgendermaßen. Nur eine ruhende Luftmasse auf einer ebenfalls ruhenden Wasserfläche giebt an der Berührungsfläche der beiden einen Zustand stabilen Gleichgewichts. Setzt sich eine dieser beiden Schichten in Bewegung, in unserm Falle also die Luft*), so ist es mit der Stabilität des Gleichgewichts zu Ende. Die untersten Luftschichten haften reibend an der Wasseroberfläche, sie werden von ihr zurückgehalten, reißen sie aber durch ihre Bewegungsenergie mit sich und üben infolge dessen nach unten eine saugende Wirkung aus, d. h. der Druck der Luft in der Berührungsfläche wird vermindert, dagegen der Druck des Wassers von unten her verstärkt. Ein Gleichgewichtszustand tritt erst wieder ein, wenn in regelmäßigen Abständen eine Hebung der Wasserfläche erfolgt: diese Abstände sind um so größer, d. h. die Wellen um so länger und auch höher, je stärker der Wind ist. Die gehobenen Wasserteile im Wellenberge werden von der Schwerkraft wieder heruntergezogen und so tritt eine regelmäßige Pendelung ein, die in der Richtung des Windes über die Wasserfläche hinwegschreitet.

Ist aber erst eine Runzelung der Wasseroberfläche vorhanden, so findet der Wind an der ihm zugewandten Seite des kleinen Wellenberges eine Fläche, die er nunmehr stärker fassen und niederdrücken kann. So kommt es, daß der Wind die Wellen immer höher treibt, je länger sie seiner Wirkung ausgesetzt sind. Jeder Teich zeigt dieses Anwachsen der Wirkung durch die feingerippte Oberfläche an dem Ufer der Seite, wo der Wind zuerst auf das Wasser trifft, und die hohen Wellen auf der gegenüberliegenden Seite, wo der Wind das Wasser verläßt. Daraus folgt unmittelbar, daß große Wellen sich überhaupt nur auf großen Wasserflächen entwickeln können, die größten aber im offenen Ozean vorkommen werden.

Beobachtet man einen in solch wellenbewegtem Wasser schwimmenden kleinen Körper, also etwa ein

---

*) Den umgekehrten Fall bemerkt man im Halse einer Flasche, aus der man eine Flüssigkeit langsam ausgießt, wobei freilich auch alsbald eine der ausströmenden Flüssigkeit entgegengesetzte einlaufende Luftströmung auftritt, was dann die entstehenden Wellen so hoch macht, daß das Ausfließen des Flascheninhaltes nur ruckweise erfolgt.

Holzstückchen, so sieht man, wie es sich mit der Welle
hebt und senkt, ohne indes erheblich seinen Platz zu
ändern, so daß es den Anschein hat, als wenn die
Welle darunter fortliefe. In der That ist die Wellenbewegung eine Formveränderung der Wasseroberfläche,
die sich sehr schnell fortpflanzt, aber keine mit dieser
Fortpflanzung gleich schnellen Schritt haltende Verschiebung der Wasserteilchen nach der Richtung, wohin
der Wind weht.

Fig. 69.

„Lange Dünung“

Die sorgfältigen Untersuchungen der Brüder Ernst
Heinrich und Wilhelm Weber (um 1825) haben für den
einfachsten Fall der Wellenbewegung, nämlich wenn
die Oberfläche durch einen auffallenden Tropfen erschüt-
tert wird, ergeben, daß die einzelnen Wasserteilchen
eine nahezu kreisförmige Bahn zurücklegen. Nebenstehende Figur, ein sogenanntes Wellenprofil, wird den
Vorgang verdeutlichen. Die Welle kommt von links. Das
Teilchen 9 ist noch in der Ruhelage; 8 ist durch die
Welle schon nach unten und ein wenig nach links,

also der Welle entgegen gezogen nach 8'; 7 befindet sich im Wellenthal als 7'; 6 hat dieses schon passiert und nähert sich dem mittleren Niveau (als 6'); 5 hat dieses erreicht, aber links (5') von seiner Ruhelage. Die folgenden Teilchen gehören dem Wellenberg an, ihre jeweiligen Bewegungen sind unmittelbar aus der Zeichnung verständlich — hier strebt die Bewegung nach rechts, also mit der fortschreitenden Welle mitgehend, 4 nach oben und rechts, 3 auf dem Wellenkamm, eben im Begriffe, wie schon der Nachbar 2 gethan, nach unten zurückzusinken, 1 liegt wieder am alten Orte, nachdem es seinen Kreislauf vollendet.

Fig. 70.

Bahnen der Wasserteilchen in einer Welle

Aus der Figur folgt unmittelbar das Gesetz: schreitet die Wellenbewegung durch das Profil von links nach rechts, so kreisen die Wasserteilchen wie der Uhrzeiger; ist die Richtung der Welle nach links, so kreisen die Wasserteilchen entgegengesetzt dem Uhrzeiger. Ebenso zeigt die Figur den zweiten fundamentalen Satz: im Wellenthal bewegen sich die Wasserteilchen der ankommenden Welle entgegen, im Wellenberg bewegen sie sich mit dieser fort.

Diese Sätze finden auf die Windwellen im offenen Meer unmittelbare Anwendung, nur mit dem einen Unterschiede, daß die Wasserteilchen nicht ganz ihre alte Ruhelage wieder einnehmen, sondern vom Winde ein wenig vorwärts geschoben werden. So entstehen die Triftströmungen, die am Ende dieses Kapitels behandelt werden sollen.

Während die obersten Teilchen im wellenbewegten Wasser nahezu kreisförmige Bahnen beschreiben, bewegen sich die darunter liegenden mehr in Ellipsen, deren senkrechte Axe immer kürzer wird, je tiefer die Teilchen liegen. Nennt man den Abstand von einem Wellenkamm zum nächsten die Wellenlänge, so beträgt die senkrechte Verschiebung der Teilchen in einer Tiefe von ein Zehntel der Wellenlänge nur ein Halb der Verschiebung der Oberfläche. In einer Tiefe von der halben Wellenlänge ist diese Oscillation nur vier Hundertstel, wird die Tiefe gleich der ganzen Wellenlänge, so ist die Oscillation nur 0·002 derjenigen an der Oberfläche. Dort wird also die Bewegung der Teilchen überhaupt nur in einem Hinundherschieben in der Horizontalen bestehen, unter dem Wellenthal der ankommenden Welle entgegen, unter dem Wellenkamm mit der Welle vorwärts.

Nach den Experimenten der Brüder Weber in einer sogenannten Wellenrinne war die Bewegung der Wasserteilchen mit dem Mikroskop noch in einer Tiefe wahrzunehmen, welche das 350fache der Wellenhöhe, d. h. des Niveau-Unterschiedes von Wellenkamm und Wellenthal, betrug. Danach würden also nur 8 *cm* hohe Wellen genügen, die Nordsee oder Ostsee, soweit diese Meere weniger als 30 *m* tief sind, bis zum Grunde zu bewegen. In der That sind bekanntlich die Sandkörnchen am Boden derselben durchweg rund abgerollt. Auch scheinen die höheren Sturmwellen des Nordatlantischen Ozeans zum Boden der felsigen Faraday-Hügel (1150 *m*) hinab auf die dort liegenden Telegraphenkabel noch zerrend und scheuernd einzuwirken.

Zu einer wissenschaftlichen Charakteristik der Wellen sind folgende vier Merkmale zu beobachten: die Periode, Geschwindigkeit, Höhe und Länge. Am leichtesten ist die Geschwindigkeit zu beobachten, indem mit einer Sekundenuhr die Zeit festgestellt wird, welche ein Punkt der Welle, am besten also der Wellenkamm, braucht, um eine am Schiffe abgesteckte Entfernung zu durchlaufen. Es ist nötig, dabei die eigene Geschwindigkeit des Schiffes in Rechnung zu ziehen, ebenso den Kurs desselben, wenn die Wellenrichtung nicht in die Kiellinie fällt.

Der Begriff der Periode wird am leichtesten verständlich, wenn wir uns einen stillstehenden Beobachter, also an Bord eines vor Anker liegenden Schiffes denken. Der durch den Beobachter gegebene feste Punkt wird in bestimmten Zwischenräumen von einem Wellenkamm nach dem andern durchlaufen, die Zeit zwischen zwei solchen Vorübergängen ist die Periode. Man sieht leicht ein, daß kurze Wellen eine kurze Periode, lange Wellen eine lange Periode haben; außerdem kommt es auf die Geschwindigkeit an, mit der die Wellen sich fortpflanzen. In offener See, wo das Schiff niemals festliegt, muß hier ebenfalls die nötige Korrektion auf Fahrt und Kurs des Schiffes angebracht werden.

Die Länge der Wellen ist, wenn diese klein sind, am ehesten nach dem Augenmaß zu schätzen, sonst am Schiffskörper zu messen oder mit der Schnur an der (alten) Logge, wenn die Wellen in der Kielrichtung laufen. Man kann sie auch, wenn die Periode und die Geschwindigkeit bekannt sind, aus diesen beiden berechnen: auf einen festen Beobachter bezogen ist die Länge natürlich das Produkt aus Periode und Geschwindigkeit.

Die Höhe ist am schwierigsten festzustellen, sobald die Wellen einigermaßen beträchtlich sind, denn kleine Wellen lassen sich an der äußern Schiffswand vom Deck aus (oder aus einem Seitenfenster) ziemlich leicht ihrer Höhe nach abschätzen. Um die Höhe, d. h. immer den Niveauunterschied des tiefsten Punktes im Wellenthal und höchsten Punktes des Wellenkammes, bei großen Wellen zu messen, kann man ein fein gearbeitetes Aneroidbarometer benützen. Doch sind andre Methoden beliebter.

Die älteste und einfachste Methode besteht darin, daß man, während das Schiff von den großen Wellen gehoben und gesenkt wird, im Momente, wo es im Wellenthal liegt, am Großmast hinaufsteigend über die nächsten Wellenkämme hinweg nach dem Horizont visiert. Aus einer größeren Zahl von Einzelmessungen erhält man dann einen Mittelwert für die Höhe des Auges über dem Deck, dessen bekannte Höhe über der Wasserlinie nur einer kleinen Korrektion bedarf, da in der Mitte des Schiffs die konkave Wellenoberfläche etwas unter der gewöhnlichen Wasserlinie (ge-

messen in völlig glattem Wasser) hinabreicht. Beistehende Figur zeigt eine bequeme Anwendung dieser
Methode für den Fall, daß zwei Schiffe in Kiellinie
hintereinander laufen (nach Wilkes); da wird die Messung
auch erheblich sicherer; man visiert von dem einen
Schiffe, hier von der Brigg, über zwei Wellenkämme
hinweg nach dem zweiten Schiffe, hier dem nachfol-
genden Schuner, und merkt sich den Schnittpunkt dieser
Visierlinie mit dem vorderen Mast des Schuners. Doch
halten sich die Irrtümer auch beim einzelnen Schiff für
einen aufmerksamen Beobachter innerhalb geringer
Grenzen und überschreiten zwei Meter keinenfalls.

Fig. 71.

Messung der Wellenhöhe nach Wilkes.

Eine dritte, schon weniger sichere Methode ist auf
der österreichischen Novara-Expedition angewendet
worden. Dort wurde zunächst die Wellenlänge gemessen
und alsdann der Winkel, unter welchem das Schiff
durch den Einfluß der ankommenden Welle sich erhob
und wieder senkte. Aus beiden läßt sich leicht die Höhe
berechnen. (Obige Abbildung nach Wilkes zeigt diesen
Neigungswinkel an der Brigg rechts.)

Voraussetzung für brauchbare Resultate ist immer,
daß ein einfaches Wellensystem die Meeresoberfläche
beherrscht: durchkreuzen sich mehrere Wellensysteme,
so werden sich hier Thäler, dort Berge übereinander
legen und eine abnorm große Wellenhöhe sichtbar
machen.

Wichtig ist auch die Unterscheidung des vom
Winde an Ort und Stelle aufgeworfenen Seegangs, der
Windsee, wie sie der Seemann nennt, von der außerhalb ihres Ursprungsgebiets in oft ruhigeres Wasser
hinauslaufenden sog. Dünung. Diese hat viel rundere
Formen, kleine Wellenhöhe bei verhältnismäßig sehr
großer Länge und Geschwindigkeit.

Die Ergebnisse genauerer Wellenbeobachtungen sind in mancher Hinsicht überraschend. Der nicht messende Beobachter an Bord des heftig rollenden und stampfenden Schiffes *) sieht nämlich durch eine optische Täuschung Wellen so hoch „wie Berge" oder „Türme" vor sich, indem er die Ebene des Decks, auch in ihrer geneigten Lage, noch als horizontal ansieht. So muß er notwendigerweise die Höhe der Wellen überschätzen. Beistehendes Schema (Fig. 72) zeigt in ab die wahre Wellenhöhe, bei de die scheinbare, mehr als doppelt zu große.

Die höchsten einfachen Wellen hat man dort gemessen, wo die stets sehr kräftigen Westwinde über eine fast inselfreie ununterbrochene Wasserfläche südlich von 40⁰ s. Br. dahin fegen. Dort hat die Challenger-Expedition als Maximalhöhe der Wellen 7 m, die Novara-Expedition 9 und einmal 11 m (in 40⁰ s. Br.,

Fig. 72.

Optische Täuschung beim Schätzen von Wellenhöhen.

31⁰ ö. L.), Gerhard Schott 10—12 m, Abercromby bis zu 14 m festgestellt. Im Nordatlantischen Ozean sind Sturmwellen von 8—10 m Höhe nur in der Bai von Biskaya gemessen worden. Der norwegische Dampfer Vöringen fand bei Südsturm östlich von Island 7·8 m, der englische Vermessungsdampfer „Triton" westlich von Schottland einmal 7·6 m, letzterer nennt übrigens Höhen von 5 m „nicht selten". Die höchsten Wellenhöhen der Nordsee sind auf 6, die der Ostsee auf 4·5 m anzusetzen. Mancher Seemann durchlebt eine lange Dienstzeit an Bord, ohne Wellenhöhen von mehr als 8 m auch im Ozean zu begegnen. Die durchschnittlichen Wellenhöhen erreichen längst nicht jene Maximalwerte. Nach

---

*) Kommen die Wellen recht von vorn oder von hinten, so wird das Schiff bald vorn bald hinten gehoben oder gesenkt, diese Bewegung heißt „Stampfen". Kommen die Wellen recht von der Seite, so „rollt" das Schiff, es „krängt" bald nach rechts bald nach links. Gewöhnlich setzen sich beide Bewegungen zusammen, da die Wellen meist im spitzen Winkel gegen die Kiellinie laufen.

den Beobachtungen des französischen Schiffsleutnants
Paris, der auf einer zweijährigen Reise nach Ostasien
und zurück täglich zweimal den Zustand der See unter-
suchte, erreichen im atlantischen Passatgebiet die Wellen
im Mittel nicht ganz 2 *m* (Profil I), im Indischen 2·8 *m*
(Profil II), im westlichen Pazifischen Ozean dagegen 3·1 *m*
(Profil III) und im südatlantischen Westwindgebiet 4 *m*
(Profil IV). Beistehende graphische Darstellung giebt
nach Paris' Messungen die Normalprofile der von ihm
untersuchten Wellen im wahren Verhältnis von Länge
zu Höhe. Man sieht daraus, wie die längsten Wellen
dem Gebiet der „strammen Westwinde" auf der süd
lichen Hemisphäre angehören, wo die Länge im

Fig. 73.

Wellenprofile.

Mittel 133 *m* betrug. Das Verhältnis von Höhe zu Länge
war also hier im Mittel wie 1 zu 33; fast dasselbe Verhältnis ergab sich im atlantischen und indischen Passatgebiet und im westlichen Pazifischen Ozean. Dagegen
hatte die Chinasee (Profil V) kürzere Wellen: bei einer
Höhe von 3·2 und Länge von 79 *m* ein Verhältnis
von 1 zu 25. — Die hohen Sturmwellen der südlichen
Breiten erreichen eine oft erstaunliche Länge. So maß
Kapitän Chüden, Kommandant S. M. S. Nautilus, im
Oktober 1879 südwestlich von Australien (33½⁰ s. Br.,
107⁰ ö. L.) bei hartem Sturm aus Westnordwest Wellen
von 10—11 *m* Höhe und 300—400 *m* Länge. Auch
Schott fand im Indischen Ozean einmal eine Dünung
von 350 *m* Länge.

Die Geschwindigkeit, mit der die Wellenbewegung sich fortpflanzt, liegt nach Leutnant Paris meist zwischen 11 und 12·5 *m* in der Sekunde oder 21 bis 24 Sm. in der Stunde. Im südatlantischen Westwindgebiet fand die Gazelle-Expedition die Geschwindigkeit der höchsten Wellen zu 27, im südlichen Stillen Ozean bis zu 32 Sm. in der Stunde. Schott sah sogar einmal eine Dünung mit 47 Sm. (87 *km*) stündlicher Geschwindigkeit über den Indischen Ozean dahinlaufen, was der Fahrt der Schnellzüge auf den Eisenbahnen entspricht. Regelmäßig aber fand Schott nach genauen Messungen, daß der Wind $1\frac{1}{3}$ bis $1\frac{1}{2}$ mal schneller war als die von ihm erzeugten Wellen; ältere Beobachtungen, die im Gegenteil den Wellen die größere Geschwindigkeit zusprachen, sind dadurch widerlegt. Wenn nun, wie schon die Alten wußten, Wellen weit einem Sturm voraneilen und diesen also anmelden können, so beruht das darauf, daß diese atmosphärischen Störungen von Luftwirbeln hervorgerufen werden, die selbst nur mit 15 bis höchstens 30 Sm. stündlicher Geschwindigkeit weiter rücken, während sich die aus dem Sturmfeld kommende Dünung fast doppelt so schnell verbreiten kann.

Fast niemals fehlt dem offenen Ozean solche Dünung. Schon in der Nordsee läuft bei stiller Luft ganz regelmäßig eine lange Dünung aus Nordwest, durch ihre sanft gerundeten Kämme leicht von Windseen zu unterscheiden; ebenso herrscht diese Dünung auch vor dem Kanal im Nordatlantischen Ozean, offenbar erzeugt durch die in Böhen (Windstößen) wehenden Nordweststürme zwischen Neufundland und Island. Nordwestliche Dünung läuft aber auch bis in das Passatgebiet hinein, und durch dieses hindurch in die Stillen-Region; ja über den Äquator hinaus in südlichen Breiten sind sie in Schiffsjournalen der deutschen Seewarte öfter verzeichnet. Im südlichen Winter (Juli bis August) dagegen läuft eine südliche Dünung aus dem Südatlantischen Ozean nordwärts über den Äquator hinaus und wird bis zu den Kapverdischen Inseln fühlbar.

Die Beobachtung an jedem beliebigen Teiche zeigt, daß man durch Steinwürfe verschiedene Wellensysteme unabhängig voneinander sich durchkreuzen lassen kann; es entstehen dann „Interferenzen". So sind auch gewöhnlich im offenen Ozean außer den vom Wind erzeugten Seen noch andere Wellen, also Dünung aus einer oder mehreren verschiedenen Richtungen durcheinander vorhanden. Neu auftretende Dünung aus einer bestimmten Richtung ist dem Seemann ein Kennzeichen dafür, daß gleichgerichteter Wind in der Nähe weht; ist dabei der Wind stürmisch, so wird die Dünung hoch und stark auflaufen und so dem Schiffer zur Warnung dienen.

Merkwürdig, aber mit der Helmholtz'schen Theorie im Einklang, ist die von den Seeleuten zuverlässig bemerkte Thatsache, daß auch bei kräftigem stürmischen Winde die Wellenhöhe nur bis zu einem bestimmten Maximum steigt, um alsdann konstant zu bleiben, mag der Wind auch noch tagelang in gleicher Stärke fortwehen. — Nicht minder merkwürdig ist die ebenfalls gesicherte Wahrnehmung, daß starker Regen auch im Sturm die Wellen niederhält, so daß sie keineswegs die der Windstärke angemessene Höhe erreichen: es scheint, als wenn die um jeden Regentropfen gebildeten, sich in unendlicher Zahl durchkreuzenden kleinen Wellenringe die lebendige Kraft des Winds durch ihre eigene entgegengesetzte Bewegung teilweise aufbrauchen. Eine alte Erfahrungsthatsache, die ebenfalls hieran erinnert, ist die besänftigende Einwirkung von Öl auf die Wellen. In der That verbreitet sich eine relativ geringe Menge von Öl, auf das Wasser getropft, außerordentlich schnell als ein dünnes noch nicht ein Tausendstel Millimeter dickes Häutchen weithin und verändert die Wellen in der Weise, daß die Kämme ihre überfallenden schäumenden Köpfe verlieren und eine sanfter gerundete Gestalt annehmen. Doch zeigt auch Öl in größeren Quantitäten sich nicht kräftig genug, etwa die schwere Brandung an einem flachen Strande zu mäßigen, trotzdem man in der älteren Litteratur solchen Behauptungen begegnet. Immerhin hat schon manches

Schiff dem eifrigen Ölen der See seine Rettung aus schweren Winterstürmen zu verdanken gehabt, und deshalb wird die Ausrüstung mit einigen für diesen Zweck hergerichteten Ölsäcken, die, mit Werg gefüllt und mit zähem Öl oder Thran getränkt, über Bord gehängt, die Flüssigkeit ganz langsam austreten lassen, mit Recht von der deutschen Seeberufsgenossenschaft dringend empfohlen. — Eine in jeder Hinsicht befriedigende Erklärung der wellenstillenden Thätigkeit eines Ölhäutchens ist übrigens noch nicht gegeben worden. Ähnlich wie Öl wirken auch noch andere Stoffe auf die Wellen. So Seifenwasser, das sich freilich sehr rasch auflöst; ferner Fremdkörper aller Art, Treibeis, Seegras, Tang. Wo in der Sargassosee streifenweise die Tangbündel nahe und in der Meeresoberfläche dahintreiben, vermag ein schwacher Wind gar keine Kräuselung des Wasserspiegels hervorzurufen; diese Tangstreifen verraten ihre Lage daher schon aus großer Entfernung, indem sie den Himmel hellblau widerspiegeln, während die tangfreie Umgebung durch die kleinen Wellenrippen dunkelblau gefärbt erscheint.

Andrerseits werden die Wellen dann besonders hoch und steil auflaufen, wenn der Wind über ein ihm entgegenströmendes Gewässer weht. Wo der Gezeitenstrom, wie nördlich von Schottland in der Pentlandföhrde, bis zu 8 Sm. in der Stunde läuft, kann ein dem Strom entgegengerichteter Wind eine so wilde See hervorrufen, daß nur sehr große und starke Dampfer es wagen dürften, dann die Straße zu benutzen; doch auch sie ziehen es ebenso wie alle kleinen Schiffe vor, abzuwarten, bis der Gezeitenstrom wendet und mit dem Wind gleiche Richtung annimmt. Die den Alten so gefährlich dünkende Umschiffung des Kaps Malea (Odyssee 3, 287; 9, 80) gelangte zu diesem üblen Ruf deshalb, weil meist an diesem Vorgebirge der Strom aus Osten, der Wind aus Westen kommt, also die See immer höher läuft als dem Wind entspricht.

Kommen die Wellen in die Nähe des Landes, so erleiden sie vielfache Veränderungen, und zwar durch die geringer werdende Wassertiefe. Während im tiefen

Fig. 74.

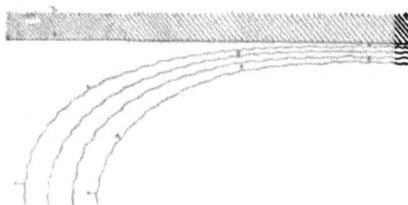

Einstellung der Wellenkämme bei der Annäherung
an die Küste.

Fig. 75.

Schema für die Entstehung der
Brandungswelle.

Wasser (Fig. 74) die Seen parallel der Küste fortschreiten, die Wellenkämme also senkrecht auf der Küstenlinie stehen, so bleiben, je flacher das Wasser auf den Strand zu wird, die Wellenkämme destomehr zurück. So stellen sie sich schließlich ganz nahe am Land so ein, daß die Kämme fast parallel der Küste liegen und ihre Bewegung senkrecht auf diese zuführt. Daher wird es erklärlich, daß immer und unter allen Umständen die Kämme der Wellen im seichten Wasser breit auf den Strand auflaufen.

Ungleich wichtiger ist die Änderung der Gestalt der Wellen. Die im Wellenthale der ankommenden Welle entgegenlaufenden Teilchen liefern in dieser geringeren Tiefe nicht Masse genug, um den vorderen Abfall des Wellenkammes normal auszubilden. Dann bäumt der Kamm auf, eilt vor, neigt sich und stürzt vorn über. So entsteht die Flachwasserbrandung mit ihren „Rollern" und „Brechern". (S. Abbildung 75.)

Solche brechenden Wellen treten auch im offenen Ozean dann in die Erscheinung, wenn ein vor dem Sturme hersegelndes Schiff (beim „Lenzen", sagt der Seemann) von den Sturmwellen überholt wird. Dann stürzen die vom Schiffskörper in ihrem untern Teil aufgehaltenen Wellen mit ihrer oberen Masse aus mehreren Metern Höhe mit unwiderstehlicher Wucht auf das Verdeck hernieder, alles nicht fest mit dem Schiffskörper verbundene mit sich fortreißend, die Schanzungen zertrümmernd, ja Menschen auf der Stelle erschlagend.

Schon die Odyssee beschreibt die vernichtende Kraft
dieser Sturzseen: so dort, wo der „göttliche Dulder"
durch sie sein Floß verliert:

„Siehe, da sandte Poseidon, der Erdumstürmer, ein hohes
Steiles, schreckliches Wassergebirg'; und es stürzt auf ihn nieder.
Und wie der stürmende Wind in die trockene Spreu auf der Tenne
Ungestüm fährt und im Wirbel sie hierhin und dorthin zerstreuet,
Also zerstreute die Flut ihm die Balken — —."

Besonders gefahrvoll sind die pyramidenförmigen
Sturzseen im Sturmfelde und in der zentralen Stille
tropischer Orkane. Hier werden durch die verschiedenen
Windrichtungen, die in geringem Abstande vom Zen-
trum sich nebeneinander finden und doch jede einzeln
ihr Wellensystem vor sich herschicken, Interferenzen
erzeugt, die eine wirre See (Kreuzsee) zur Folge haben,
und deren Sturzwellen noch mehr zu fürchten sind als
die unmittelbare Kraftwirkung des Orkanes selbst.

Die geringer werdende Wassertiefe beeinflußt die
Wellenform in sichtbarer Weise schon auf Bänken von
ein paar hundert Meter Tiefe. So haben erfahrene
Schiffsführer versichert, daß sie noch regelmäßig an der
kürzer und höher laufenden See den Augenblick er-
kannten, in welchem das Schiff aus dem tieferen Wasser
des Atlantischen Ozeans auf die Gründe vor dem Kanal
oder auf die Neufundlandbank übertrat. Das Gleiche
wird von der Agulhasbank im Süden des Kaplandes
berichtet, wo die heftig und kurz laufende See auch
bei sonst günstigem Winde zum Kürzen der Segel
nötigt, um bei dem heftigen „Arbeiten" des Schiffes
die Masten nicht zu brechen. Sogar die doch 500—600 m
tiefe Wyville-Thomson-Schwelle nördlich von Schottland bewirkt eine solche fühlbare Verstärkung des
Seeganges über ihr, wie Kapitän Tizard 1882 berichtete.
Aus der geringern Wassertiefe folgt auch für die Ostsee, wie überhaupt für die kleineren Nebenmeere, ein
verhältnismäßig kurzer und unregelmäßiger Seegang.

Bei horizontalem Boden und senkrechten Wänden
kann sich nach der oben gegebenen Erklärung keine
Brandung entwickeln. Das bestätigt auch die Be-

obachtung durchaus. So berichtet der berühmte englische
Astronom und Physiker Airy, er sei einst bei Hochwasser und starkem Seegange aus dem Hafen von
Swansea, an der Südküste von Wales, gerudert, während
neben den steilen Köpfen der Hafendämme die Wassertiefe etwa 6 *m* betrug. „Wir fuhren," sagt er, „an dem
einen Kopf so nahe vorbei, daß wir ihn mit den Rudern
berühren konnten, es fand hier aber keine Brandung
statt, und wir durften nicht fürchten, daß das Boot auf-
stieße, obwohl es sich meterhoch abwechselnd hob und
senkte. Kaum waren wir indessen etwa 200 *m* weiter
gekommen, als wir uns vor einer flachen Bank befanden,
und hier brandete die See so stark, daß sie uns zwei
Mann über Bord schlug und das Boot mit Wasser an-
füllte." Ähnliche Beobachtungen kann jeder erfahrene
Schiffer berichten, und zwar nicht bloß von senkrechten
Molenköpfen, sondern auch von Steilküsten, deren Felsen-
wände aus tiefem Wasser senkrecht aufsteigen. Hier tritt
r ·r bei auflandigem Sturm die sogenannte Klippenbrandung auf, die das im Wellenkamm nach oben
strebende Wasser packt und senkrecht hoch hinauf-
spritzen läßt; mehr als die sechsfache Höhe der Wellenhöhe erreicht solche Klippenbrandung; sie zerschlägt
die Laternen der Leuchttürme noch in 30 *m* Höhe. Auch
an den Flanken der antarktischen Eisberge haben wir
sie schon erwähnt (Fig. 63 auf S. 180).

Lang gestreckte Sand- und Dünenküsten mit sehr
sanft abfallendem Meeresboden sind die Hauptschauplätze
der sog. Strandbrandung. So an der Bai von Biskaya
die Dünen der Landes, die flache Ostküste der Vereinigten Staaten, die Westküste des Bengalischen Meer-
busens. Hier war in Madras bis zur Vollendung der
riesigen Wellenbrecher die Brandung ein sehr lästiges
Hindernis für den Verkehr zwischen Schiff und Land.
Gewöhnliche Schiffsboote wurden von den Rollern so
heftig auf den Strand geworfen, daß alle Nähte leck
sprangen. Darum haben die Eingeborenen daselbst eigene
Brandungsboote (Mußliboote) konstruiert, die nicht ge-
nagelt, sondern zusammengebunden sind, so daß sie
den Stößen nachgeben. Bei besonders schwerer Brandung

bediente man sich des sog. Katamaran, eines aus zwei breiten Balken zusammengebundenen Flosses auf dem die Passagiere und ihr Gepäck ziemlich sicher, wenn auch durchnäßt, den Strand passierten. Solche Katamaran fand die Challenger-Expedition auch auf der atlantischen Insel Fernando Noronha im Gebrauch (s. Abbildung).

Fig. 76.

Ein Katamaran in Fernando Noronha.

Nicht selten findet sich am flachen Strande auch Brandung an Tagen, wo an Ort und Stelle schwacher Wind oder Stille herrscht: es ist dann aus weiter Ferne herbei eilende Dünung, die, in offener See kaum sichtbar, mit abnehmender Wassertiefe ihre Wellenkämme rasch höher hebt und so eine in langen Rhythmen brechende Brandung hervorruft. Auch hierfür giebt die mit Seeluft durchtränkte und darum dem Seemann so sympathische Odyssee schon ein klassisches Beispiel: obwohl der göttliche Dulder drei Tage nach der Zertrümmerung seines Floßboots den Sturm abflauen und die See den blauen Himmel glänzend wiederspiegeln sieht, kann er

doch nicht am Phäakenstrande landen, da ihn eine
wütende Brandung wieder in die See zurück wirft.

Großartig tritt die Brandung an den Küsten von
Ober- und Nieder-Guinea auf, dort Kaléma genannt. Dr.
Pechuel-Lösche, der sie an der Loangoküste nördlich
von der Kongomündung achtzehn Monate hindurch regelmäßig beobachtete, schildert sie folgendermaßen: „Eine
schwere Kalema ist eine großartige Naturerscheinung,
namentlich bei vollkommener Windstille, wenn weder
kleinere kreuzende Wellen die andringenden Wogen
brechen und beunruhigen, noch das Spiegeln der Wasserfläche aufheben. Von einem etwas erhöhten Standpunkte
aus erscheint dem Beobachter das glänzende Meer von
breitgeschwungenen regelmäßigen Furchungen durch-
zogen, welche, durch Licht und Schatten markiert und
unabsehbar sich dehnend, annähernd parallel mit der
mittleren Strandlinie angeordnet sind. Von den aus der
Ferne nachdrängenden ununterbrochen gefolgt, eilen
die Undulationen in mächtiger aber ruhiger Bewegung
heran und heben sich höher und höher in dem allmählich
flacher werdenden Wasser, um endlich nahe am Strande
in schönem Bogen überzufallen. Während eines Augen-
blicks gleicht die Masse einem flüssigen durchscheinenden
Tunnel, im nächsten bricht sie mit gewaltigem Sturze
donnernd und prasselnd zusammen. Dabei werden wie
bei Explosionen durch die im Innern eingepreßte Luft
Springstrahlen und blendende Wassergarben empor-
getrieben, dann wälzt sich die schäumende wirbelnde
Flut am glatten Strande hinauf, um alsbald wieder
wuchtig zurückzurauschen, dem nächsten Roller entgegen. — Von unvergleichlicher geheimnisvoller Schön-
heit ist der Anblick der Kalema des Nachts, wenn das
Wasser phosphoresziert, von blitzähnlichem Leuchten
durchzuckt wird, oder wenn das Licht des Vollmonds
eine zauberische, in höheren Breiten unbekannte Helligkeit
über dieselbe ergießt, und nicht minder des Abends,
wenn die Farbenglut eines prächtigen Sonnenunterganges
im wechselnden Spiel von dem bewegten Elemente
wiederglänzt. Das Getöse, welches diese Art der Brandung
hervorbringt, erinnert in einiger Entfernung sowohl an

das Rollen des Donners wie an das Dröhnen und
Prasseln eines vorüberrasenden Schnellzugs, durch seine
Gemessenheit aber auch an das ferne Salvenfeuer schwerer
Geschütze. Dazwischen wird bald ein dumpfes Brausen,
bald ein helles Zischen und Schmettern hörbar, zuweilen
endet das Toben plötzlich mit einem übermächtigen
Schlage, und es folgt eine sekundenlange, fast er-
schreckende Stille: so ist es namentlich des Nachts von
hohem Reize, der mannigfach wechselnden Stimme, dem
großartigen Rhythmus der Kalema zu lauschen." So
hinderlich dem Handelsverkehr ist aber die Kalema dabei,
daß Postdampfer oft tagelang warten müssen, ohne daß sie
etwas landen könnten; namentlich zur Zeit des südlichen
Winters (Juni bis September) ist die Brandung besonders
hoch, meist doppelt so stark wie in den übrigen Monaten.
Es ist keine Frage, daß man in dieser Erscheinung nichts
anders vor sich hat als eine Fernwirkung der Stürme in
den höheren südlichen Breiten. Ganz damit übereinstimmend werden sowohl in St. Helena wie in Ascension die
Roller vorzugsweise während des Südwinters von Süden,
während unseres Nordwinters aber von Norden kommend
und die Reede beunruhigend beschrieben. Bis nach St.
Helena hin, also auf eine Strecke von rund 8000 *km*,
erstreckt sich die Fernwirkung der nordatlantischen
Nordweststürme im Golfstromgebiet.

Die größten brandenden Wogen werden aber
durch Erdbeben am unterseeischen Gehänge der Kontinente gegen die Tiefsee hin hervorgerufen. Schon
die Alten beschreiben uns die fürchterlichen Verheerungen dieser Riesenwogen, die erst den Meeresboden weithin am Strand entblößen, dann aber mit
ungeheurer Geschwindigkeit als eine haushohe Wassermauer einhergerollt kommen, die Küste überschwemmen,
die Schiffe ins Land, ja auf die Hausdächer der zerstörten
Hafenstädte hinaufschleudern, vielen tausend Menschen
den Tod bringen, wie in Alexandrien am 21. Juli 365
n. Chr. Solche Stoßwelle verheerte die portugiesische
Küste im Anschluß an das große Erdbeben von Lissabon,
rollte über den Atlantischen Ozean hinüber nach Westindien, wo sie noch 5 *m* hoch aufbäumte.

Noch erstaunlicher sind die Fernwirkungen jener großartigen Küstenerschütterungen, welche auf das nahe Meer sich fortpflanzend den ganzen großen Pazifischen Ozean in Unruhe versetzt haben. Als am 23. Dezember 1854 die Städte Jedo und Simoda in Japan durch ein Erdbeben zerstört wurden, wobei eine 9 m hohe Wasserwoge die Schiffe im Hafen wrack machte, zeichneten $12^1/_2$ Stunden nach dem Hauptstoß die selbst registrierenden Flutmesser in San Francisco und San Diego in Kalifornien das Eintreffen einer abnormen Welle auf. Diese war daselbst zwar nicht ganz einen halben Meter hoch, doch hatte sie eine Wellenlänge von 390 Kilometer (210 Seemeilen), also gleich der Entfernung von Dover nach Borkum in der Nordsee. Es folgten der ersten Welle in Zwischenräumen von je 35 Minuten nämlich noch andere, und daraus läßt sich die Wellenlänge berechnen. Die Geschwindigkeit, mit welcher der 4530 Seemeilen (8400 Kilometer) lange Weg von Japan nach Kalifornien zurückgelegt wurde, ergiebt sich zu 358 Seemeilen (665 Kilometer) in der Stunde. Also eine Strecke wie von den Shetland-Inseln nach Hamburg oder von Kiel nach Stockholm wurde in einer Stunde durchlaufen! Dieselben Küstengebiete Japans, die durch Erdbeben so häufig verheert werden, sind erst kürzlich wieder durch eine Reihe solcher ungeheuren Stoßwellen heimgesucht worden, die am Abend des 15. Juni 1896 namentlich die Umgebung des Ortes Kamaïshi betrafen und in wenigen Minuten 27000 Menschen töteten, 5000 verwundeten, mehr als 7600 Häuser hinwegspülten.

Auch an der gegenüberliegenden Küste Südamerikas sind diese Stoßwellen eine mehrfach beobachtete und mit Recht gefürchtete Erscheinung; man kennt aus den letzten zwei Jahrhunderten über ein Dutzend mehr oder weniger schwerer Katastrophen dieser Art. Bekannter sind namentlich folgende drei geworden.

Zunächst das Erdbeben von Arica an der Küste von Peru am 13. August 1868, wo der Südpazifische Ozean von solchen Wellen durcheilt wurde bis nach Sydney in Australien, Neuseeland und den nordpazifischen Sandwich-Inseln. Sodann das Erdbeben von Iquique

(südlich von Arica), das am 9. Mai 1877 seine Schütterwellen sogar über den ganzen Stillen Ozean bis nach
Japan entsandte; dort, in Hakodate auf der Insel Jeso,

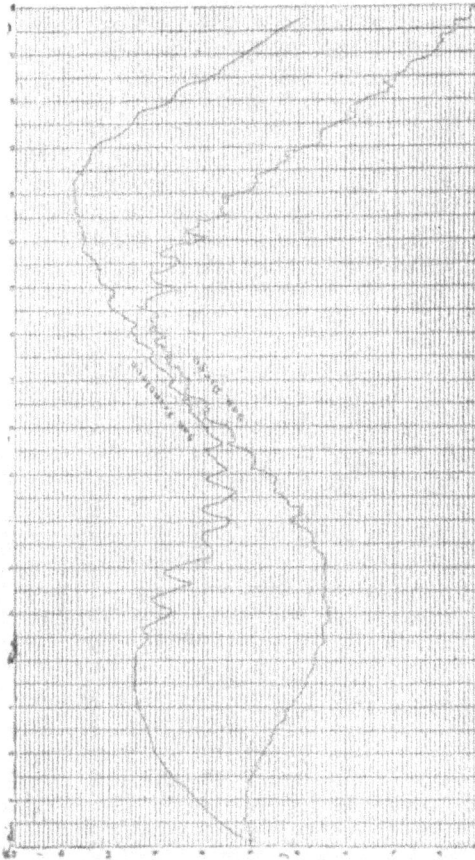

Fig. 77.

Erdbebenwelle vom 23. Dezember 1854.
Registriert von den Flutmessern zu San Francisco und San Diego.

8760 Seemeilen oder 16220 Kilometer, oder zwei Fünftel
des Erdumfanges entfernt, traf die Welle nach 25 Stunden
ein, erreichte also dieselbe Geschwindigkeit, wie die von
Simoda 1854. An einzelnen Punkten der Ostküste Nippons

richtete die erste Flutwelle noch Verheerungen an, überschwemmte mehrere Fischerdörfer und verschuldete den
Verlust zahlreicher Menschenleben — trotz dieser enormen Entfernung! Auch in Neuseeland wurden einige
Küstenpunkte empfindlich getroffen, Brücken über Bäche
am Strande fortgerissen und sonst Beschädigungen veranlaßt. — Auch auf den Sandwich-Inseln trat die Woge
noch in einer Höhe von 3—4 Meter auf. — Stoßwellen derselben Art begleiteten denn auch die furchtbaren Vulkanausbrüche in der Sundastraße am 26. August 1883. Die
durch die Explosion des Krakatau erzeugte Woge erschütterte nicht nur den ganzen Indischen Ozean, sondern
pflanzte sich auch in den Pazifischen fort bis in den
Golf von Panama hinein, wo die von Lesseps aufgestellten
Flutautographen ihr Eintreffen am 27. August in Intervallen von 1—1½ Stunden wiederholt aufzeichneten;
die Wellen selbst waren nur 30—40 Centimeter hoch.
Aber auch im Atlantischen Ozean wurde die Erschütterung
gespürt. Die Deutsche Expedition auf der einsamen Insel
Süd-Georgien (in 54⁰ südl. Br.) beobachtete am 27. August
eine heftige Bewegung der See an der Station im
Moltke-Hafen, und der Flutautograph zeichnete sie getreulich auf (s. Fig. 78). Selbst in Rochefort an der
französischen Küste des Biskaya-Golfs meldete der Flutmesser am 28. August 30 Centimeter hohe Wellen um
2½ Uhr früh und 1¼ Uhr mittags. — Durch solch
grandiose Phänomene wird thatsächlich fühlbar, daß
die ozeanische Wasserhülle der Erde etwas einheitlich
Zusammenhängendes ist.

Am gefährlichsten sind diese Flutwellen an der
erschütterten Küste selbst; sobald also an dieser ein
kräftiger Erdstoß gespürt wird, ist es sehr wahrscheinlich,
daß eine solche Welle nachfolgt. Die Zeit, welche alsdann einem im Hafen ankernden Schiffe übrig bleibt,
etwa auf hohe See zu flüchten, woselbst die Welle
ihrer großen Länge und geringen Höhe wegen gar
nicht fühlbar, also ganz unschädlich ist, dürfte bei segelfertigem Schiffe wohl meistens, bei Dampfern nur dann
ausreichen, wenn Wasserrohrkessel zur Verfügung stehen.
So verstrich bei dem Beben von Iquique im Jahre 1877

in den Häfen von Peru und Chile nach dem Erdstoß meist eine halbe bis dreiviertel Stunden, ehe die See sich vom Strande zurückzog, um die große Welle zu bilden, welche dann mit verheerender Wut über die Küste sich ergoß, ganze Stadtteile überschwemmte und die Schiffe von den Ankern bis aufs Trockene setzte. Bei Valparaiso und Callao und auch sonst an der Westküste Südamerikas zwischen diesen Orten bezeugen die zahlreichen als Wrack hoch oben auf dem Strand liegenden Schiffe die unvergleichliche Gewalt solcher südpazifischer Stoßwellen. Daß diese nach solchen Fernwirkungen wohl befähigt erscheinen, auch die Eiskante des antarktischen Landes zu zertrümmern, wie oben bereits ausgesprochen wurde (S. 189), kann kaum zweifelhaft erscheinen.

Zum Schlusse mag hier noch auf eine andere Form der Wellenbewegung hingewiesen werden, die, lange nur an Binnenseen bekannt, doch allem Anscheine nach auch dem Meere nicht fehlt.

Wenn solche langen Wellen, wie die eben beschriebenen, ein kleines Wasserbecken durchlaufen, so werden sie an den Ufern reflektiert; durch Interferenz

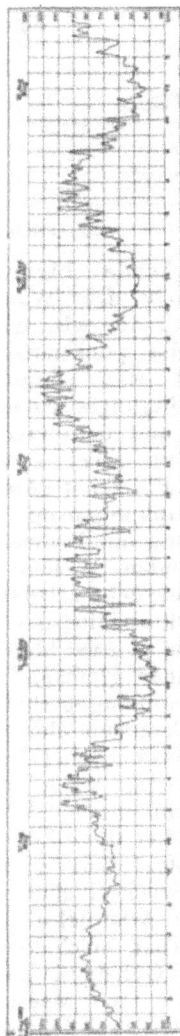

Fig. 78.

Stoßwellen des Krakatau-Bebens beobachtet in Süd-Georgien.

(Die großen halbtägigen Niveauschwankungen beruhen auf den Gezeiten; die Stoßwellen sind als tiefeingefügte Zacken erkennbar.)

14*

Fig. 79.

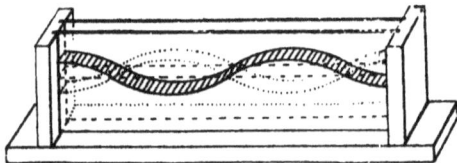

Stehende Welle nach Weber.

mit dem ersten Wellensystem bildet sich alsdann ein rhythmisches Auf- und Abpendeln der ganzen Wassermasse aus, wie das beistehende Figur (aus Webers Wellenlehre) verdeutlicht. Die Wassermasse nimmt abwechselnd die Gestalt an, wie sie die ausgezogene, bald die, wie sie die punktierte Linie ausdrückt. Solche Wellen nennt man stationäre oder stehende Wellen; die Schwingungsperiode ist abhängig von der Wassertiefe und dem Durchmesser des Beckens, die Wellen können dabei sowohl quer wie längs schwingen. F. A. Forel hat gezeigt, daß gewisse rätselhafte Niveauschwankungen der Schweizer Seen, am Genfer See die Seiches, am Bodensee das Laufen genannt, auf solchen stehenden Wellen beruhen. Der Wasserspiegel am Strande hebt sich dabei langsam während 30—40 Minuten um eine Höhe, die zwischen ein paar Centimetern und einem, ja zwei Metern schwanken kann, um sich dann in einer gleichen Zeit wieder zu senken und diese Schwankungen rhythmisch zu wiederholen. Forel giebt als Ursachen dieser Schwankungen eine ganze Reihe meteorologischer Faktoren an, so namentlich Gewitterböhen mit ihren heftigen Windstößen und Barometerschwankungen. Weiter aber gelang es demselben Physiker, diese Lehre zur Lösung eines uralten Problems der Meereskunde anzuwenden, nämlich der rätselhaften und wechselvollen Strömungen im Euripus, die einst schon Aristoteles, nach einer Sage des Altertums, unerklärbar erschienen, so daß er untröstlich darüber, dieses Geheimnis nicht zu entwirren, in den strömenden Wogen jener Meeresstraße den Tod gesucht haben soll. Das Unerklärliche dieser Strömungen beruht darin, daß ihre Richtung 4—14 mal im Tage wechseln kann, wobei in der engen, bekanntlich überbrückten Straße ihre

Kraft ausreicht, um Mühlen zu treiben. Forel zeigte in sehr einfacher Weise, daß ein viermaliger Stromwechsel von den Gezeiten veranlaßt werde und in der Zeit der Springfluten in der That allein vorkomme. Zur Zeit der tauben Fluten aber wechselt der Strom 11—14 mal in 24 Stunden; die daraus sich ergebende Periode der stehenden Wellen von 103—131 Minuten stimmt vorzüglich zu den nach den Dimensionen des schwingenden Beckens, nämlich des Golfes von Talanti zwischen Böotien und Euböa, berechneten, 86—122 Minuten. Nach den Beobachtungen des griechischen Kapitäns Miaulis beträgt die Höhe dieser Wellen zwischen 5 und 20 cm, ihre Zahl 16—20 in 24 Stunden.

Wir werden jedoch auf diese Erscheinung bei den Gezeiten noch einmal zurückkommen müssen.

Auch eine andere Erscheinung des Mittelmeers, speziell der West- und Südküsten Siziliens, gehört vielleicht hierher, das sog. Marrobbio, welches Theobald Fischer ausführlich beschrieben hat. Das Marrobbio gilt als ein Vorbote des Scirocco und tritt bei ruhiger aber dunstiger Atmosphäre und drohend gefärbtem Himmel auf, indem plötzlich das Meer aufwallt und die flachen Ufer überströmt, den Schlamm aufwühlend und so das Wasser rötend (daher mar-rubro), darum den Sardellenfischern sehr angenehm, die alsdann einen reichen Fang haben. Dieses Hin- und Herwogen wiederholt sich durchschnittlich jede Minute, oft stundenlang, und erinnert in der That an die Eigenart stehender Wellen. Am beträchtlichsten sind die Marrobbiowellen in der engen Flußmündung von Mazzara, wo sie bisweilen eine Höhe von 1 m erreicht haben. Auch auf den benachbarten Sandbänken tritt das Marrobbio heftig auf und 1804 gieng dabei sogar ein englisches Kriegsschiff von 18 Kanonen verloren, infolge einer ungewöhnlichen Strömung, wie der Kapitän vor dem Kriegsgerichte angab. Auch in Marsala und Trapani sind schon Schiffe von ihren Ankern gerissen worden. Man kann schwanken, ob man in dieser Erscheinung nur die lange Dünung erkennen will, welche die Scirocco-Böhen vor sich her schicken, oder stehende Wellen oder Schütterwellen eines Seebebens. Für eine bloße Dünung erscheint die Periode der Wellen (eine Minute) schon zu lang, das würde eine Wellenlänge von 3 Sm. voraussetzen. — Auch an der spanischen Küste gelten ähnliche Wallungen am Strande, als *las tascas* bekannt, für die Vorboten des Scirocco.

Hiermit verwandt erscheinen die plötzlichen Spiegelschwankungen und trotz ruhiger Luft den Strand überschwemmenden einzelnen Brandungswogen, die an der Ostsee unter dem Namen des Seebären beschrieben worden sind (das Wort bedeutet nichts als Seehebung oder Seewelle*). Man hat sie früher wohl auch auf Erdbeben zurückgeführt, also für Stoßwellen gehalten; neuerdings aber ist für den von Rudolf Credner genauer untersuchten Seebären der westlichen Ostsee vom 16. Mai 1888 eine meteorologische Ursache wahrscheinlich geworden, sowie auch eine engere Beziehung zu den sog. Nebelpuffen der holländischen Küste, oder den *Barisal guns* des Gangesdeltas. Es sind dies heftige, aber unbestimmt dumpfe und von Kanonenschüssen wie von Donnerschlägen wohl zu unterscheidende Detonationen, die an heißen, stillen Tagen mit schwüler Witterung und dunstiger, nebliger Luft auftreten und meist als Vorboten eines Wetterumschlages gelten, übrigens sich als sehr verbreitet in allen feuchten Gebieten erwiesen haben. Nach der wohl allgemein angenommenen Erklärung Lieckfeldts beruhen diese Puffe auf einer Art Explosion, die dem Siedeverzug in Dampfkesseln entspricht: luftarmes Wasser in einem ruhig stehenden Dampfkessel gelangt oft erst nach Erhitzung von weit über 100° zum Sieden, und die Dampfentwickelung erfolgt dann mit einem Mal durch die ganze überhitzte Wassermasse, so daß der Kessel zur Explosion gebracht wird. In ähnlicher Weise können bei großer Ruhe der Atmosphäre Nebeltröpfchen, die längst der hohen Lufttemperatur entsprechend verdunstet sein müßten, noch flüssig bleiben, bis dann auf große Strecken auf einmal die Verdampfung eintritt, was von Detonationen und Seespiegelschwankungen, ja auch von

---

*) In Bare, engl. *bore*, liegt dieselbe Wurzel wie in „empor",

einem Pumpen des Barometers begleitet ist. Man sieht
leicht, daß sich dieser Verdampfungsverzug in kürzeren
Zwischenräumen mehrfach wiederholen kann. Die Detonationen bezeichnet der Küstenbewohner Pommerns
als das „Brummen des Seebären"; die Wogen selbst
haben schon Höhen von $2^1/_2$ m (am 4. März 1779 in Kolberg)
erreicht und durch ihre Brandung allerhand Schaden
angerichtet. In der Nordsee geht ihre Beobachtung in
der Gezeitenschwankung und der meist herrschenden
Dünung leicht verloren, während die Puffe sehr wohl
gehört werden.

2. Die Gezeiten.

Schon im Altertum erwähnen die Geographen jener
rhythmischen Niveauschwankungen des Meeresspiegels,

Fig. 80.

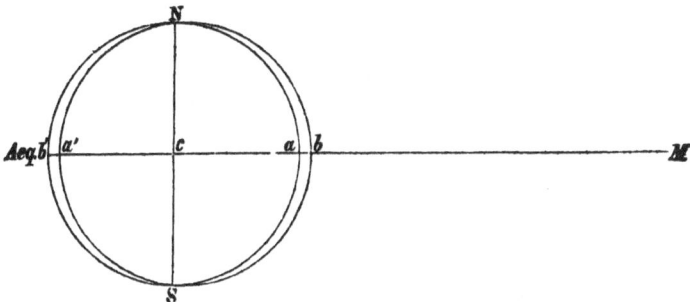

Erklärung der Ebbe und Flut durch die Differenzen der Attraktion eines
entfernten Himmelskörpers.

die wir unter dem Namen der Gezeiten oder Ebbe und
Flut zusammenfassen. Obwohl sie dem Mittelmeer nicht
ganz fehlen, so lernten die Alten sie doch erst an den
atlantischen Küsten Spaniens und Frankreichs nach ihrer
ganzen Größe kennen und würdigen. Eine Erklärung
derselben wurde kaum versucht, obschon sowohl Strabo
wie Plinius die Beziehungen der Gezeiten zum Monde
kannten, wobei sie vielleicht phönizisch-chaldäische
Untersuchungen zu Grunde legten.

In der neueren Zeit mutmaßte zwar schon Kepler

als Ursache der Gezeiten eine Anziehung der Himmelskörper wie des Mondes auf das Meer, aber erst Newton
konnte zeigen, daß die Schwerkraft identisch sei mit
jener Kraft, welche die Erde an die Sonne und den
Mond an die Erde fesselt und die man Gravitation nennt.
Die Anziehung ist aber eine gegenseitige, und so zieht
der Mond auch die Erde an. Obwohl man sich für die
Rechnung die Massen der sich gegenseitig anziehenden
Körper konzentriert denkt in ihrem Schwerpunkt, so
erfolgt doch thatsächlich nicht diese Kraftwirkung von
Mittelpunkt zu Mittelpunkt, sondern jedes einzelne
Massenteilchen des einen Körpers übt die Anziehung
aus auf jedes Teilchen des andern. Darauf beruht die
Entstehung der Gezeiten.

Denken wir uns (Fig. 80) in M einen anziehenden
Himmelskörper, also etwa den Mond, in der Kugel,
deren nordsüdlicher Querschnitt der Kreis $NaSa'$ giebt,
die Erde, so wird nicht nur der Mittel- und Schwerpunkt c,
sondern auch alle übrigen Teilchen des Erdkörpers vom
Monde angezogen, aber mit der Maßgabe, daß die Anziehung abnimmt mit dem Quadrate der Entfernung
von M. Ist also ein Abstand doppelt so weit entfernt
wie ein anderer gegebener, so wird der doppelt so weit
entfernte viermal weniger stark angezogen als der andere.
Ist die sonst feste Erde mit einer beweglichen Wasserhülle umgeben, so werden diese Unterschiede in der
Anziehung nur an dieser Hülle in die Erscheinung
treten, denn die Abstände $ca = ca'$ sind eben bei einem
festen Körper unveränderlich. Der Mond zieht also den
ganzen festen Erdkörper ein wenig zu sich, die Distanz cM
wird sich infolgedessen verringern — ein Vorgang, der
auf der Figur der Deutlichkeit wegen nicht zum Ausdruck
gebracht ist. Um eben dasselbe Stück werden die Punkte
a und a' sich M nähern. Anders zwei bewegliche Punkte
b und b' der Wasserhülle. b ist M erheblich näher als c,
wird also stärker angezogen und sich demnach noch
weiter auf M zu verschieben als c und das mit c fest
verbundene a. b' dagegen ist um die Länge des Erdradius
weiter von M entfernt als c, wird also nicht ganz c folgen,
sondern zurückbleiben hinter a', welches ganz die Be-

wegung von c mitmacht, weil mit c fest verbunden. Die Folge wird sein, daß bei b und b' die Wasserhülle der Erde eine Aufwölbung erfährt: so entstehen zwei Flutwellen, und zwar heißt die M zugewandte bei b die Zenithflut, die von M abgewandte bei b' die Nadirflut. Die Analysis ergiebt, daß die letztere an Höhe nicht ganz der erstern gleichkommt, sondern etwa $1/_{40}$ kleiner ist. Da das Volumen des Meeres ein fest gegebenes ist, aber durch seine Auftreibung bei b und b' eine andere Gestalt angenommen hat, so wird an den zwischen diesen beiden Punkten bei N und S um 90^0 abstehenden Stellen das Wasserniveau sich um so viel senken müssen, als nötig ist, um die Masse für die Auftreibung bei b und b' zu liefern. Diese Stellen haben Ebbe. So wenigstens werden im Binnenlande diese Formänderungen benannt. Der Seemann spricht schlechthin von Hochwasser und Niedrigwasser und versteht unter „Flut" und „Ebbe" Phasen der Gezeitenströmungen, von denen weiter unten die Rede sein wird. Die „Gezeiten" selbst pflegt der Seemann die Tiden zu nennen.

Die Figur zeigt den Querschnitt der Erde von Pol zu Pol in der Ebene eines Meridians; aber man wird leicht einsehen, daß auch beim Querschnitt durch die Ebene des Äquators die Umformung der Wasserhülle die gleiche werden wird, wie auf der Figur die Ellipse $Nb\ Sb'$ sie zeigt: gerade unter dem Monde die Zenithflut, 90^0 rechts und links davon die Ebbe, 180^0 davon die Nadirflut. Es ist also immer an zwei Punkten des Querschnitts zugleich Hochwasser und an zweien Niedrigwasser.

Denkt man sich nun die Erde um ihre Axe rotierend, so wird der Mond immer gerade unter sich dasselbe Flutellipsoid erzeugen. Es wird also in 24 Stunden 48 Minuten, welche erforderlich sind, demselben Ort wieder den Mond im Meridian zu zeigen, dieser Ort zweimal Hoch- und zweimal Niedrigwasser haben.

Außer dem Monde bewirkt aber auch die Sonne die Ausbildung eines zweiten Flutellipsoids, das mit dem des Mondes sich nicht immer decken wird, da die Sonne ja jedesmal in Intervallen von genau 24 Stunden durch

den Mittagskreis eines gegebenen Ortes geht. Auch
wird die Sonne eine schwächere Flut ausbilden, da sie
387mal weiter von der Erde absteht als der Mond von
dieser. Die Rechnung ergiebt darum, daß die Mondflut
2$^1/_5$mal größer ist als die Sonnenflut, oder die erstere
sich zur letzteren verhält wie 100 : 44.

Fig. 81 zeigt, wie durch das Ineinandergreifen der
Sonnen- und Mondflut die thatsächlich an einem gegebenen
Orte wahrnehmbaren Gezeiten sich zusammensetzen.[*]
Die oberste Darstellung A bezieht sich auf den Fall,
wo Sonne und Mond zur selben Zeit durch den Meridian
gehen, was sowohl bei Vollmond wie bei Neumond
geschieht. Die Sonnenflut, ausgedrückt durch die
punktierte Kurve, fügt sich zur Mondflut, ausgedrückt
durch die gestrichelte Kurve, und beide ergeben die
ausgezogene Kurve als „Springflut". Man sieht, diese
Springzeit giebt nicht nur das höchste Hochwasser,
sondern auch das niedrigste Niedrigwasser.

Die zweite Kombination B bezieht sich auf den
Fall, wo der Mond und die Sonne um 90⁰ am Himmel
voneinander abstehen, also wenn der Mond im ersten
und dritten Viertel ist, oder zur Zeit der Quadraturen;
da haben Orte mit Mond-Hochwasser gleichzeitig Sonnen-
Niedrigwasser, und umgekehrt die Orte mit Mond-Niedrig-
wasser Sonnen-Hochwasser, weshalb in diesem Falle die
thatsächlich beobachteten Fluten sehr wenig ausgiebig
sein und vom mittleren Wasserstand sich sehr wenig
entfernen werden. Das sind die tauben Gezeiten (dat
dove getide) des deutschen Seemannes, die *neap tides*
der Engländer.[**]

Wir drückten das theoretische Verhältnis von Mond-
und Sonnenflut durch die Zahlen 100 zu 44 aus. Zur
Springzeit wird also das Hochwasser 100 + 44 = 144
über dem mittlern Niveau und das Niedrigwasser um

---

[*] Die vertikalen Linien geben die Mondstunden, die also
länger sind als die Sonnenstunden unserer Uhren.

[**] In demselben Sinne wie man von einer „tauben" Nuß
spricht. „Nippflut" ist ganz undeutsch und wird niemals über die
Lippen eines Seemanns kommen.

Fig. 81.

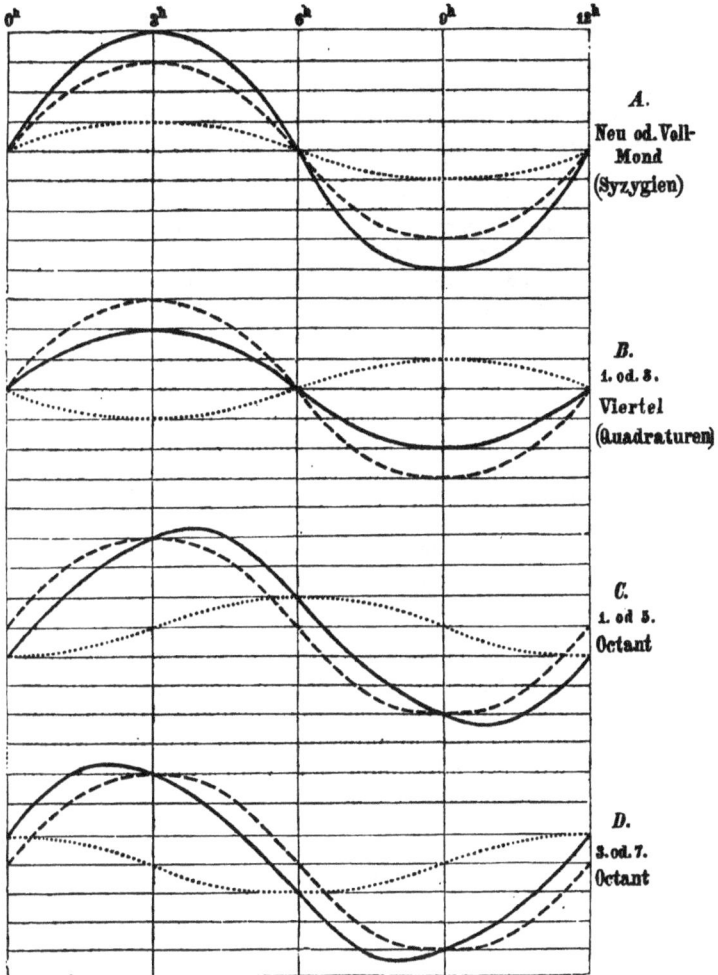

A.
Neu od. Voll-
Mond
(Syzygien)

B.
1. od. 3.
Viertel
(Quadraturen)

C.
1. od 5.
Octant

D.
3. od. 7.
Octant

Die hauptsächlichsten Kombinationen von Mond- und Sonnenfluten.

ebenfalls 144 Höheneinheiten unter dem Normalniveau
(Mittelwasser) sein. Die tauben Tiden aber geben die
Differenzen 100 — 44 = 56 als Abstand der beiden
Scheitelpunkte vom Niveau. Da der Mond seine Phasen
in fast einem Monat völlig durchläuft, so lösen sich diese
extremen Fälle alle 14 Tage ab, weshalb man sie halb-
monatliche Ungleichheit nennt. Diese Ungleichheit
bildet sich nicht nur in der Höhe der Gezeiten heraus,
sondern auch in den Eintrittszeiten der Hoch- und Niedrigwasser, und diese soll durch die Kombinationen C und
D verdeutlicht werden. Da nemlich die Flutwelle der
Sonne und die des Mondes eine verschiedene Periode
haben, und zwar die Mondwelle eine um 48 Minuten
längere, so ist nach dem Tage des Voll- oder Neumonds
das Sonnenhochwasser am Beobachtungsorte 48 Minuten
früher zu erwarten als das der Mondwelle. Das thatsächlich am Orte beobachtete Hochwasser aber wird
eine Kombination aus beiden sein, also der Zeit nach etwas
früher eintreten, als der Mond allein es erzeugt
haben würde. Dieses Zeitintervall vergrößert sich natürlich
mit jedem folgenden Tage, bis die Sonne gerade 4 Stunden
früher durch den Meridian geht als der Mond, also bis
zum ersten (oder fünften) Oktanten. Die dann entstehende
Kombination zeigt die Figur bei C. So geht die Sonnenwelle scheinbar immer mehr dem nächsten Mondhoch-
wasser entgegen. Nachdem die Phase des ersten Viertels
mit ihren tauben Tiden passiert ist (B), wird das Intervall
zwischen dem Eintreffen der beiden Hochwasser wieder
kleiner, aber nun tritt das thatsächliche Hochwasser
später ein, als die Mondwelle allein ergeben würde
(vgl. D, wo das Maximum der Verspätung im 3. [7.]
Oktanten eingezeichnet ist).

Außer dieser halbmonatlichen gibt es noch eine
sog. tägliche Ungleichheit, die darin besteht, daß
die Höhe der beiden Hochwasser eines Tages nicht
gleich ist. Diese Erscheinung beruht darauf, daß das
fluterzeugende Gestirn nur vorübergehend gerade über
dem Äquator steht, was wir oben angenommen haben,
nur um den einfachsten Fall zu untersuchen. Jene Figur
80 zeigt das höchste Hochwasser gerade unter dem

Äquator, dann dessen gleichmäßige Abnahme polwärts, und in der Nähe des Pols das Niedrigwasser. Anders wird diese Anordnung, sobald die Sonne oder der Mond nördlich oder südlich vom Äquator kulminieren. Die

Fig. 82.

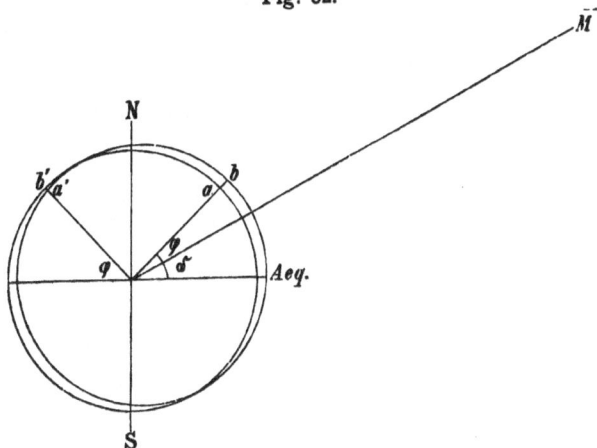

Erklärung der täglichen Ungleichheit.

neue Figur gibt dem Monde eine nördliche Deklination von δ^0, d. h. er steht für den Breitenparallel von δ^0 im Zenith. In Folge davon liegt der Scheitel des

Fig. 83.

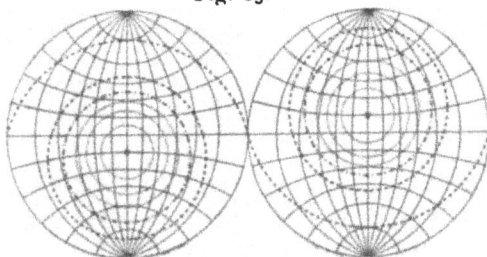

Planisphärische Ansicht der täglichen Ungleichheit.

Flutellipsoids in δ^0 Breite, und nicht mehr im Äquator, der also nicht das höchste Hochwasser hat. Dafür erhält aber jeder Pol ein solches. Nehmen wir nun einen Ort a in der Breite φ, so hat dieser, wenn der Mond durch seinen

Meridian geht, das Hochwasser von der Höhe $a\,b$, nach
12 Stunden aber, wo der Ort nach a' sich gedreht hat,
bewirkt die Nadirflut nur ein Hochwasser von der Größe
$a'\,b'$. Das giebt also eine **tägliche Ungleichheit.**
Fig. 83 zeigt nach George Darwin diese Flutwelle
kartographisch in Linien gleicher Höhe über dem Meeresspiegel für beide einander gegenüber stehenden Erd-
hälften, wobei diese ganz mit Wasser bedeckt vorgestellt
werden und die fein punktierten Linien die Isohypsen
über dem mittleren Niveau, die gestrichelten solche unter
demselben bedeuten.

Soweit diese Ungleichheit vom Monde allein erzeugt wird, hat sie eine Periode von einem halben
Monat; da aber auch die Sonne bekanntlich in einem
halben Jahr nördlich, im andern südlich vom Äquator
kulminiert, so bewirkt auch sie eine solche Ungleichheit, wenn auch eine erheblich schwächere, als der
Mond, und mit einer Periode von einem halben Jahr. —
Auch diese Ungleichheit hat einen Einfluß auf die Zeit
des Hochwassers. Der Ort a (Fig. 82) hat eine andere
Lage zur Drehungsaxe des Flutellipsoids wie a', letzteres liegt dem Drehungspol des Flutellipsoids näher
als a. Das wird zur Folge haben, daß das Hochwasser
in a nicht bloß höher, sondern auch länger andauert
als in a'.

Eine weitere sehr merkliche Verschiedenheit der
Gezeitenhöhen wird durch den nicht immer gleichen
Abstand des Mondes von der Erde und dieser von der
Sonne erzeugt. Für den Mond schwanken die Werte
für die fluterzeugende Kraft zwischen einem Maximum
und Minimum, die sich verhalten wie 59 zu 43, für die
Sonne wie 21 zu 19. Daraus kann man nach Herschel
als theoretisches Verhältnis des höchsten Hochwassers
bei Springtide zum niedrigsten Niedrigwasser bei tauber
Tide die Werte setzen: $59+21$ zu $43-19$ oder 80 zu 24
oder 10 zu 3. Diese Ungleichheit heißt die **parallak-
tische.**

Man kann sich nun einen ungefähren Begriff
machen von den zahllosen Kombinationen, die zwischen
diesen Verschiedenheiten der Stellungen und Ent-

fernungen der fluterzeugenden Himmelskörper möglich sind. Die vom Mond allein abhängigen erschöpfen sich freilich innerhalb 18^1/$_2$ Jahren und kehren dann in alter Folge wieder, wobei die extremen Deklinationen zwischen 18^0 und 29^0 Breite liegen. Die Sonne aber würde ihre Änderungen an dem Verlaufe der Gezeiten erst nach rund 21000 Jahren von neuem wiederholen, wo dann das Perihelium (die größte Annäherung an die Sonne) auf denselben Jahrestag fällt.

Im Wesentlichen hat diese eben gegebenen Betrachtungen schon Newton angestellt; aber bis auf den heutigen Tag ist es noch nicht gelungen, auf Grund der Theorie allein die Eintrittszeit und die Höhe des Hochwassers für irgend einen gegebenen Ort voraus zu berechnen. Thatsächlich nämlich bewirkt die Trägheit der Wassermassen, daß sie nicht unmittelbar den anziehenden Kräften folgen, sondern sich verspäten. So treten die Wirkungen der Springzeit vielfach erst zwei Tage nach dem Voll- oder Neumond ganz in die Erscheinung und diese Verzögerung ist fast für jeden Ort eine andere. Ferner hat die ungleiche Tiefe der Meere und vor allem ihre Unterbrechung durch die Landflächen eine solche Störung des sich entwickelnden Flutellipsoids zur Folge, daß es ganz unmöglich erscheint, eine vollständige Theorie der faktischen Gezeitenerscheinungen, so wie sie an den Küsten beobachtet werden, aufzustellen. Das ist weder Newton und Bernouilli gelungen mit ihrer Gleichgewichtstheorie, welche von jeder Trägheitswirkung absah, also dem Wasser die Eigenschaften der Masse absprach, noch Laplace, der in seiner sogenannten dynamischen Theorie die unerlaubte Annahme einer ununterbrochenen, kontinentlosen Wasserdecke der Erde zu Grunde legte, noch Ferrel, der in den Gezeiten des Atlantischen Ozeans nur das Hin- und Herschaukeln erblickte, wie es stehende Wellen erzeugen. Letzteren hat bereits Börgen mit der einfachen Rechnung widerlegt, daß die Dimensionen des Atlantischen Ozeans stehende Wellen von ganz anderer Periode ergeben würden, als Ferrel annahm. Airy wieder betrachtete in seiner Kanaltheorie

die Gezeitengestaltung, wie sie sich in einem Kanal
von beliebiger Länge, Breite und Tiefe ergeben würde,
und schuf damit unmittelbar auf die Flutvorgänge in
Meeresstraßen und Flußmündungen anwendbare Gesetze,
wobei er das Phänomen im Ganzen als eine Wellenbewegung behandelte. In dieser Richtung bewegen sich
auch die neuesten Arbeiten von Prof. Börgen in
Wilhelmshaven, welche bestimmt sind, der Gezeiten-
lehre neue Bahnen zu weisen. Schon Newton wußte,
daß die Orte einer und derselben Küstenstrecke keineswegs zur selben Zeit ihr Hochwasser erhalten. Die
Uhrzeit des an einem Vollmond- oder Neumondtage
eintretenden Hochwassers nennt der deutsche Seemann
die Hafenzeit, der englische: *establishment*. Noch niemals
ist es gelungen, für einen Ort die Hafenzeit aus der
bloßen Theorie zu berechnen; sie kann nur durch Beobachtungen erhalten werden.

Beigegebene Karte, auf der die römischen Ziffern
die Uhrzeiten (nach Greenwich-Zeit) angeben, versucht
durch Linien gleichzeitiger Hafenzeit ein Bild zu ent-
werfen von dem Verlaufe der Flutwelle an den Küsten
Frankreichs, Englands und Deutschlands. Die Linien,
welche angenähert die Lage des Kamms der Flutwelle
zur angegebenen Stunde andeuten, zeigen, wie sich
diese Welle, ganz nach den im vorigen Abschnitt ent-
wickelten Gesetzen, in ihrer Richtung zur Küste verhält. In der Mitte des britischen Kanals, im tieferen,
freieren Wasser eilt der Kamm vor, an den Küsten
bleibt er zurück, fast 6 Stunden braucht die Welle, um
vom westlichen Eingange des trichterförmigen Kanals
nach Dover vorzudringen. Das Irische Meer erhält
Wellen von Norden und Süden, und in der Nordsée,
läuft eine Welle an Schottland und England entlang
von Norden nach Süden, während die aus der Enge von
Dover tretende nach Osten weiter eilt. Solche Karten
hat zuerst der Engländer Whewell entworfen, der
eine Zeitlang sogar der Meinung war, derartige Linien
(cotidal lines), die man Homopleroten oder noch besser
Flutstundenlinien nennt, für das ganze Weltmeer zeichnen
zu können. Man sieht in manchen Atlanten leider noch

Fig. 84.

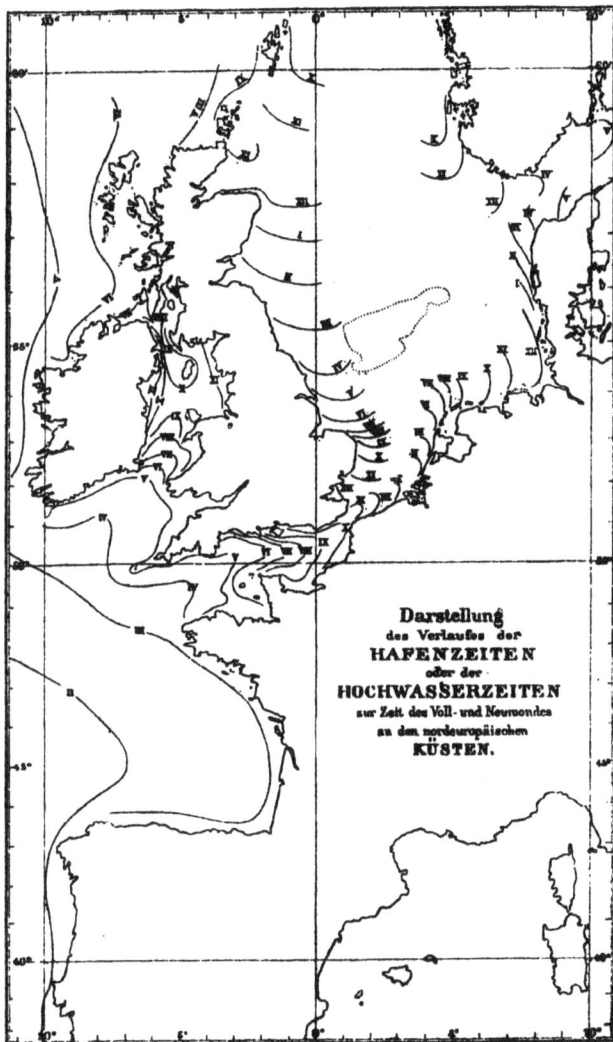

Darstellung
des Verlaufes der
HAFENZEITEN
oder der
HOCHWASSERZEITEN
zur Zeit des Voll- und Neumondes
an den nordeuropäischen
KÜSTEN.

solche Kärtchen, obwohl sie ganz unmögliche Dinge
zur Anschauung bringen und trotzdem sie Whewell
18 Jahre nach seinem ersten Versuche selbst feierlich
widerrufen hat. Er war von der ganz irrigen Annahme
ausgegangen, daß nur der größte Ozean, der Pazifische,
Fläche genug besäße, um eine selbständige Flutwelle
zu schaffen, und diese sollte dann durch den Indischen
in den Atlantischen treten, um in diesem von Süden
nach Norden zu laufen. Der Irrtum ist um so augen-
scheinlicher, als ganz kleine Wasserbecken, wie der
Michigansee in Nordamerika, nachweislich eine Gezeiten-
bewegung zeigen, die allerdings nur wenige Centimeter,
in Chicago 7, in Milwaukee 3 bei Springzeit, erreicht.

Durchmustert man die Hafenzeiten im Nordatlantischen Ozean (welche wenig Beziehung in ihrer Folge
zum Südatlantischen zeigen), so tritt uns als typischer
Gegensatz die Gleichzeitigkeit entgegen, mit der die
Flutwelle alle Küstenpunkte der Vereinigten Staaten
trifft, gegenüber der allmählichen Verspätung an den
europäischen Küsten nach Norden hin. An der Küste
von Florida liegen die Hafenzeiten zwischen $1^1/_2$ und
$1^3/_4$ Uhr, etwas früher an der Küste von Georgia, bei
Kap Hatteras, dem am weitesten östlich vorragenden
Punkte, sich verfrühend bis 6 Min. nach 12 Uhr. Am Eingange zum Delaware und zur Bucht von New-York
trifft sie zwischen $12^1/_2$ und $12^3/_4$ Uhr ein; dagegen vor
Halifax auf der Sable Insel schon $1/_2 11$, bei Kap Race
auf Neufundland ebenso, an der eigentlichen Küste aber
etwas später, um Mittag (immer nach Greenwich-Zeit).

Börgen erklärt diese merkwürdigen Hafenzeiten
so, daß er annimmt, im Atlantischen Ozean verlaufe
die Flutwelle in dessen längster Axe, also von Süden
nach Norden. Dabei mache sich dann die oben beschriebene so einfache Anordnung der nordatlantischen
Tiefenbecken geltend: jene flache Aufwölbung in der
Mitte, von Island über die Azoren bis in die äquatoriale
Region hin, zu beiden Seiten lange und tiefe Mulden.
Dadurch wird die Welle in der Mitte des Ozeans aufgehalten, in der westindischen Tiefe mit ihren 6000 und
mehr Metern aber schnell voreilen, ebenso in dem tiefen

Kessel südlich Neufundland. So kann es kommen, daß
die Welle gleichzeitig an allen äußeren Inseln Westindiens und an den Ostküsten der Union gespürt wird,
während sie an den vorragendsten Punkten, bei Kap
Hatteras und erst recht bei Neufundland, sich verfrüht.
An den europäischen Küsten bewirkt die nordwärts
stetig abnehmende Wassertiefe eine ebenso stetige Verzögerung der Welle, so daß sie schließlich in England
erheblich (vier bis sechs Stunden) später eintrifft, als
an der gegenüberliegenden Seite des Ozeans. Diese
Hafenzeiten waren schon auf dem Kärtchen (S. 225) zu
ersehen.

Wir sahen oben, wie die Meereswellen beim Auflaufen auf eine flach abfallende Küste an Höhe wachsen.
Ganz so ist es auch bei der Gezeitenwelle. Im offenen
Ozean, auf einzelnen in tiefem Wasser aufsteigenden
Inseln, ist der Flutwechsel, d. h. der Niveauabstand
zwischen Hoch- und Niedrigwasser (was man schlechthin auch Wellenhöhe nennen könnte), nur der Bruchteil eines Meters. So auf den Sandwich-Inseln und
Tahiti 30 bis 50 *cm*, auf St. Helena schon fast ein
Meter. An den Küsten aber steigert er sich um so
mehr, je kräftiger die Welle bei Abnahme der Tiefe
auch seitlich durch Verengerung des Kanals eingeschränkt wird. So sind viele trichterförmige Busen die
Schauplätze wahrhaft kolossaler Gezeiten. Schon im
Golf von Bristol erreicht der Flutwechsel allgemein
meist 10 *m*, am Clevedon-Pier zur Springzeit ausnahmsweise wohl einmal 16 *m*. Gar oft beschrieben ist der
überraschende Gegensatz, den der Anblick der flachen
Bai von Saint-Michel bei Avranches (an der Spitze des
Trichtergolfes, in welchem die Kanalinseln liegen) gewährt, wenn das auf einer isolierten Felsenzacke hoch
aufragende Schloß bei Hochwasser von einem 12 bis
15 *m* tiefen Wasser umwogt daliegt, während man bei
Niedrigwasser fast trockenen Fußes vom Festlande
hinübergelangt. Die höchsten Gezeiten aber, die bekannt
geworden sind, gehören der amerikanischen Küste an.
Da wo sich zwischen die Halbinsel Neu-Schottland und
das Festland die Fundy-Bai einschiebt, wälzt sich eine

Flutwelle nach Norden hin, welche in der innersten Stelle, der Chepody-Bai, bis 21·3 *m* Höhe erreicht. Auch in der Nähe der Magellanstraße, in ostpatagonischen Buchten, hat man einen Flutwechsel von 18 *m* bemerkt. Nach den von Airy aus der Wellentheorie (1842) abgeleiteten Formeln kann man übrigens diese Riesenfluten vollkommen aus der Abnahme der Wassertiefe und der seitlichen Verengerung des Beckens erklären.

In unseren deutschen Häfen ist die Fluthöhe im Mittel in Emden 2·76 *m*, in Wilhelmshaven 3·46 *m*, in Bremerhaven 3·30 *m*, in Cuxhaven 2·80 *m*, im Hafen von Hamburg 1·88 *m*. Doch gehen die höchsten Springfluten fast auf das doppelte jener Werte, von den Sturmfluten, bei denen der nordwestliche Wind das Wasser aufstaut, ganz abgesehen.

In die Ostsee läuft die Flutwelle durch die Engen der Belte hinein und wird dadurch erheblich geschwächt. Neuere Beobachtungen haben gezeigt, daß sie im Hafen von Kiel einen Flutwechsel erzeugt von 70 *mm*, bei Fehmarn (an der Marienleuchte) von 64 *mm*, bei Arkona auf Rügen von 20 *mm*, bei Swinemünde von 18 *mm* Höhe; nach älteren Beobachtungen weiter östlich bei Neufahrwasser 6·7 *mm* und Memel 4·5 *mm* — also verschwindend kleine Werte.

Im Mittelländischen Meere scheint sich eine selbständige Flutwelle auszubilden, doch kann sie bei der geringen Fläche des Beckens und der großen Tiefe des Küstenwassers nicht sehr fühlbar werden. Nur wo flache Küstenbänke von einiger Breite vorhanden sind, erlangen auch die Mittelmeer-Gezeiten ihre Bedeutung. So in den Syrten, wo bei der Insel Dscherba der Flutwechsel 2·1 *m* beträgt. Sonst wird nirgends der Wert von einem Meter erreicht, obschon die Niveauunterschiede zwischen Hoch- und Niedrigwasser keineswegs ganz dem aufmerksamen Auge sich verbergen, wie an den phönizischen Küsten, bei Venedig, und sonst. Ja Livius berichtet uns sogar, daß Scipio das starke Neu-Karthago nur unter rascher Benutzung einer besonders tiefen Ebbe habe erobern können.

Allgemein sind die inselumrahmten Mittelmeere

durch schwache Gezeiten gekennzeichnet. So das
Amerikanische, das bei Jamaika nur 30, bei Colon 50,
Vera Cruz 60 *cm* erlangt. Das Australasiatische erreicht
nur selten über zwei Meter. Diese beiden Mittelmeere
zeigen aber eine merkwürdige Verwandtschaft darin,
daß stellenweise die Wirkungen der täglichen Ungleichheit so mächtig werden, daß darüber die halbtägigen Gezeiten sich beinahe ganz in eintägige verwandeln. Das sind die altberühmten Eintagsfluten des
mexikanischen Golfs und des Golfs von Tongking, die
ihresgleichen wohl noch in der Javasee, in Neupommern
und an der Südküste Australiens, nirgends aber an den
europäischen oder westamerikanischen Küsten haben:
und zwar findet das Hochwasser im Sommer bei Tage,
im Winter des Nachts statt. Diese Eintagsfluten dem
Verständnis näher zu führen, ist ebenfalls Börgen gelungen, in dem er Airys Wellentheorie für diesen Zweck
weiter entwickelte. Er wandte hier nur die oben schon
erwähnte Lehre von den Interferenzen der Wellen an,
wonach sich Wellensysteme in den verschiedensten
Richtungen unabhängig von einander durchkreuzen
können. Es giebt nun außer den halbtägigen Wellen,
die bisher immer erwähnt waren, in Airys Wellentheorie auch solche von längerer Periode: die Springfluten von 14 Tagen Periode sind uns bereits bekannt;
es kommen nun aber auch Wellen von einem Tage
Periode vor. Denken wir uns nun zwei Systeme von
gewöhnlichen Halbtagsfluten einander in genau ent-
gegengesetztem Sinne durchkreuzend, so daß in einer
bestimmten Gegend immer ein Wellenthal des einen
Systems mit einem Wellenberg des zweiten zusammenfällt, so werden hier die Halbtagswellen verlöscht sein
und nur die eintägigen übrig bleiben; diese können
sogar auch wieder aus zwei gleichen oder nur um einen
kleinen Winkel verschiedenen Richtungen herbeilaufen
und unter Umständen Wellenberg auf Berg, Thal auf
Thal legen, und dann recht hohe Eintagsfluten bilden.
      Diese Interferenztheorie macht auch noch andere
Vorgänge verständlich. In Tahiti, an einer Stelle der
Javasee und in dem irischen Hafen Courtown, südlich

von Dublin, richten sich die Gezeiten ganz allein nach der Sonne: jeden Tag zur gleichen Stunde tritt die Flut ein. Börgen zeigt, daß dieser Fall verständlich wird, wenn zwei Wellensysteme aus genau entgegengesetzten Richtungen auf einander zulaufen: Dann können sich die Mondwellen gegenseitig auslöschen, wobei die Sonnenwellen zurückbleiben. Die Sonnenwellen haben eine Periode von genau 12 Stunden, die Mondwellen aber von 12·42 Stunden; wie die Perioden, so verhalten sich ihre Wellenlängen, d. h. wie 29 zu 30. Bewegen sich nun je eine Mond- und eine Sonnenwelle, wie wir zunächst annehmen wollen, in derselben Richtung vorwärts, so ist klar, daß ihre Kämme bald auseinander kommen werden: der Kamm der ersten Mondwelle ist von dem der nächsten Sonnenwelle um $1/_{29}$ entfernt, die zweite steht schon um $1/_{15}$, die dritte $1/_{10}$ der ganzen Wellenlänge ab, und erst der Kamm der dreißigsten Sonnenwelle wird wieder auf den der 29. Mondwelle treffen. Denken wir uns nun den complicierten Fall, daß sowohl zwei Systeme von Mondwellen wie zwei von Sonnenwellen vorhanden sind, die sich sämtlich noch dazu in einem großen Winkel durch einander hindurch bewegen, so wird man an den Punkten, wo sich Wellenberge aller vier Systeme auf einander lagern, hohe Fluten mit dem theoretisch geforderten Verhältnis der Mond- zu den Sonnenwellen finden, also wie 100:44. Eine Wellenlänge weiter aber wird das anders. Dort kreuzen sich die Kämme der beiden Mondwellen am Gehänge der Sonnenwellen und wieder die beiden Kämme der Sonnenwellen im Anfang des Wellenthals der Mondflutwellen: im ersten Falle wird die Sonnenwelle viel kleiner, im zweiten viel größer ausfallen als das theoretische Verhältnis. Aus solchen Interferenzen wird es verständlich, daß jedes beliebige Verhältnis von Mond- zu Sonnenfluthöhen zustande kommen kann, wie denn auch die Beobachtungen ergeben, daß an der kalifornischen Küste bei San Diego das Verhältnis ungefähr normal 0·41, in San Francisko schon 0·23 ist; in der Floridastraße ist die Mondflut sechsmal stärker als die Sonnenflut, in der Mississippimündung die Sonnen-

flut übernormal (0·59); in Mauritius und Ceylon sind
Mond- und Sonnenfluten beinahe gleich.

Wie es Flutwellen mit einer Periode von einem
und von 14 Tagen, 28 Tagen, einem halben Jahr, einem
ganzen Jahr giebt, so kennt Airys Wellentheorie auch
solche von kürzerer Periode, nemlich von $^1/_3$, $^1/_4$, $^1/_6$,
$^1/_8$ Tag u. s. w., die aber nur im ganz flachen Wasser
vorkommen. Hier ist nun eine Analogie hervorgetreten,
die sich bald sehr fruchtbar für die Gezeitentheorie erwiesen hat, nemlich zu den Tonwellen. Wie Helmholtz
gezeigt hat, sind die Töne, die ein Musikinstrument
erzeugt, nichts Einfaches, sondern der einzelne Ton ist
zusammengesetzt aus einem Grundton, der der tiefste
ist, und einer großen Zahl anderer, höherer, die 2-, 3-,
4-, 5-, und mehrmal mehr Schwingungen in der Sekunde
machen: das sind die sog. Obertöne. Im flachen Wasser
bilden nun auch die Gezeiten solche Oberfluten, und
diese lagern sich dann auf die halb- und eintägigen
Wellen auf, ja sie können sie sogar an Größe sehr
übertreffen, wie man, um die Analogie mit einem Musikinstrument wieder aufzunehmen, auf einem Waldhorn
oder einer Flöte durch entsprechendes Anblasen nur
die hohen Töne erklingen, den Grundton ausfallen lassen
kann. So giebt es im Tayflusse bei Stirling in Schottland täglich dreimal Hochwasser (also in einer Periode
von 8 Stunden oder $^1/_3$ Tag), in brasilischen Flußmündungen viermal Hochwasser (Sao Francisco, Para-
nagua also $^1/_4$ Tag), und in vielen andern Fällen lagern
sich diese kurzen Wellen auf die halbtägigen in der
Weise auf, daß das Hochwasser mit kurzen Schwankungen
ein paar Stunden andauern kann, wie in Havre fast
4 Stunden, in Southampton über 3 Stunden lang: in
Havre können dadurch über ein Dutzend Schiffe mehr
in die Hafenbecken eingeschleust werden, als sonst
möglich wäre. Ja man könnte die Analogie noch
weiter treiben und sogar die ganz kurzen von den
modernen selbstregistrierenden Pegeln überaus häufig
an allen Küsten angezeigten, kleinen Wellen von 5 bis 90
Minuten Periode und von 5 bis zu 150 *cm* Höhe als
Oberfluten auffassen, wie es auch Obertöne von so

hohem Range giebt, die bei der Klangfarbe der Violine eine große Rolle spielen oder schon beim Anschlagen einer Stimmgabel dann zu hören sind, wenn man sie nicht auf einen Resonanzboden aufsetzt, sondern frei in der Luft hält. Es würden dann die Flutwellen, indem sie ihren erhöhten Wasserstand regelmäßig in ein solches Hafenbecken hineinwerfen, in diesem Eigenschwingungen des Wassers hervorrufen, so daß also meteorologische Ursachen hierfür nicht durchaus notwendig sind (vgl. S. 213).

Es wird noch emsiger Arbeit und langjähriger Untersuchungen bedürfen, ehe man alle Eigenschaften der Gezeiten auch nur gehörig kennen lernen, geschweige denn erklärt haben wird. Und doch ist die praktische Benutzbarkeit vieler Häfen durch die Gezeiten vielfach beschränkt, indem die modernen tiefgehenden Seeschiffe nur bei Hochwasser einlaufen können. Aus mehrjährigen Beobachtungen, also lediglich auf Grund der Erfahrung, kann man aber für jeden Hafenort Tabellen im Voraus berechnen, aus denen der Eintritt und die mutmaßliche Höhe der Flutwelle für jeden beliebigen Tag entnommen werden kann; wie die andern hydrographischen Ämter, so veröffentlicht auch die Nautische Abteilung des Reichsmarineamts in Berlin regelmäßig solche Gezeitentafeln. Überdies wird an vorspringenden Küstenpunkten oder auf Leuchtschiffen den ansegelnden Schiffen durch bestimmte Signale der jeweilige Wasserstand angekündigt; in San Francisko hat man eine Vorrichtung erbaut, die dies selbstthätig durch die Flutwelle besorgt (Fig. 85).

Für den Schiffer aber sind die Gezeiten an den Küsten nicht nur durch die Änderungen der Fahrwassertiefe von Bedeutung, sondern auch durch die Strömungen, welche sie zur Folge haben. Diese Gezeitenströme wollen wir noch mit einigen Worten betrachten.

Da die Theorie seit Airy die Gezeiten als eine Wellenbewegung auffaßt, so werden die einzelnen Teilchen des tidenden Wassers ganz dieselben Phasen in ihren Verschiebungen zeigen, die wir oben für die Wellen im Allgemeinen dargelegt haben (Seite 193). Fig. 86 auf S. 234 zeigt die Anwendung auf eine Welle, die wie die Flutwelle eine Periode von 12 Stunden und 24 Minuten haben möge. Die Welle bewegt sich nach

Fig. 85.

Automatischer Flutzeiger bei San Francisko.
(Der Zeiger an der Skala giebt die Wassertiefe zu + 1·4 Fuß über Normal an; der Pfeil im Mittelfelde zeigt, dass das Wasser steigt.)

rechts. Da vertikale Verschiebungen als Strom nicht gefühlt werden, so kommen hier nur die horizontalen in Betracht. 6 Stunden und 12 Minuten bewegt sich das

Fig. 86.

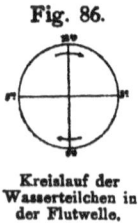

Kreislauf der
Wasserteilchen in
der Flutwelle.

Teilchen über dem Mittelniveau nach rechts, das ist der Flutstrom oder kurzweg die Flut der Seeleute; ebensolange unter dem Mittelniveau nach links, das ist der Ebbestrom oder die Ebbe. Das Maximum des horizontalen Fortschreitens in der Zeiteinheit erfolgt nach der Figur im Augenblicke des Hochwassers und in dem des Niedrigwassers. In der Zeit, wo das Mittelniveau passiert wird, 3 Uhr 6 Minuten und 9 Uhr 18 Minuten, ist gar kein Strom, das sind die Zeiten des Stillwassers, auf welche dann eine Umkehr, oder wie der Seemann sagt, das Kentern des Stromes folgt, indem Flut- und Ebbestrom einander ablösen.

Befindet man sich aber am Strande, so wird man ganz abweichend von den Angaben der Figur stets wahrnehmen, daß das Kentern des Stromes nicht 3·1 Stunden nach dem Hochwasser oder Niedrigwasser erfolgt, sondern mit diesen Phasen zusammenfällt. Gerade wo das Wasser am höchsten aufgelaufen ist, hört der Strom auf (Stauwasser), dann beginnt mit fallendem Wasser auch die Ebbe, sie entführt das Wasser seewärts, und hält damit an, bis Niedrigwasser erreicht ist, wo dann der Strom abermals kentert und sich als Flut auf das Land zu bewegt. Hier scheinen also Theorie und Thatsachen im Widerspruch. Aber doch nur scheinbar.

Die Theorie geht von der vereinfachenden Annahme eines nach allen Richtungen hin unbegrenzten Wassers von gleichmäßiger, großer Tiefe aus. Am Strande aber haben wir eine feste Begrenzung, und das Küstenwasser ist flach und nimmt langsam seewärts an Tiefe zu. Dadurch wird die regelmäßige Welle umgeformt, zunächst insofern, als die von den schwingenden Wasserteilchen durchmessenen Bahnen nicht mehr die eines Kreises, wie in obiger Fig. 86, sind, sondern die einer Ellipse, und zwar einer sehr langgestreckten. Sodann wird auch das Profil der Welle verändert, und zwar so wie bei den dem Strande zueilenden Windwellen: Die Vorderseite der Welle wird mangelhaft ausgebildet, und die Flutströmung des Wellenkammes kann um so weniger über den Moment des Hochwassers hinaus unterhalten werden, als die Welle sich der Küste nähert. Da, wo sie an diese anschlägt, erfolgt das Kentern des Stroms dann genau im Augenblick des Hochwassers bezw. Niedrigwassers.

So fällt im Elbetrichter vor Kuxhaven das Kentern des Stroms thatsächlich noch nicht mit den extremen Wasserständen zusammen, sondern erfolgt $1\frac{1}{4}$ Stunde nach Niedrigwasser, $1\frac{1}{2}$ Stunde nach Hochwasser, und in Wilhelmshaven $\frac{3}{4}$ Stunden nach Hoch- resp. Niedrigwasser.

Die Richtung der Gezeitenströme ist in der Nähe des Strandes immer so, daß Ebbe und Flut nach genau entgegengesetzten Kompaßstrichen verlaufen. Aber schon in unserer Nordsee und sonst in den flacheren Meeren sind Abweichungen hiervon lange bekannt. In den Gezeitentafeln werden namentlich sog. rotatorische Strömungen erwähnt: sie lassen den Strom stetig seine Richtung ändern, indem er an der einen Stelle im Sinne des Uhrzeigers, an einer andern umgekehrt, alle Kompaßstriche nach einander durchläuft. In der Irischen See weiß man wieder zu berichten von hohen Flutwellen ohne allen Gezeitenstrom, während man ein Gegenstück hierzu zwischen der holländischen und englischen Küste kennt, wo zwar Gezeitenströme regelrecht alternierend auftreten, aber der Flutwechsel ausfällt, der Wasserstand sich also immer gleich bleibt.

Diese zunächst rätselhaft erscheinenden Vorgänge hat schon Airy auf Grund seiner Wellentheorie erklären können, indem er sie auf die Interferenz von zwei einander mit verschiedener Richtung und verschiedener Phase durchkreuzenden Flutwellen zurückführte. Es kommt hierbei ebenso auf den Schnittwinkel, in dem die beiden Wellen sich treffen, wie auf die Größe des Phasenunterschieds an; die Sache läßt sich auf graphischem Wege leicht verständlich machen. In Fig. 87 läuft die eine Flutwelle in der Richtung von A' nach A, die zweite in der Richtung B' B; der Schnittwinkel ist 90°. Der Flutstrom der ersten oder A-Welle ist nach A gerichtet, der Ebbestrom genau entgegengesetzt nach A'.

Fig. 87.

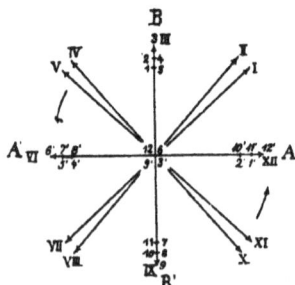

Entstehung eines nach **links** rotierenden Gezeitenstroms.

Hochwasser ist um 12 Uhr;
Niedrigwasser um 6 Uhr (wir
rechnen der Einfachheit wegen
nach Mondstunden); Mittelwasser also um 3 Uhr und
9 Uhr, und zu dieser Zeit kein
Strom. Die Stärke des Flut-
stroms für die einzelnen Stunden ist durch die Länge der
Abstände zwischen 9' und 10',
bezw. 11', 12', 1', 2', Uhr gegeben; die des Ebbestroms
in der Richtung auf A' symmetrisch dazu. Für die B-
Welle ist Hochwasser um
3 Uhr, also drei Stunden später als für die A-Welle. Im
Übrigen ist die Niedrigwasserzeit mit 9 Uhr, die Still-
wasserzeit mit 6 und 12 Uhr aus der Figur abzulesen. Aus
diesen beiden Wellen bildet sich nun für jede einzelne
Stunde der jeweilige Strom als Resultierende der beiden
zeitlich zugleich auftretenden Einzelströme aus. Also um
12 Uhr hat die A-Welle höchste Flut, die B-Welle Still-
wasser; der Strom geht mit der A-Welle allein nach
Osten. Um 1 Uhr ist die Stromstärke der A-Welle gleich
dem Abstand 9'—1' die der B-Welle = 12—1: die Resultierende ist durch den mit I bezeichneten Pfeil gegeben.
So sind dann für die übrigen Stunden die mit römischen
Ziffern bezeichneten Richtungen und Stromstärken leicht
zu konstruieren. Der Strom dreht hier links herum, entgegen dem Uhrzeiger. Die nebenstehende ähnlich ent-
worfene Fig. 88 zeigt, daß der Strom rechts herum
dreht, wenn die der Zeit nach spätere Welle rechts
liegt, so daß beide Figuren das Gesetz erkennen lassen:
Der Strom dreht immer nach der Seite der später ankommenden Welle hin. Bei Fig. 88 ist der Phasenunterschied der beiden Wellen 4 Stunden, der Schnittwinkel
45°, die Stromstärke bei 3 Uhr und 9 Uhr besonders groß.

Drehströme kommen nur vor, wenn der Phasenunterschied 1 bis 5 Stunden beträgt. Wächst er auf
6 Stunden an, so wird die resultierende Strombewegung

einfach alternierend (vgl. die
Konstruktion in Fig. 89).
Laufen bei 6 Stunden Phasen-

Fig. 89.

Fig. 88.

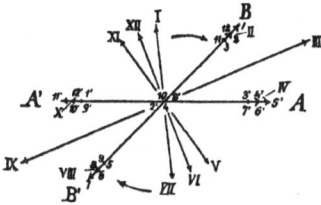

Entstehung eines nach rechts rotierenden
Gezeitenstroms.

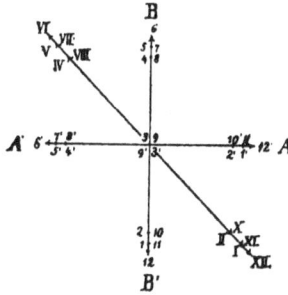

Interferenz zweier Flutwellen ohne
Drehstrom.

unterschied die beiden Wellen genau entgegengesetzt
auf einander zu, so fällt der Flutstrom der einen Welle
immer mit dem Ebbestrom der andern zusammen; es
giebt also sehr starke, aber einfach alternierende Gezeitenströme. Da jedoch das Hochwasser der einen Welle
gerade mit dem Niedrigwasser der zweiten zusammentrifft, so fällt hier jede Schwankung des Wasserstands
weg (Fig. 90). Wird bei demselben Schnittwinkel von
180° der Phasenunterschied Null, d. h. trifft Hochwasser
mit Hochwasser, Niedrigwasser mit Niedrigwasser zusammen, so giebt es einen sehr starken Hub der Gezeit,
aber die Strömungen heben sich gegenseitig auf (Fig. 91;

Fig. 90.

Fig. 91.

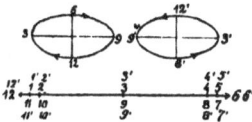

Gegeneinander laufende Flutwellen.

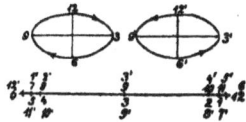

die Bezifferung giebt die zusammengehörigen Uhrzeiten).
Solche genau gegen einander laufenden Flutwellen entstehen besonders leicht an Küsten, die die ankommende
einfache Flutwelle zurückwerfen, wozu im Westen und
Süden Englands die Bedingungen günstig sind.

Bei allen hier graphisch dargestellten Fällen ist übrigens die Flutgröße für die beiden interferierenden Wellen ganz gleich angenommen; in der Natur wird das freilich nicht immer der Fall sein. Da in den Irischen Kanal sowohl von Norden, wie von Süden Flutwellen eindringen, werden sich hier die dargestellten Komplikationen besonders deutlich machen; ebenso geschieht das in der Nordsee, in deren südlichen Teil eine Welle aus dem Kanal eintritt und dort mit der um Schottland herum nach Süden gelaufenen Welle zusammentrifft. Die flache Doggerbank spaltet diese schottische Welle in zwei Teile, die sich dann im Osten davon mit ihren Kämmen schneiden, sodaß auf der Höhe von Sylt und Blaavands Huk Drehströme herrschen. Solche sind, wenn auch abgeschwächt, bis zur Jademündung hin bemerkbar: Das hier liegende Feuerschiff Weser zeigt drei Stunden Flutstrom nach SO, dann eine Stunde nach OSO, weiter schwachen O- und noch schwächeren NO-Strom, worauf das Kentern in N-Strom erfolgt und der Strom stärker nach NNW, NW und WNW wendet und sich schließlich abgeschwächt gegen SW kehrt, worauf er rasch nach SO umgeht und den Kreislauf links herum von Neuem beginnt.

Die Stärke der Gezeitenströme ist auf hoher See weitab vom Land ganz unmerklich; nach Börgen bei ozeanischen Tiefen von 3700 *m* nur 85 *m* in der Stunde, was also in $6^{1}/_{5}$ Stunde nur 527 *m* oder noch nicht $^{1}/_{3}$ Sm. bringt. Auf flachem Wasser dagegen sind diese Strömungen gar nicht zu verachten, da erreichen sie ein paar Seemeilen in der Stunde, wobei also ein Wasserteilchen Strecken von 15, 30, 40 *km* durchmisst; wo aber der Strom eingeengt wird, durch vorspringende Landzungen oder in schmalen Straßen zwischen Inseln, kommen Geschwindigkeiten von 6 bis 7, ja vereinzelt auch 10 bis 11 Sm. in der Stunde vor. Solche erzeugen alsdann höchst gefährliche Wirbel (s. oben S. 201), und sowohl der Maelstrom bei den Lofoten und der benachbarte Saltström bei Bodö, wie die Scylla und Charybdis in der Meerenge von Messina sind durch solche Gezeitenströme hervorgerufen. So haben auch die Alten gerade in dem

flachen Wasser der kleinen Syrten durch diese ihnen
unverständlichen kräftigen Gezeitenströme jene Erfahrungen gesammelt, welche diesen Meeresgolf bis auf
den heutigen Tag in Verruf gebracht haben. Ebenso
mußte es ihnen als ein Wunder erscheinen, daß ein Fluß
an seiner Mündung auch stromaufwärts fließen, oder
doch (bei einlaufender Flut) aufhören konnte, in die See
hinaus zu strömen. Einem solchen Wunder verdankte
der Held Odysseus schließlich seine glückliche Landung
auf der Phäakeninsel: denn nachdem er, mühsam
schwimmend, die Gnade das Flußgotts angerufen:

> „ . . . Da hemmte der Gott die wallenden Fluten
> Und verbreitete Stille vor ihm, und rettet ihn freundlich
> An das seichte Gestade . . .“

Beobachtet man die Flutwelle, wie sie auf den
Watten der Nordsee der Küste zueilt, so kann sie bis-
weilen als ein kleiner Wasserwall von $1/_3$ m Höhe auftreten. Mächtiger bäumt sie sich zuweilen in flachen
Trichtergolfen auf, namentlich in Flußmündungen, wo
sie dann als eine brandende Wassermauer von mehreren
Metern Höhe stromaufwärts laufen kann. Das ist die
Sprungwelle oder Flutbrandung oder Bore, wie sie
gewöhnlich nach ihrem Lokalnamen im Hugli, dem
Gangesarme, an welchem Kalkutta liegt, genannt wird.
Als Mascaret ist sie in der Mündung der Seine auch
noch nach ihrer Regulierung unter Napoleon III.
als eine gefährliche Erscheinung beschrieben worden,
schwächer tritt sie in der Gironde und im Severn auf,
vereinzelt ist sie auch wohl in der Leda bei Leer gesehen worden (im Herbst 1848 nach A. Breusing), wo
die Schiffer sie Bare nannten. Großartig ist ihre Ausbildung im Trichtergolf von Hang-tschou oder Tsientang
an der Küste Chinas, wo die Chinesen sie den „Donner“
nennen und gegen die verheerenden Wirkungen ihrer
8 bis 10 m hoch aufgebäumten Brandungswelle, die bis
Hang-tscheu hinaufläuft, die Ufer mit langen Dämmen
verwahrt haben. Umstehende Figur 92 (Seite 240) zeigt
sie uns nach einer Abbildung von Kapt. W. U. Moore,
,wie sie als ein unabsehbar langer Wasserwall von

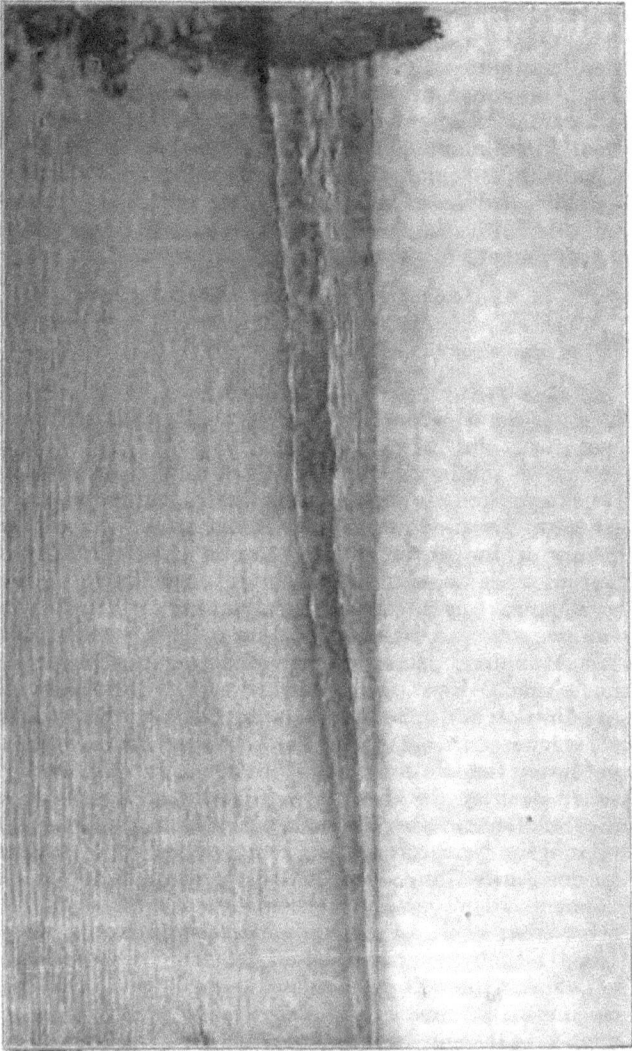

Bore im Tsien-tang-Fluß unterhalb Hong-tscheu am 10. Oktober 1892, aus 100 Meter Abstand photographiert.

8 *m* Höhe mit einer Geschwindigkeit von 14 Knoten
(7·2 M. p. S.) stromaufwärts stürmt mit einer Wolke
von Seevögeln über sich, die auf die Fische herabstoßen.
Im Hugli erscheint sie zur Zeit des Südwestmonsuns,
während der Ganges Hochwasser hat, in Springzeiten
als eine 5 bis 8 *m* hohe Welle, der in kurzem, wenige
Meter betragenden Abstand drei gleich hohe Roller zu
folgen pflegen, mit einer Geschwindigkeit von 20 Knoten
das enge Strombett hinaufrasend und am flachen Ufer
alles über den Haufen werfend, während Boote in der
Mitte des Stroms nichts zu fürchten haben, wenn die
Roller sie nicht von der Seite treffen. Großartig ist die
Bore auch im Mündungsgebiet des Amazonenstroms ausgebildet. Die Erscheinung heißt dort Pororoca und tritt
weiter als 350 *km* von der Mündung im Amazonas selbst
wie in seinen größeren Zuflüssen in derselben Bösartigkeit
auf, noch bis zur Mündung des Tapajoz wird sie ge-
fürchtet. — Im Amazonas übrigens werden auch die
Niveauschwankungen der Ebbe und Flut noch bis 530 Sm.
oder 980 *km* auf dem Wasserwege binnenlands gespürt;
so fand sie Bates oberhalb Aveyros am Cupari, einem
Zuflusse des Tapajoz, in einem Abstand vom Meer wie
Pest von Kuxhaven entfernt liegt.

3. Die Meeresströmungen.

Seit jeher haben die Meeresströmungen, wegen
ihrer in vieler Hinsicht rätselhaften Eigenschaften, ihrer
großen Wichtigkeit für die praktische Seefahrt und
den Handelsverkehr der Menschen, wie für die Erwärmung oder Abkühlung großer Küstengebiete, das
lebhafteste Interesse in Anspruch genommen. In der
That ist ein näheres Studium derselben auch durchaus
geeignet, sie im Ganzen nur um so großartiger erscheinen zu lassen. Sind es doch Bewegungen, die unaufhörlich, wenn auch langsam wirkend, eine sehr
ergiebige und allgemeine Cirkulation in der Meeresdecke der Erde ins Werk setzen, hier das Polarwasser
dem Äquator, dort das tropische Wasser den Polar-
gebieten zuführend — ein System von Arterien und
Venen im wogenden Ozean! Bald nur durch die größere

oder geringere Wärme ihrer Gewässer sich als langsam schleichende, kaum meßbare Bewegung verratend, nehmen sie in anderen Fällen durch ihre große mechanische Kraft vollauf die Aufmerksamkeit des Schiffers in Anspruch, dann, wie der Floridastrom, stellenweise durch ihre scharfe Abgrenzung einem Flusse im Meer vergleichbar. Für die Theorie bieten die ozeanischen Strömungen vielfach noch schwer verständliche Probleme dar, zumal es schon nicht leicht ist, einwandfreie gute Beobachtungen zu beschaffen.

Die gewöhnlichste Methode, die Meeresströmungen zu verzeichnen, beruht auf der sogenannten Schiffsrechnung. Jeder Schiffsführer ist verpflichtet, alltäglich des Mittags das Besteck, d. i. die geographische Position seines Schiffes nach Breite und Länge, in sein Tagebuch einzutragen. Bei hellem Wetter wird durch Beobachtung der Sonne dieser Schiffsort auf astronomischem Wege meist zuverlässig gewonnen. Gleichzeitig aber ergiebt das Schiffstagebuch aus den dort während der Fahrt eingetragenen Angaben über Kurs und Fahrtgeschwindigkeit durch eine einfache Rechnung den gesteuerten mittleren Kurs und die Distanz seit dem vorigen Mittage. Meist wird sich diese aus der Loggerechnung erhaltene Position, die auch das gegißte Besteck heißt, nicht vollkommen decken mit dem astronomischen Besteck. Die Richtung, nach welcher das Schiff von diesem letzteren Punkte abgetrieben ist, wird als Stromrichtung, die Distanz als Stromstärke für die Zeit von Mittag zu Mittag, welche der Seemann das Etmal nennt, im Tagebuch verzeichnet.

Man sieht nun leicht, daß dieser Unterschied zwischen dem gegißten und observierten Besteck außer dem wirklichen Strome noch anderen störenden Einflüssen zuzuschreiben ist: Irrtümern beim Steuern, namentlich wenn der Seegang schwer ist und von der Seite kommt; unrichtiger Abmessung der Abtrift und der Fahrtgeschwindigkeit durch die Logge. Ferner haften den astronomischen Ortsbestimmungen doch auch Fehler an; magnetische Störungen an den Kompassen auf eisernen oder armierten Schiffen werden nicht

Fig. 93.

Übersicht der Meeres-Strömungen im Nordwinter

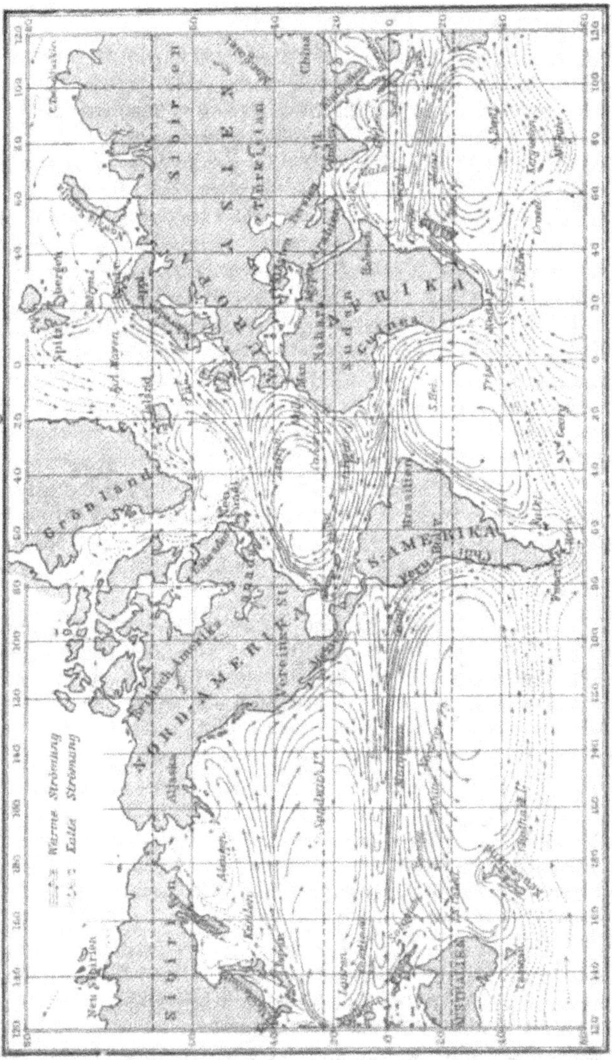

immer augenblicklich erkannt — alles Umstände, welche
die eigentliche Wirkung des Stroms verdunkeln. Aber
meist sind diese Fehler doch als zufällige zu betrachten,
die ebenso wahrscheinlich nach der einen wie nach
der andern Seite fallen und sich gegenseitig aufheben
können, wenn man eine sehr große Zahl von Stromversetzungen für eine nicht zu große Fläche zusammen-
faßt und daraus einen Mittelwert für Richtung und
Geschwindigkeit berechnet. Hieraus ergiebt sich aber
unmittelbar, daß vereinzelt beobachtete Stromversetzungen nur dann Beachtung verdienen, wenn die
Besteckführung eine über allen Zweifel sorgfältige ist,
wie doch wohl immer bei wissenschaftlichen Expeditionen. Ferner aber wird sich zeigen, daß in den
meisten Meeresstrichen die Richtung der Strömungen
gewissen Änderungen mit den Jahreszeiten unterliegt,
die zum Teil in eine völlige Umkehr des Stroms übergehen können; dann würde eine so ausgerechnete
mittlere jährliche Stromrichtung für solchen Raum etwas
ganz Abstraktes, in Wirklichkeit niemals Vorhandenes
bedeuten. Daher muß bei jenen statistischen Zusammenstellungen auch auf die Jahreszeit oder den einzelnen
Monat geachtet werden.

Liegt ein Schiff auf flachem Wasser vor Anker,
oder kann im tiefen Wasser die bis zum Meeresgrunde
reichende, mit dem Tieflot beschwerte Leine einem
ausgesetzten Boote übergeben werden, so hat man
damit einen Fixpunkt, von dem aus die Strömung
durch geeignete Treibkörper direkt sich nach Richtung
und Geschwindigkeit beobachten läßt. Nebenstehende
Abbildung zeigt den Apparat, der von der Kieler Kommission zur Untersuchung der deutschen Meere, und
danach von der Challenger-Expedition, systematisch
hierzu angewendet wurde. Eine aus Eisenblech gefertigte
doppelkonische Boje trägt an einer Leine unter sich
den mit einem Lot beschwerten Treibkörper, zwei zu-
sammenklappbare Rahmen mit geöltem Segeltuch über-
spannt. Je nachdem man nur den Oberflächenstrom oder
den in größerer Tiefe herrschenden messen will, macht
man die Leine 4 bis 5 *m* oder sonst der Tiefe gemäß

lang. An der Boje selbst wird (in der
Wasserlinie) die Leine befestigt, an
der man mit der Sekundenuhr die
Geschwindigkeit unmittelbar mißt.

Dieses Instrument giebt nicht
ganz korrekte Resultate, wenn mit
langer Leine ein Strom in der Tiefe
gemessen werden soll, der nach Richtung und Stärke vom Oberflächenstrom abweicht: die Fläche der oberen
Boje, auf welche der Oberstrom wirkt,
ist nicht gleich derjenigen des Rah-
mens, welchen der Unterstrom mit
anderer Richtung und Stärke erfaßt.
Die dann ohnehin notwendige Rechnung wird bedeutend vereinfacht,wenn
die beiden Körper die gleiche Oberfläche besitzen, und das ist erreicht
auf dem umstehend abgebildeten
Strommesser von Sigsbee und
Mitchell. Als Gewicht dient ein
oben offenes Gefäß aus emailliertem
Eisenblech von 20 *cm* Durchmesser
und 30 *cm* Höhe; als Schwimmer
eine Flasche von gleichen Dimen-

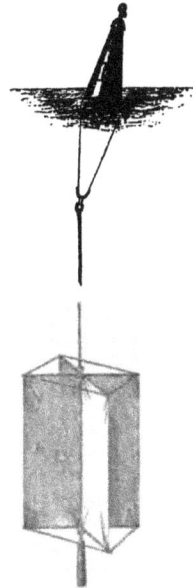

Fig. 94.

Stromboje.

sionen in ihrem cylindrischen Teil, nur daß darüber ein
Kegel von 8 *cm* Höhe den Flaschenhals bildet, der
durch einen Kork verschlossen wird. Das untere Gefäß,
an einem entsprechend langen Draht aufgehängt, wird
solange mit Schrotkörnern beschwert, bis der Schwimmer ganz mit seinem cylindrischen Teil eingetaucht ist.
Mit diesem Apparat hat Sigsbee seine sorgfältigen
Beobachtungen im Mexikanischen Golf und Floridastrom angestellt.

Um die Stromrichtung in beliebiger Tiefe zu messen,
hat der französische Physiker Aimé eine Vorrichtung
konstruiert, welche wir in der beistehenden Figur 96 zur
Darstellung bringen. Sie besteht im Wesentlichen aus
einer Art Windfahne (V), welche fest an einer cylindrischen Büchse (BB) befestigt ist, und die, durch ein

Lot (L) an der Leine versenkt, sich unter der Einwirkung
des Stroms einstellt, wie eine Wetterfahne zum Wind.
Die Büchse enthält an ihrem Boden eine Strichrose
und eine Spitze, auf der eine Kompaßnadel (AA)
balanciert. Wenn nun der Apparat in die Tiefe versenkt
ist und sich zum Strome eingestellt hat, so giebt die
Achse der Fahne im Verhältnis zur Nordrichtung der

Fig. 96.

Fig. 95.

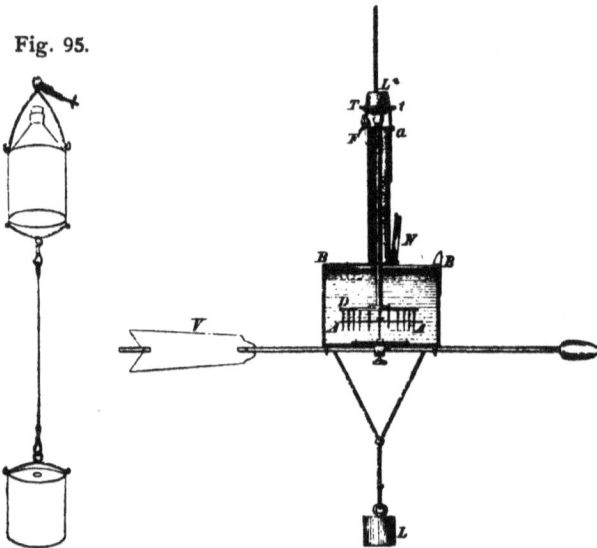

Sigsbees Stromboje.   Aimés submariner Stromzeiger.

Magnetnadel die Richtung des Stromes an, die nun
fixiert werden muß, bevor man den Apparat aufholt.
Zu diesem Zwecke ist über der Kompaßnadel ein Reif
mit 32 Zähnen angebracht (D), der durch eine Hülse mit
einem Stab verbunden ist, welcher nach oben hin aus
der Büchse herausführt. Läßt man an der Lotleine ein
Gewicht (L_2) herabgleiten, so drückt dieses den Zahnreif
auf die Kompaßnadel herab, und arretiert diese in der
Stellung, welche sie gerade einnimmt. — Der Apparat

ist nur selten in Anwendung gekommen, übrigens auch entschieden verbesserungsfähig. Vor allem würde schon die Anwendung von Draht die zu fürchtende Torsion der Leine jedenfalls mindern. Selbstverständlich darf beim Loten mit diesem Apparat das Schiff selbst keine Fahrt haben, weshalb er früher nur bei völliger Windstille angewendet wurde.

Ebenso wichtig wie diese nicht ganz einwandfreien und zum Teil sehr unbequemen Methoden der Strombeobachtung sind folgende indirekten Wege.

Der Strom bewegt mit den Wasserteilchen auch die ihnen anhaftende Temperatur fort, sodaß dadurch die meisten Meeresströmungen, namentlich die nordsüdlich gerichteten, sich leicht kennzeichnen. Ströme vom Äquator zum Pole werden warmes Tropenwasser in höhere Breiten führen, Ströme vom Pol zum Äquator dagegen kaltes Wasser zu diesem: die Einwirkungen der verschiedenen Insolation fehlen zwar nicht, doch verdecken sie die alte Natur der Strömungen keineswegs. So kann man mit dem Wasserthermometer in der Hand einen in vielen Fällen sehr sicheren Schluß auf den vorhandenen Strom wagen, wie auch ein Blick auf die Isothermenkarten im Vergleich zu der Stromkarte die Beziehungen zwischen Strömung und Wasserwärme deutlich zeigt. Ähnliches, wie von der Temperatur, gilt auch von der Wasserfarbe, namentlich aber vom Salzgehalt, der unter Umständen ein außerordentlich scharfes Kennzeichen gewisser Strömungen liefert.

Ein weiteres Indicium geben Treibkörper, welche entweder durch Zufall in das Meer gelangt sind, wie abgerissene Tangzweige, Treibholz, Früchte (letztere namentlich in den Tropen) und andere Pflanzenteile, sowie vor allem die Eisberge, oder wie Flaschen, die von den Schiffen selbst über Bord geworfen sind. Jedes deutsche Kriegsschiff ist verpflichtet, allmittäglich eine Flasche, mit dem beistehend (Fig. 97) in getreuer Verkleinerung abgebildeten Zettel darin und etwas Sand als Ballast versehen, wohl verschlossen über Bord zu werfen, und viele dieser Flaschen werden an den Küsten aufgefunden und ihre Zettel an die deutsche Seewarte

Fig. 97.

Diese Flasche wurde über Bord geworfen

am _____ten _____ 18_____

in _____° _____ *Breite*

und _____° _____ *Länge von Greenwich.*

vom _____ *Schiffe:* _____ *Heimath:* _____ *Kapitän:* _____

auf der Reise von _____ nach _____

    Der Finder wird ersucht den darin befindlichen Zettel, nachdem die auf umstehender Seite gewünschten Angaben vervollständigt sind, an die

Deutsche Seewarte in Hamburg

zu senden oder auch an das nächste deutsche Konsulat zur Beförderung an jene Behörde abzugeben.

Name des Finders und Bemerkungen über den Zustand, in welchem die Flasche gefunden wurde (ob Sand darin war oder nicht):

Datum, wann gefunden?   *Am* _____ten _____ 18_____

Angabe der genauen Zeit?   *Um* _____ *Uhr* _____ *Min.*

Angabe, wo gefunden?   *Breite* _____°_____

                        Länge _____°_____ *von Greenwich.*

Unterschrift des Finders:

Vorder- und Rückseite eines Flaschenpostzettels der Deutschen Seewarte (verkleinert).

eingesandt, welche sie als Flaschenposten regelmäßig veröffentlicht. Die Richtung, welche die Flasche unter der Einwirkung des Oberflächenstroms genommen hat, kann nun freilich nur in den allerseltensten Fällen (wenn das Land sehr nahe ist) mit der geraden Linie vom Abgangs- zum Fundorte identisch sein. Demnach sind solche Flaschenposten nur *cum grano salis* als Indizien für die Stromrichtung zwischen den zwei gegebenen Punkten anzusehen, obwohl sie unter Umständen schon sehr wichtige Ergebnisse geliefert haben, namentlich wo sie in großen Mengen auf bestimmten Stellen ausgesetzt wurden. Zur Ermittelung der Stromgeschwindigkeit sollten sie aber nur dann verwendet werden, wenn sie in See, außer dem Bereich jeder Gezeitenströmung, aufgefunden sind; am Strande und in dessen Nähe können sie nicht nur Tage, sondern Wochen hindurch hin- und hergetragen sein, ehe sie jemand findet, zumal an den außereuropäischen nur spärlich bewohnten Küsten.

Endlich giebt auch die Zusammensetzung des Planktons wichtige Unterschiede zwischen den verschiedenen Meeresströmungen: Fingerzeige, die man allerdings erst in der neuesten Zeit zu würdigen gelernt hat, nachdem die deutsche Plankton-Expedition (1889) die Bahn gebrochen.

Unsere gegenwärtigen Anschauungen über den Verlauf der Meeresströme mag das Kärtchen auf S. 243 darstellen; es bezieht sich auf den Stromzustand etwa im Monat März. Wir bemerken schon beim ersten Blick eine gewisse Ähnlichkeit der Stromfiguren im Atlantischen und Pazifischen Ozean insofern, als wir unter dem Äquator und nördlich davon je zwei Strömungen sich nach Westen bewegen sehen, die „nördliche" und die „südliche Äquatorialströmung", zwischen beiden einen östlichen Gegenstrom, der im Atlantischen Ozean den Namen der Guineaströmung trägt, im Pazifischen Ozean, obwohl dort zeitweilig noch großartiger ausgebildet, eines charakteristischen Namens entbehrt.

Die Äquatorialströmungen biegen beim Auftreffen auf die Ostküsten polwärts aus und bewegen sich dann, mehr und mehr aus ihrer meridionalen Richtung nach

Osten gedrängt, schließlich in den Breiten von 40⁰ und darüber quer über die Meeresbecken nach Osten zurück, wenden sich dort dem Äquator wieder zu und schließen so zwei große Stromkreise: je einen nordatlantischen und nordpazifischen mit einer Bewegung im Sinne des Uhrzeigers, einen südatlantischen und südpazifischen entgegengesetzt dem Uhrzeiger. Letzterer Bewegungsrichtung folgt auch das System des Indischen Ozeans südlich vom Äquator.

Mustern wir die Strömungen nun ein wenig genauer, ohne indes ins Einzelne einzugehen, was nur den praktischen Seemann interessieren würde.

Die atlantischen Strömungen dürfen als die am besten bekannten gelten und können in ihrem Verlauf und Verhalten vielfach als Norm für die der anderen Ozeane betrachtet werden. So zeigen schon die beiden Äquatorialströmungen mit der Guineaströmung in ihrer Mitte sehr erhebliche Verschiebungen mit den Jahreszeiten. Beistehende Karte (Fig. 98) zeigt sie in vier charakteristischen Monaten. Im März ist die nördliche Äquatorialströmung dem Äquator am nächsten, die Guineaströmung am kleinsten entwickelt, nur zwischen 3⁰ und 7⁰ n. Br. (in 20⁰ w. L.) und nach Westen bis 25⁰ w. L. nachweisbar. Im September herrscht die Guineaströmung zwischen 3⁰ und 15⁰ n. Br. (also 1300 *km* breit) und reicht nach Westen bis fast 40⁰ w. L. — Die südliche oder Hauptäquatorialströmung erscheint dem gegenüber in ihrer Lage sehr beständig, sie reicht westlich vom Meridian von Greenwich stets über den Äquator nordwärts hinaus, an der amerikanischen Seite am meisten. Die Guineaströmung besteht, wie ihre hohen Temperaturen zeigen, aus Wasser, welches sich von den beiden Äquatorialströmungen im Westen abzweigt, dann nach Osten strömt und bei den Kapverdischen Inseln in die nördliche Äquatorialströmung, im Süden der Bai von Biafra in die Hauptäquatorialströmung zurückkehrt. Im Sommer schickt so die Guineaströmung ihr warmes Wasser an der senegambischen Küste hinauf bis 18⁰ und 20⁰ n. Br.; im äußersten Osten wird sie bisweilen noch mit ihrem tiefblauen Wasser an der

Fig. 98.

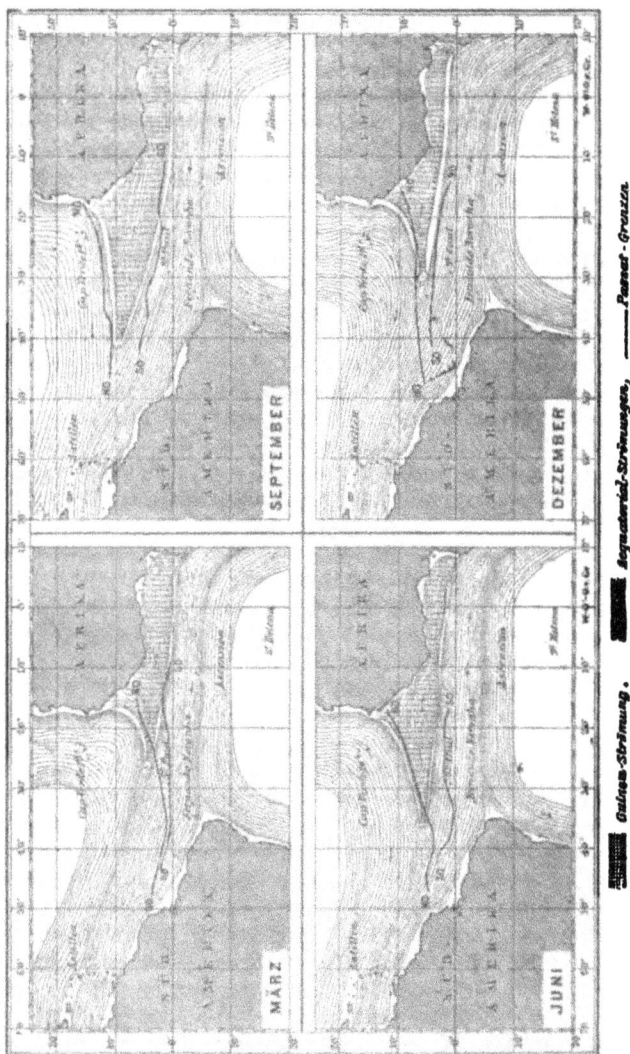

DIE STRÖMUNGEN IN DER ÄQUATORIAL REGION
in den Monaten März, Juni, September und December.

Loangoküste bis in 5⁰ s. Br. wahrgenommen, allerdings nur ganz nahe der Küste, während die kalte, grüne Benguelaströmung dort als Hauptzufluß die südliche Äquatorialströmung speist.

Merkwürdig und schwer zu erklären ist die Zunahme der Stromstärke in der südlichen Äquatorialströmung von Süden her zum Äquator und darüber hinaus. Im Streifen von 0⁰ bis 2⁰ n. Br. nemlich ergiebt sich aus Kapitän Koldeweys Mittelzahlen eine Geschwindigkeit von 20,3 Sm., in 8⁰ bis 10⁰ s. Br. dagegen von nur 11·8 Sm. (in 24 Stunden). Dabei ist eine sehr ausgeprägte Zunahme der Geschwindigkeit erkennbar für die Monate Januar und Juli, entsprechend der Zunahme des Passats in diesen Jahreszeiten. Die Guineaströmung erreicht 20 Sm. und darüber nur auf der Strecke bei Kap Palmas und an der Goldküste, wo vereinzelt schon 85 Sm. im Etmal vorgekommen sind. — Der nördliche Äquatorialstrom überschreitet 18 Sm. selten, und wird im Mittel nur auf 13 bis 14 zu veranschlagen sein. Bei fast allen wissenschaftlichen Expeditionen ist übereinstimmend bemerkt worden, daß diese äquatorialen Meeresströme nicht in große Tiefen hinabreichen, soweit ihre mechanische Leistungsfähigkeit in Betracht kommt: aus dem Verhalten der versenkten Netze ist vielmehr zu schließen, daß bei 120—150 m Tiefe der Strom deutlich schwächer wird und in 180—200 m fast ganz verschwindet.

Das südamerikanische Festland spaltet die südliche Äquatorialströmung in zwei Äste, deren einer nach Süden ausweicht als Brasilienstrom, während der andere in den Nordatlantischen Ozean übertritt und an der Guayanaküste entlang den nach dieser benannten Strom liefert. Guayanastrom und die Hauptmasse des nördlichen Äquatorialstroms bilden zusammen dann jene kräftige Westströmung, die im Karibischen Meer schon Kolumbus durch ihre Stärke auffiel und die durch die Yukatanstraße in den Golf von Mexiko eintritt. Dort bewirkt sie eine allgemeine Anstauung des Wassers, und, wie Sigsbee gezeigt hat, keinen im Golf kreisenden, sondern die Insel Kuba im Norden umfließenden Strom, der als Florida- oder Golfstrom die Engpässe zwischen der Halbinsel

Florida und den breiten Riffinseln der Bahamagruppe, nordwärts herausfließend, verläßt.

An dieser Stelle zeigt der Strom eine Geschwindigkeit, die sonst nirgends ihresgleichen findet: im jährlichen Mittel (für 24 Stunden) ist sie zu 72, in vielen Fällen über 100 bis zu 120 Sm. im Etmal gemessen worden. Das sind auf die Zeiteinheit der Sekunde übertragen 1·5 bezw. 2·5 m, also Geschwindigkeiten, die der Rhein in seinem Unterlaufe bei Hochwasser erreicht. Doch kommen auch Fälle vor, wo der Floridastrom den Schiffen, die ihn für ihre Fahrt nach Norden benutzen, nur eine sehr geringe Förderung gewährt; daß dies besonders bei Südwind geschieht, macht die Sache um so rätselhafter, wozu dann als Gegenstück die Beobachtung nicht fehlt, daß er bei Nordwind besonders kräftig auftritt. Weiter nordwärts ist die Stromstärke ungefähr dieselbe bis auf die Höhe von Charleston (32° n. Br). Von dort an geht der bis dahin nicht über 150 Sm. breite Strom mehr und mehr in die Breite, und nordöstlich vom Kap Hatteras verläßt er auch mit seiner linken Flanke die Küstenbank, die er bis dahin sozusagen als westliches Ufer benutzte. Nun wird auch die Geschwindigkeit stetig geringer, geht aber selbst südlich von Neufundland kaum unter 24 Sm. im Etmal herunter.

Für Schiffe, welche aus dem Mexikanischen Golf oder aus den Osthäfen der Union nach Europa bestimmt sind, ist ein so kräftiger Strom für ihren östlichen Kurs eine sehr erwünschte Beihilfe. So ist auch, angemessen der Großartigkeit dieser einzigen Meeresströmung, ihr erstes Auftreten in der Geschichte gleich an eine folgenschwere Fahrt in dieser Richtung geknüpft. Ehe Cortez nach der Landung beim heutigen Vera Cruz seine Flotte verbrannte, entsandte er das schnellste seiner Schiffe unter dem Piloten Alaminos mit der Nachricht von seiner Entdeckung in die Heimat, Alaminos aber nahm seinen Kurs auf dem damals noch unversuchten Wege nördlich von Kuba vorbei, nicht südlich von dieser Insel, wo die neidischen Gouverneure der Antillen ihm auflauerten. Und so konnte der kühne Pilot, schnell von der Strömung fortgetragen, zu den Azoren und in die

Heimat eilen, die Nachricht von der glänzenden Entdeckung des goldreichen Festlandes verkündend. Alaminos nemlich hatte schon einmal, sechs Jahre vor dieser
Fahrt, in Begleitung von Ponce de Leon 1513 den überraschend starken Strom zwischen den Bahama-Inseln
und Florida kennen gelernt.

Bekannter ist die Rolle, welche dieser Strom
während des amerikanischen Befreiungskrieges spielte,
und die sich an den Namen Franklins knüpft. Diesem
war bekannt geworden, daß der starke Strom die in ihm
nach Westen kreuzenden königlichen Postschiffe durchschnittlich 2 Wochen später in New-York ankommen
ließ, als die amerikanischen Handelsschiffe, die den
Strom im Norden umgingen. Mit des erfahrenen Kapitäns
Folger Hilfe konstruierte er jene berühmte erste Karte
des Golfstroms, die er seit dem Ausbruch des Krieges
nur amerikanischen Schiffern mitteilte und erst nach dem
Friedensschluß veröffentlichte. Wir geben (Fig 99) eine

Fig. 99.

Benjamin Franklins Karte vom Golfstrom.

verkleinerte Kopie davon, auf der die (übrigens ganz
zutreffenden) Stromstärken in „Minuten" d. h. Bogen-

minuten am Äquator oder Sm. in der Stunde angegeben sind.*) Damals erst ist auch der jetzt bei den praktischen Seeleuten ausnahmslos gebräuchliche Name des Golfstroms**), wie ihn Franklin nannte, aufgekommen, während vorher nur von der Floridaströmung die Rede war: ein Name, der neuerdings wieder in der wissenschaftlichen Literatur aufzutreten beginnt, weil die andere Benennung die Ursache vieler Mißverständnisse geworden ist.

Die neueren Untersuchungen der Amerikaner und auch der Challenger-Expedition haben die Kenntnisse vom Floridastrom sehr wesentlich gefördert. Es ergab sich dabei zunächst, daß sein Westrand oder, wie der Seemann sagt, seine Westkante schärfer ausgeprägt ist, als die östliche: eine Folge der starken westlichen und nordwestlichen Winde, die in diesem Gebiete herrschen. So kann sich bisweilen die Westkante so scharf abheben vom ruhigeren, kälteren, grün gefärbten Küstenstrom, daß sie vom Deck des Schiffes von weitem deutlich zu erkennen ist und beim Übertritt aus dem einen Strom in den andern die große Stromgewalt das Schiff aus dem Kurs wirft. Die Grenze ist jedenfalls stets durch das Thermometer festzustellen: der Küstenstrom, der „kalte Wall" der amerikanischen Schiffer, ist meist 10°, bisweilen 15° kälter als der tropisch warme Floridastrom. Wehen im Winter Westwinde vom frostigen Festlande hinüber, so dampft die Oberfläche des warmen Stroms, östliche Winde (oder, südlich von Neufundland, südliche Winde) dagegen bewirken dichte Nebel über dem kalten Wasser.

Je weiter der warme, blaue Strom nordostwärts vorrückt, desto mehr breitet er sich aus. Dies kommt schon in der Lagerung seiner Treibprodukte zur Erscheinung: die Tangbüschel, das Treibholz, die Früchte, die er von den Küsten Westindiens fortträgt hinaus in

*) In der südöstlichen Ecke hat sich Franklin selbst abbilden lassen, wie er mit Neptun über die Natur des Golfstroms spricht.
**) Man hört auch wohl bloß „der Golf".

den Atlantischen Ozean, sie gleiten, wie von der in der Mitte aufgewölbten Fläche eines hoch angeschwollenen Flusses, mehr und mehr den Rändern zu, dort sich ansammelnd und die Stromkante bezeichnend. Nördlich vom Kap Hatteras aber zeigt der Strom alle Merkmale beginnenden Verfalles. Er zerfasert, löst sich in Äste auf, zwischen denen die um 3^0 oder 4^0 kühlere Unterlage zu Tage tritt, und bildet so jene Streifen abwechselnd wärmeren und kälteren Wassers, die den Seeleuten wohl bekannt sind. Man kann annehmen, daß der aus den Engen von Florida herausschießende Strom sich ungefähr im Südosten der Neufundlandbank, bis 40^0 w. L. totgelaufen hat. Wenn das warme Wasser sich dennoch weiter nach Osten und Nordosten bewegt, so geschieht das durch die an Ort und Stelle wie überall wirksamen Winde, die hier gerade aus westlicher Richtung vorherrschen.

Die Hauptmasse dieses warmen Wassers, das sich dann auf Europa zu bewegt, entstammt aber gar nicht dem Amerikanischen Mittelmeer, sondern gehört dem Teile des nördlichen Äquatorialstroms an, der unter dem Namen des Antillenstroms außerhalb der Inselreihe der Antillen vom Passat nach Westen getrieben wird und bei den Bahama-Inseln gleichzeitig mit dem Floridastrom, aber von diesem verdunkelt, nach Norden umwendet. Dieses warme tropische Wasser ist es, das nördlich einer Linie von den Bermudas zur Azoreninsel Flores sich nach Osten bewegt und dann, mit den Trümmern des an Masse ja sehr viel kleineren Floridastroms vereinigt, den ganzen Nordatlantischen Ozean bis nach Island und ins Nordmeer hinauf beherrscht. Dieser Komplex warmen Wassers heißt jetzt allgemein Golfstrom, welches Wort damit einen weiteren Sinn erhalten hat, oder die Golfstromtrift.

Nördlich von den Azoren breitet sich dieses Wasser fächerförmig aus, wobei naturgemäß seine Stromgeschwindigkeit erheblich kleiner wird. Es sind namentlich die in großem Maßstabe vom Fürsten Albert von Monaco ausgesetzten Flaschenposten, die die verschiedenen Stromverzweigungen anschaulich gemacht haben.

Ein besonders mächtiger Arm durchströmt den Ozean in nordöstlicher Richtung, um dann zwischen Schottland und Irland einer Spaltung zu unterliegen. Der eine Zweig geht auf die Südküste Islands zu und umkreist teilweise die Insel im Sinne des Uhrzeigers, wird aber im Nordosten Islands von kaltem Polarwasser verdeckt. Teilweise aber wendet er sich nach Südwesten, geht Seite an Seite mit dem Ostgrönlandstrom um das Kap Farvel in die Davisstraße hinein und dringt entlang der Westküste Grönlands nach Norden vor: hat sich doch einmal der Gouverneur von Holsteenborg aus einem an der Disko-Insel (70° n. Br.) angetriebenen Mahagoniblock einen Speisetisch arbeiten lassen, und allerhand westindische Früchte werden an der ganzen Küste dort nicht selten gefunden. Auch die klimatische Begünstigung Westgrönlands ist auf die Zufuhr des wärmeren Golfstromwassers zurückzuführen.

Die Hauptmasse des Golfstroms aber setzt ihren Weg nach Nordosten fort, um über den Thomson-Rücken hinüber in das Nordmeer einzutreten. Sie ist es, die den Küsten Norwegens jene abnorm milden Winter gewährt, die selbst in den Fjorden am Nordkap kein Eis aufkommen lassen und bei der Inselstation Fruholm in 71·1° n. Br. das Wasser auch im Januar auf einer Temperatur von +3·2° halten, während die bottnischen Häfen regelmäßig zufrieren. Doch auch das gesamte westliche Europa zieht im Winter Vorteil von den durch die Westwinde ausgebreiteten lauen Lüften des Golfstroms, der uns also die Dienste einer Warmwasserheizung leistet. Alle Küsten Schottlands, die Färöer und Shetland-Inseln nehmen den vollsten Anteil an diesem milden Golfstromwinter. Wenn der mechanische Druck dieses Stroms hier auch dem Schiffsführer nur wenig fühlbar wird, so ist er doch ausreichend, von den europäischen Küsten die Eisberge fernzuhalten, die schon bei Jan Mayen ständige Gäste sind; ebenso das warme Wasser bis nach Spitzbergen und Nowaja Semlja hinzutreiben, wo es im Winter noch trotz der Polarnacht und eisigen Luft bis 76½° n. Br. nachgewiesen wurde, wie durch die Novemberfahrt des Dampfers „Albert"

(1872) zur Aufsuchung schiffbrüchiger Fischer im spitzbergischen Eisfjord.

Schübeler hat ein Verzeichnis von tropischen, meist westindischen Pflanzen aufgestellt, von denen Früchte oder andere Teile an den Küsten Norwegens angetrieben sind. Unter den von ihm aufgezählten 9 Arten ist die riesige Bohne von *Entada gigalobium,* deren feste Schoten fast meterlang und handbreit werden, nicht nur am häufigsten, sondern auch an den äußersten Punkten im hohen Norden gefunden, so von Otto Torell am nordwestlichen Vorgebirge des Nordostlands in der Spitzbergengruppe, in mehr als 80° n. Br., also nur 9$^3/_4$° oder 1100 *km* vom Pole entfernt.

Ein zweiter Hauptarm des Golfstroms nimmt seinen Lauf in recht östlicher Richtung auf die Küsten von Frankreich und Portugal zu. Man war früher geneigt, vor der Mündung des Kanals einen nach Nordwesten setzenden, nach Rennell benannten Strom anzunehmen, es hat sich aber mehr und mehr ergeben, daß teils mangelhaft erkannte Deviation der Kompasse, teils starke Gezeitenströme über den flachen Gründen vor dem Kanal die Ursache scheinbarer Stromversetzungen gewesen sind. An der portugiesischen Küste wendet der Strom sich südwärts und geht, die Kanarischen und Kapverdischen Inseln umflutend schließlich wieder in den nördlichen Äquatorialstrom zurück, von dem er ausgegangen.

In dem so umschlossenen stromstillen Raume südwestlich von den Azoren, bis zu den Bahama-Inseln hin, sammeln sich eine Menge abgerissener Tangzweige an (meist Beerentang, *Sargassum bacciferum*), die das sog. Sargasso- oder Krautmeer kennzeichnen, und einer Unzahl von niederen und höheren Meerestieren Nahrung und Versteck gewähren (Fig. 100). Fälschlich hat man sich bisweilen, nach Humboldts übertreibenden Schilderungen, darunter unübersehbare Krautwiesen im offenen Ozean gedacht, während sich bei genauerer Prüfung herausstellt, daß die Tangbüschel bisweilen bei der Durchfahrt durch dieses Gebiet gar nicht, oft nur spärlich gesehen werden. Die genauere Statistik auf Grund der Schiffstagebücher der Seewarte hat ergeben, daß im

Fig. 100.

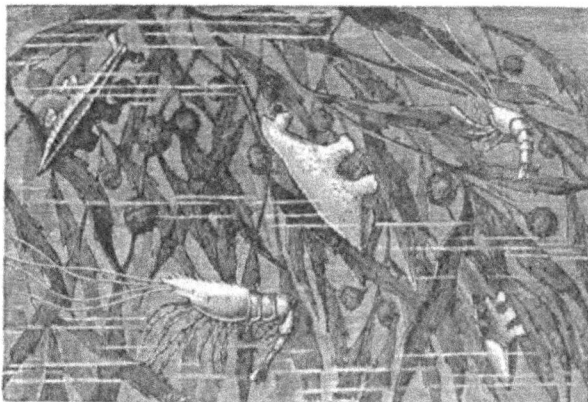

Treibendes Sargassum (in natürlicher Größe; zwei Hippolytes und drei Scyllaea pelagica schwimmen darin).

innern Raum dieses Stromkreises durchschnittlich auf je 10 bis 12 Reisen einmal Kraut in einem Eingradfeld gesichtet wird (s. die Karte Fig. 101 S. 260). Immerhin ist die Erscheinung auffallend genug, um den Schrecken der abergläubischen Schiffsmannschaft des Kolumbus beim ersten Anblick derselben zu erklären.

Noch zu betonen ist eine sehr wichtige thermische Folgewirkung des eben beschriebenen Stromzirkels, der einen großen Teil der nordatlantischen Gewässer immer nur zwischen 10^0 und 40^0 n. Br. kreisen läßt, ohne ihn zur Abkühlung in die eigentlichen Polarräume gelangen zu lassen. So sammelt sich in dem Raume der Sargassosee nicht nur der treibende Tang, sondern auch sehr warmes Wasser an, welches, wie wir oben bereits erwähnt haben (S. 153), hohe Temperaturen bis in abnorme Tiefen hinab zeigt. So wird im Süden von Bermudas eine Wärme von 15^0 noch in $510\ m$, von 10^0 noch in $755\ m$ Tiefe gefunden, während bei den Kapverdischen Inseln die entsprechenden Tiefen 257 und $630\ m$ betragen. So kommt es, daß wir im Sargassomeer das am intensivsten

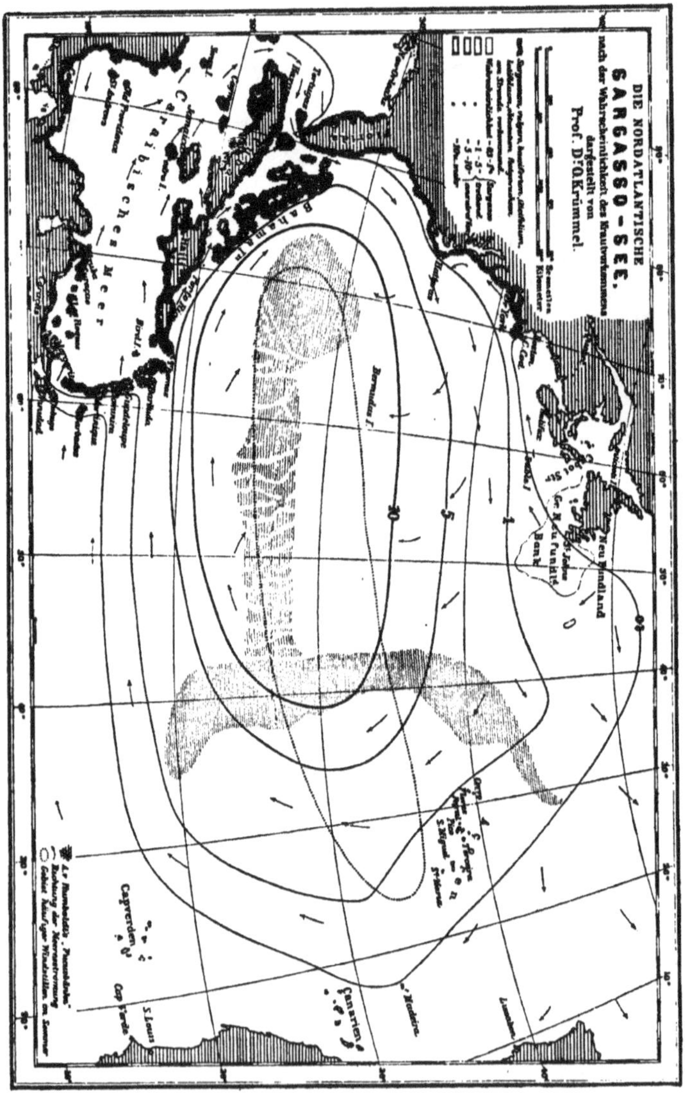

Fig. 101.

DIE NORDATLANTISCHE
SARGASSO-SEE.
nach der Wahrscheinlichkeit des Brauntangtanges
dargestellt von
Prof. Dr. O. Krümmel.

durchwärmte Meeresgebiet der ganzen Erde anerkennen müssen.

Im hohen Norden sind noch die beiden kalten Ströme zu erwähnen, von denen der eine nördlich von Spitzbergen durch sibirische Treibhölzer seine Herkunft von Osten beweist. Dieser setzt dann, eisbeladen, Sommers so gut wie Winters (wie die Schollenfahrt der Mannschaft vom deutschen Polarschiff Hansa 1869 zu 1870 beweist) an der Ostküste Grönlands seinen Weg südwärts fort, umströmt das Kap Farvel und biegt ein wenig, unter dem Druck der vorherrschenden Südwinde nach Norden aus, wo er, je weiter desto mehr, seine mit warmem Golfstromwasser vermischten, aber eisführenden Fluten links abkurven läßt. Er vereinigt sich so mit einem zweiten Strom, der, ebenfalls mit Eis beladen, aus den Fjordstraßen des Parry-Archipels und Smithsundes herauskommt und sich nach Süden wendet, indem er die westliche Seite der Baffin- und Davissee einhält. Weiterhin geht er an den Küsten von Labrador, und darnach Labradorstrom benannt, südostwärts weiter, bis er im Osten von den Neufundlandbänken die bereits früher (S. 183) beschriebenen Erscheinungen hervorruft.

Alle diese nordatlantischen tropischen wie arktischen Ströme sind durch ihr Plankton gut gekennzeichnet. Nach der von Cleve vorgeschlagenen Terminologie ist der Floridastrom, wie sein ganzes tropisches Ursprungsgebiet, besonders durch das Desmo-Plankton charakterisiert, benannt nach der in winzigen Bündeln treibenden Alge *Trichodesmium erythraeum,* zu der noch die Blasenalge *Pyrocystis noctiluca* und die schöne Diatomee *Planctionella Sol* treten (Fig. 102—104). Nördlich von 50° n. Br. wird für das Golfstromwasser das sog. Styli-Plankton bedeutsam, mit der Diatomee *Rhizosolenia styliformis* als Hauptvertreter (Fig. 105). Gegen die kälteren Gewässer hin lagert sich seitwärts das sog. Chaeto-Plankton, mit verschiedenen Arten der Diatomeengattung *Chaetoceros* (typisch ist *Ch. borealis,* Fig. 106), während in dem Stromkreise zwischen Island und Neufundland das Tricho-Plankton auftritt, benannt nach der sonderbar haarförmigen Diatomee *Synedra thalassothrix* (Fig. 107). Durch-

Fig. 102.

Trichodesmium erythraeum
im Bündel
(30mal vergr.).

Fig. 104.

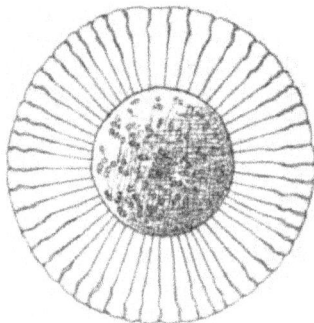

Planctoniella Sol (200mal vergr.).

Fig. 103.

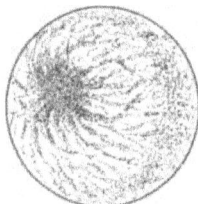

Pyrocystis noctiluca
(50mal vergr.).

Fig. 105.

Rhizosolenia styliformis (100mal vergr.).

Fig. 106.

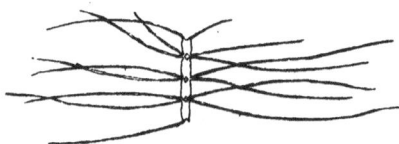

Chaetoceros borealis, Kette von vier Zellen
(75mal vergr.).

Fig. 109.

Ceratium tripos (125mal
vergr.).

Fig. 107.

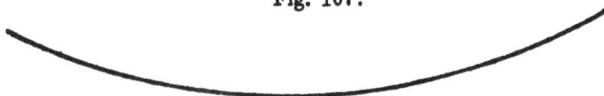

Synedra thalassothrix (25mal vergr.).

aus arktisch ist dann das
Sira-Plankton mit seinen
Ketten von *Thalassiosira
Nordenskiöldii* (Fig. 108),
welche D'atomee für den
Ostgrönland- und Labra-
dorstrom charakteristisch
ist, während wieder die
britischen Küstengewäs-
ser und die Nordsee, so-
wie die norwegischen
Bänke bis zum Nordkap
hinauf vom Tripos-Plank-
ton gekennzeichnet sind,
mit der Leitform *Ceratium
tripos* (Fig. 109), einer
Cilioflagellate. Es sind
dies lauter pflanzliche Vertreter des Planktons; unter
denen aus der Thierwelt
haben wir außer den uns
bekannten Foraminiferen
und Radiolarien besonders
die Copepoden oder
Ruderfußkrebse zu er-
wähnen, von denen wir
einen für die Ostsee-

Fig. 108.

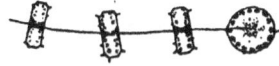

Thalassiosira Nordenskiöldii, Kette von vier
Zellen (200 mal vergr.).

Fig. 110.

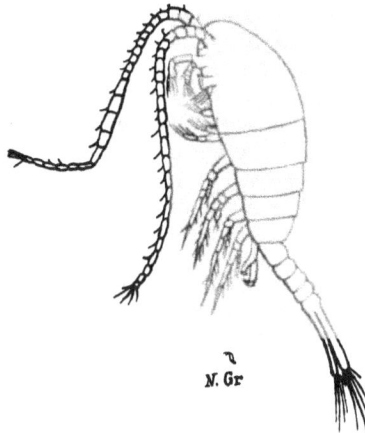

N. Gr

Temora longicornis (50 mal vergr.).

gewässer typischen Vertreter abbilden, *Temora longicornis* (Fig. 110), die Lieblingsspeise der Häringe
und Sprotten, eigentlich eine arktische Form des Sira-
Planktons, daher für die kalte Jahreszeit bezeichnend.

Im Südatlantischen Ozean ist das Stromsystem
ziemlich einfach. Der Brasilienstrom folgt der Ostküste
Brasiliens südwärts bis über die Laplatamündung hinaus,
sich immer im tiefen Wasser außerhalb der Küstenbank
haltend, und bleibt, wie die an Beobachtungen reichen
Schiffsjournale der deutschen Seewarte ergeben haben,
noch bis etwa 48° s. Br. fühlbar und erkennbar als
warmer Strom; dann wird er durch den kalten ihm ent-
gegenkommenden Falkland- und Kap Horn-Strom nach

Osten abgedrängt und überschreitet, von diesem zur
Rechten begleitet, als „Verbindungsstrom" das südatlantische Becken. Dabei mischen sich seine Gewässer
mehr und mehr mit den kalten zum Teil vom Schmelzwasser zahlreicher antarktischer Eisberge herrührenden
Gewässern seines südlichen Nachbarn.

Die Stromvorgänge entlang der patagonischen
Küste sind vielfach auf den Karten mißverständlich
wiedergegeben. Auch hier haben die Forschungen der
Gazelle-Expedition unter dem Freiherrn von Schleinitz
und die zahlreichen Beobachtungen deutscher Handels-
fahrzeuge klar ergeben, daß sowohl über der Bank,
wie außerhalb derselben ein kalter vom Kap Horn und
den Falkland-Inseln kommender und nach den letzteren
benannter Strom den Raum westlich vom Brasilienstrom
beherrscht. Nebenstehende Karte giebt die Grenzen der
beiden Ströme und soll namentlich dazu dienen, die
Punkte, bis zu denen Eisberge vom Falklandstrom nordwärts entführt worden sind, zu veranschaulichen: besonders die drei Angaben aus dem Sommer 1878 zu 1879,
mittenwegs zwischen Montevideo und den Falkland-
Inseln (offenbar auf eine und dieselbe Eisinsel sich be-
ziehend), sind ganz unverständlich ohne Annahme eines
Stromes, wie des genannten. Über der breiten Küstenbank erwärmt sich das Wasser an der Oberfläche besonders im Südsommer sehr stark und hat so die
Täuschung veranlaßt, als ob der Brasilienstrom aus dem
tiefen Wasser gehend die Küstenbank betrete, um sich
auf dieser nach Süden zu wenden. Dagegen erhob zuerst Admiral von Schleinitz Widerspruch, indem er die
niedrigen Temperaturen am Boden der Bank nachwies,
worauf dann auch die Challenger-Expedition den großen
Unterschied in der Wärmeschichtung des Falkland- und
Brasilienstroms in 42⁰ s. Br. feststellte.

Der Verbindungsstrom trifft im Südwesten des
Kaplandes, oft schon in 8⁰ bis 10⁰ ö. L. (in 40⁰ s. Br.)
mit dem Agulhasstrom zusammen, der dem Indischen
Ozean angehört. Bei diesem Konflikt, der sich durch
einen wirren Seegang und große Unterschiede in den
Wassertemperaturen auf engstem Raume verrät, wird

der größte Teil des Agulhasstroms nach Osten zurückgeworfen; auch hier von der antarktischen Strömung
südlich begleitet. Ein Teil der letzteren tritt mit dem
Verbindungsstrom zusammen den Weg nordwärts entlang den Küsten von Südwestafrika und Benguela an,
nach dem letzteren Lande benannt, und speist so die

Fig. 111.

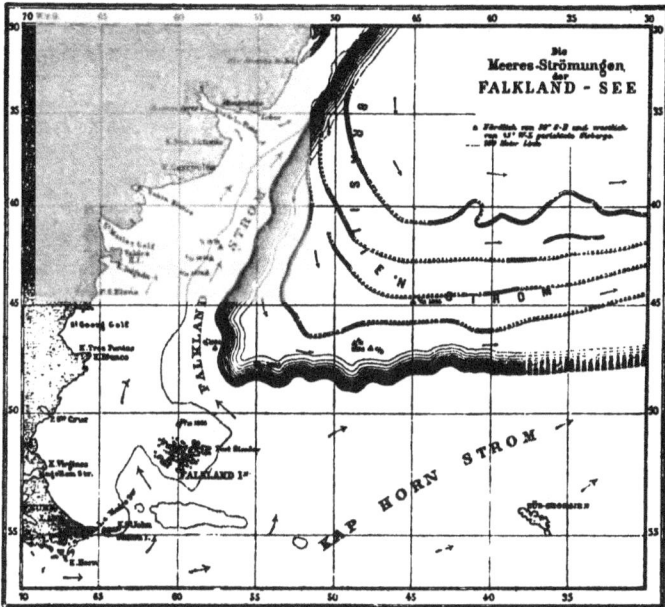

südliche Äquatorialströmung. Naturgemäß erhält schon
dadurch die Westküste Südafrikas einen kalten Strom
und damit kühlere Lufttemperaturen; was dann durch
eine andere noch zu verwähnende Ursache mächtig verstärkt wird.

So ist der südatlantische Stromkreis geschlossen.
Ein Sargassomeer findet sich in ihm nicht, Tangzweige,
dem riesigen oft 300 *m* langen Birnentang (*Macrocystis*

pyrifera) angehörig, sind vielmehr ein Wahrzeichen der kalten antarktischen Strömungen, so auch des Falklandstroms. Im Übrigen aber ist die Ähnlichkeit mit den nordatlantischen Strömungen (diese bis 45⁰ n. Br. hinauf gerechnet) doch überraschend. Brasilien und Golfstrom, Falkland- und Labradorstrom sind zwei vollkommene Gegenstücke. So fehlen denn auch die Folgeerscheinungen, die wir an der Berührungsstelle des Golf- und Labradorstroms im Süden Neufundlands kennen lernten, dem Meeresstrich südlich vom Laplata nicht: die schroffen Kontraste der Wassertemperaturen auf ganz kurzen Abständen, die Streifungen im Brasilienstrom, die auch unsere Karte zeigt; ferner die Nebel bei östlichen und südlichen Winden und der Fischreichthum des kalten Wassers, damit in Zusammenhang dann die zahlreichen Scharen von Seevögeln und Robben. Endlich wird auch der Gegensatz der Wasserfärbung betont — östlich das indigoblaue Tropenwasser, westlich im Falklandstrom das flaschengrüne antarktische. Sowohl der Golf- wie der Brasilienstrom sind polwärts von 30⁰ Br. die Brutstätten wütender Stürme. Kurz, es fehlt nur die große Stromstärke des Floridastromes, um alle Verhältnisse des nordatlantischen Ebenbildes hierher zu übertragen.

Kürzer betrachten können wir die Stromvorgänge der andern beiden Ozeane.

Der Indische Ozean zeigt südlich von 7⁰ s. Br. seinen Äquatorialstrom. Dieser wird durch Madagaskar geteilt: der eine Ast biegt um die Nordspitze herum und trifft dann seinen westlichen Weg fortsetzend bei Kap Delgado auf das Festland, spaltet sich aber dort von neuem, indem er zum Teil nach Norden, zum Teil nach Süden in die Mosambiquestraße ausweicht. Letzterer Zweig setzt dann immer entlang der südafrikanischen Küstenbank nach Südwesten als Agulhasstrom, und seinen Kampf mit dem kalten antarktischen Strom und seinen Rückzug nach Osten haben wir schon erwähnt. Bei diesem östlichen Wege vereinigt er sich dann mit dem bei Madagaskar südlich ausgewichenen Aste, dem Maskarenenstrom. Ihr weiteres Schicksal ist nicht ganz klar; es scheint, als wenn das relativ warme Wasser westlich von Kerguelen den antarktischen Polarräumen zustrebt, was die Einbiegung der Treibeisgrenze an dieser Stelle erklären würde (s. oben S. 185). Jedenfalls fließt die Hauptmasse, von den Westwinden getrieben, weiter nach Osten und trifft dann bei Kap Leeuwin auf die Südwestspitze Australiens, worauf ein Teil nach Norden umbiegt, um den Indischen Stromkreis zu schließen, der andere dagegen anscheinend nach Osten weiterströmt bis ins südpazifische Gebiet hinein.

Gerade unter dem Äquator läuft eine Gegenströmung, bestehend aus dem von der Sansibarküste zurückgeworfenen Wasser, nach Osten. Im Sommer unserer Hemisphäre, zur Zeit des Südwestmonsuns, bewegt sich das ganze Wasser des Arabischen und Bengalischen Golfs nach Osten, südlich von Ceylon einen sehr starken Oststrom bildend. Dagegen treibt im Winter der Nordostmonsun das Wasser umgekehrt nach Westen, es ist dann bei Ceylon wieder starker westlicher Stromgang zu finden. — Auch hier kreisen also bedeutende Wassermassen jahraus jahrein in denselben Breiten, ohne sich mit polarem Wasser zu mischen. So ist die Wärmeschichtung im Arabischen und Bengalischen Golf der nordatlantischen sehr ähnlich.

Ebenso läuft auch in der Chinasee der Strom immer vor dem Winde her, entsprechend den Monsunen, also halbjährlich alternirend, und nur im flachen Wasser wird er häufig verdeckt von den Gezeitenströmen. Nach Dahl, Cleve und Apstein ist der Planktontypus des ganzen tropischen Indischen Ozeans der des Desmoplanktons mit genau denselben Formen, wie sie im Atlantischen Ozean darin auftreten; ebenso herrscht überall südlich von 35^0 s. Br. das aus nordatlantischen Breiten wohlbekannte Styliplankton (s. oben S. 261.)

Im Pazifischen Ozean sind die Strömungen denen des Atlantischen besonders ähnlich. Der südliche Äquatorialstrom herrscht, wie der atlantische, gerade unter dem Äquator in voller Stärke, doch scheint auch innerhalb des inselreichen westlichen Gebiets ein allgemeines Drängen des Wassers nach Westen hin vorhanden zu

sein. Das ergiebt sich aus dem nordwestlichen Strom,
der mindestens in unserem Sommer entlang Neukaledonien
und Neuguinea gespürt wird, und aus dem starken Süd-
strom, der an der Küste Ostaustraliens südlich der Breite
von Sydney bisweilen recht kräftig auftritt. Neuseeland
liegt ganz im Bereiche eines nach Norden setzenden
Stroms, der dann aber nordöstlich von der Nordinsel
nach Südosten und Osten abschwenkt, entsprechend den
hier herrschenden Westwinden. Auch von den Niedrigen
Inseln her zieht diese Trift äquatoriales Wasser herbei.
Als Südpazifischer Verbindungsstrom stößt sie bei 40^0 Br.
auf die chilenische Küste und entsendet nach Süden um
Kap Horn herum einen Ast, den wir als Hauptzufluß
des Falklandstroms anzusehen haben; das übrige Wasser
geht entlang der Westküste Südamerikas nach Norden.
Erst bei 5^0 s. Br., beim Kap Blanco im Süden des Golfs
von Guayaquil, verläßt dieser Perustrom die Küste, indem er bei den Galápagos-Inseln in den Äquatorialstrom
zurückführt.

Nördlich vom Äquator, im Westen ausnahmsweise
auch wohl ein wenig in südliche Breiten übergreifend,
herrscht quer über die ganze Ausdehnung des Pazifischen
Beckens, von den Molukken bis in den Golf von Panama
über 150 Längengrade (9000 Sm. oder 16500 km) ein,
wie es scheint, kontinuierlicher, namentlich in unserem
Sommer stark fühlbarer Oststrom, die sogenannte Äqua-
torial-Gegenströmung: ohne Zweifel eines der groß-
artigsten Phänomene im ganzen System ozeanischer
Wasserbewegungen. Durch seine hohen Temperaturen
und sein Ausbiegen im Golf von Panama nach Süden,
an der zentralamerikanischen Küste nach Norden, wird
er dem Guineastrom ähnlich.

Die nördliche Äquatorialströmung ist anscheinend
regelmäßig ausgebildet, doch ebenso, wie im Atlantischen
Ozean, an Stärke der südlichen nicht gleich. Auf die
Philippinen stoßend biegt sie nach Norden um und
bildet alsdann den oft beschriebenen Kuro-Schiwo,
den Schwarzen (oder blauen) Strom der Japaner, so
benannt wegen seiner tief indigoblauen Farbe, und
gewöhnlich als nordpazifisches Gegenstück des Florida-

stroms betrachtet. Aber in jeder Hinsicht ist er nur
ein schwächlicher Abglanz des andern, sowohl nach
Stromstärke (einigermaßen kräftige Ostwinde machen
ihn leicht ganz unfühlbar) wie nach seinem Wärmevorrat,
den er über den Ozean nach Osten führt. Liegt doch
im Golfstrom die submarine Isotherme von 10° durchweg in 800 *m*, dagegen im Kuro-Schiwo nur in 370 *m*
Tiefe! Dennoch beweisen die mannigfachsten Indizien
seinen zusammenhängenden Lauf von Japan hinüber
nach Kalifornien. Sind doch nicht allzu selten vom
Taifun entmastete und verschlagene Fischerdschunken,
mit Japanern an Bord, in der Nähe von San Franzisko
und der Hawaii-Inseln angetroffen worden! Der Kuro-
Schiwo teilt sich an der Westküste Nordamerikas, indem
ein Ast in den breiten Golf östlich von Aljaska hinein-
lenkt, um dort nach Westen umzubiegen, während der
Hauptstrom der nördlichen Äquatorialströmung Zufuhr
gewährt.

Im Beringmeer scheint der Strom entgegengesetzt
dem Uhrzeiger zu kreisen, an der amerikanischen Seite
nach Norden, an der asiatischen nach Süden zu führen.
In ähnlichem Kreislauf bewegen sich, wie der russische
Ozeanograph Makarof gezeigt hat, auch die Gewässer
des Ochotskischen Golfs. Wie man schon vorher wußte,
findet sich dieser auch sonst in den nordhemisphärischen
Nebenmeeren streng befolgte Typus sowohl im Japanischen Randmeer, wie im ostchinesischen Tunghai.
Die japanischen Inseln selbst werden im Westen von
einem Zweige des Kuro-Schiwo, im Osten aber von
einer kalten Strömung aus Norden umspült: Diese, Oya-
Schiwo genannt, erinnert durch ihren Fischreichtum an
die analogen Gewässer der Neufundland- oder Falk-
landgegend.

Im Gebiete hoher südlicher Breiten legt sich um
die ganze Erde herum ein von den starken Westwinden
unterhaltener Oststrom, der meistens (nicht nur an seinem
nördlichen Saume) sogar nordöstliche Richtungen auf-
weist, während seine südliche Grenze, wenn man von
einer solchen sprechen darf, durch die südlich von
60° s. Br. auftretenden starken Ostwinde mit West-

strom gegeben scheint. Es ist schwer zu sagen, woher
dieser stetige Abfluß aus den höheren Breiten in niedere
gespeist wird, zumal die Eisberge zeigen, daß auch in
der Tiefe der Strom nordöstlich setzt. Möglicherweise
ergeben die bevorstehenden antarktischen Forschungs-
reisen, daß dieser Oststrom nicht ganz so kontinuierlich
um die Erde läuft, sondern daß er in zwei oder mehr
Kreisströme zerfällt, indem etwa der westlich von
Kerguelen erwähnte eisarme Strom nach Süden in das
Polarbecken hineinführt, dort südlich vom Polarkreise
nach Westen fließt und an der Ostseite von Grahamland in den Südatlantischen Ozean und weiter in die
rechte Flanke des Kaphornstroms einmündet, um als
bekannte Westwindtrift den Kreislauf zu schließen.

Interessant sind einige Flaschenposten aus diesem
(in 54⁰ s. Br.) rund 6300 Sm. (11 500 *km*) messenden
Stromringe, die seinen Zusammenhang vom Kap Horn
bis Südaustralien hin beweisen, so z. B. der Weg einer
Flasche, die Dr. Neumayers Diener am 14. Juli 1864
eben südlich von Kap Horn von Bord des Schiffes
Norfolk ausgeworfen hatte, und die am 9. Juni 1867,
also drei Jahre später, an der Küste Australiens bei
Yambuck (in 38·3⁰ s. Br., 142·1⁰ ö. L.) aufgefunden
wurde.

Ist schon an den thatsächlichen Angaben, welche
über die Meeresströmungen vorliegen, manches unklar
und unsicher, so gilt das noch mehr von den Theorien,
obschon diese gerade in den beiden letzten Jahrzehnten
erheblich gefördert, zum Teil überhaupt erst begründet
worden sind.

Ein flüchtiger Überblick mag die älteren Anschauungen von den Ursachen der Strömungen vor-
führen. Kepler, Varenius und vorübergehend auch Kant,
der einer der namhaftesten Geographen seiner Zeit
war, dachten sich die Wassermassen hinter der Drehung
der Erde durch ein gewisses Beharrungsvermögen zurückbleiben, und erklärten so die äquatorialen West-
strömungen. Die zwischen diese eingeschalteten östlichen
Gegenströme kannten sie noch nicht. Kant selbst hat

auch später das Verkehrte dieser Deutung eingesehen, da doch die Rotation der Erde nicht von gestern und heute im Werke sei, sondern seit unendlicher Zeit her, und der irdischen Wasserdecke durch die Reibung längst die gleiche Rotationsgeschwindigkeit mitgeteilt haben müsse, wie die Erde selbst sie besitzt.

Bis in die neueste Zeit hinein glaubte man in der Verschiedenheit der Temperaturen die Hauptursache der Strömungen, insbesondere der nordsüdlichen, zu erblicken. Schon bei Lionardo da Vinci finden sich Andeutungen in diesem Sinne; später waren es Humboldt, Arago, Lenz, Ferrel, namentlich aber deutsche Gelehrte, welche auf diese thermischen Unterschiede besonderes Gewicht legten. Die analogen Vorgänge im Luftmeer gaben wohl die wesentliche Veranlassung hierzu. Dort wird ja in der That die allgemeine Cirkulation der Atmosphäre, insbesondere auch das System der Passate, ausschließlich durch die Temperaturdifferenzen zu erklären sein. Aber das Wasser ist eben ein anderes Medium und andern Bedingungen der Erwärmung ausgesetzt. Die Luft wird von unten erwärmt, das Wasser von oben. Die Luft kann also stellenweise in labilem Gleichgewichtszustande sich befinden; beim Meere liegen die schweren Schichten stets unten. Die Luft dehnt sich bei gleicher Temperaturerhöhung $8^1/_2$ mal stärker aus als das Wasser; und während die Differenzen in den Temperaturen der Luft im Winter zwischen Sibirien und dem indischen Tropengebiet über 60^0 betragen, sind die Unterschiede in den Wassertemperaturen zwischen Polarkreis und Äquator an der Oberfläche auf kaum 20^0 bis 22^0 anzusetzen, sie nehmen, je weiter in die Tiefe man geht, stetig ab, um am Boden ganz zu verschwinden. Die mittlere Temperatur der tropischen Wassersäule, auf welche es hier doch ankommt, kann schwerlich um mehr als 3^0 wärmer sein als die der polaren Wassersäule bei gleicher Tiefe: und das bei einem horizontalen Abstande von 7000 *km*.

So sind entschieden die Wirkungen dieser geringen Differenzen bisher stets überschätzt worden. Keine Strömung des offenen Ozeans, am wenigsten der Florida-

strom, kann auf thermischen Ursachen beruhen. Nur
ein ganz gelindes, unmeßbares Drängen der Polar-
gewässer erfolgt am Boden der Meere dem Äquator
zu, dort die niedrigen Temperaturen verbreitend (Vgl.
schon oben S. 155.) Es ist sogar sehr ungewiß, ob unter
dem Äquator durch den sowohl von Norden wie von
Süden kommenden Druck das kalte Bodenwasser genötigt ist nach der Oberfläche zu auszuweichen und so
die auffallend geringe Tiefe, in der man kaltes Wasser
in der Tropenzone des Atlantischen Ozeans findet, zu
erklären ist, wie gewöhnlich in den Handbüchern geschieht. Wenn man liest, daß eine Wärme von 10^0 gefunden wird

> im Nordatlantischen Ozean in 36^0 n. Br. . . . . in 840 *m*,
> unter dem Äquator . . . . „ 310 *m*,
> im Südatlantischen Ozean in 35^0 s. Br. . . . „ 350 *m*,

so ist man in der That versucht, eine solche „vertikale
Cirkulation" der Gewässer anzunehmen. Aber es läßt
sich leicht nachweisen, daß an den Westseiten des
Atlantischen Ozeans die Schichten gleicher Temperatur
durchweg tiefer liegen als an der Ostseite unter gleicher
geographischer Breite, und auch tiefer als unter dem
Äquator. Dasselbe ist im Pazifischen Ozean durch
Challenger und Gazelle festgestellt worden, wo übrigens
auch die Isothermflächen keine Annäherung an die
Oberfläche am Äquator zeigen, wie im Atlantischen
Ozean. So liegt im letzteren in 25^0 s. Br. östlich von
St. Helena nach den Beobachtungen der Gazelle die
Isotherme von 10^0 in 390 *m*, westlich bei Brasilien aber
in 470 *m*, also 80 *m* tiefer als im Osten; dagegen liegt
sie, wie man gleich bemerkt haben wird, am Äquator
und im Osten in der gleichen Tiefe. Da die Äquatorialströmungen ihre Zufuhr aus den relativ kalten
Strömungen der Osthälfte der Meere erhalten (von dem
sehr kalten Küstenwasser hier ganz abgesehen!), so ist
es eigentlich selbstverständlich, daß ihre Durchwärmung
nach unten hin zuerst nicht so vorgeschritten sein kann,
wie da, wo sie durch die Kontinente in höhere Breiten
gedrängt die Tropenzone verlassen: die Temperaturen

sind also in ihrer Verteilung anscheinend mehr als **Wirkungen** der Ströme anzusehen, wie als ihre **Ursache.**

Ferner hat man in der Verdunstung, welche, wie wir sahen, den Salzgehalt des Wassers vermehrt, also Wassersäulen von verschiedener Schwere nebeneinander und damit Ausgleichsströme schaffen kann, eine wichtige Ursache der Meeresströme finden wollen. Doch ist im offenen Ozean die Wirkung der Verdunstung ja auch nur auf eine sehr oberflächliche Schicht beschränkt, überdies stetig geregelt und gedeckt durch den von allen Seiten möglichen Zufluß; nur in Meeresstraßen, welche abgeschlossene Mittelmeere mit dem Ozean verbinden, tritt sie mächtig in die Erscheinung. So verliert, wie wir schon bei einer früheren Gelegenheit erwähnten (S. 113), das Mittelländische Meer alljährlich eine bedeutende Menge von Wasser an seiner Oberfläche durch Verdunstung, welches nur zum Teil durch die Regenfälle und die Flüsse ersetzt wird. So strömt durch die Straße von Gibraltar ein starker Strom hinein, den nur kräftige Ostwinde oberflächlich zum Stillstande bringen. — In der Ostsee und im Schwarzen Meer dagegen ist ein Überfluß von Süßwasser durch die einmündenden Flüsse vorhanden, und so strömt sowohl durch Bosporus und Dardanellen, wie durch die Belte und den Sund, ein kräftiger Oberflächenstrom aus diesen Meeren hinaus, wofür in der Tiefe schwereres Wasser hineintritt. Auch in diesen Straßen ändern die herrschenden Winde aber die Strömungen sehr erheblich.

In der That haben wir in den Luftströmungen, besonders den stetig wehenden, wie den Passaten der Tropenzone und den doch sehr häufig und immer sehr stark auftretenden Westwinden der höheren Breiten, die Hauptkräfte gegeben, durch welche die ozeanischen Strömungen erzeugt und in Gang gehalten werden. Den Seeleuten war es längst geläufig, daß der Strom im Allgemeinen in derselben Richtung läuft wie der Wind, aber eine dauernde und tiefgehende Wirkung des letzteren wurde von den Gelehrten, selbst von so ausgezeichneten Physikern, wie Arago und Ferrel, geleugnet. Rennell, wie überhaupt die englischen Hydrographen, haben aber schon eine sog. Windtheorie der Meeresströmungen ausgebaut, zu einer Zeit, wo auf dem europäischen Festlande als Hauptursache dieser Bewegung nur die Temperaturen galten. Rennell nannte die unmittelbar vom Wind erzeugten Stromgänge Triftströme *(drift currents)*, wozu also die Äquatorialströmungen zu rechnen wären. Dagegen die Ablenkungen derselben durch die widerstehenden Kontinente nannte er *stream currents*, was man mit Stau- oder Abflußströmungen übersetzen könnte. Zu den letzteren sind also der Brasilienstrom, Agulhasstrom, aber auch der Golfstrom einschließlich des Floridastroms zu rechnen. Schon Franklin erklärte den letzteren so, daß er das durch den Passat in den Golf von Mexiko getriebene Wasser aus diesem wieder entführe.

Die Analysis hat diese Wirkung des Windes erst im Jahre 1878 untersucht: damals erst konnte Zöppritz nachweisen, wie sich die Trift der Wasserteilchen vor dem Winde her allmählich in die Tiefe fortpflanzt, bis schließlich, bei konstant bleibender mittlerer Windrichtung, wie im Passat, die ganze Wassermasse diesem Antriebe folgt, doch so, daß die Stromgeschwindigkeit direkt wie die Tiefe abnimmt: also in der halben Wassertiefe halb so stark ist wie an der Oberfläche, am Boden aber gleich Null. Die Rechnung zeigt, daß Änderungen in der Windrichtung sich außerordentlich langsam in die Tiefe fortpflanzen. So braucht nach Zöppritz, den vorherigen Stillstand der ganzen Wassermasse vorausgesetzt, eine beginnende Luftströmung 239 Jahre, um in 100 *m* Tiefe einen Strom zu bewirken, der die halbe Stärke der Oberflächentrift besitzt. Seine Rechnungen sind indes nicht ganz einwandfrei, da die Ozeane keine unendlichen Wasserflächen von gleicher Tiefe sind, vielmehr nach den drei Dimensionen sehr unregelmäßig geformte Räume. Namentlich aber vollzieht sich auch die Fortpflanzung der Oberflächentrift in die Tiefe keineswegs so ungestört, wie die Rechnung annimmt. Zöppritz mußte, um auflösbare Gleichungen zu erhalten, ganz davon absehen, daß der Wind auch Wellen hervorruft, deren abbrechende Wellenköpfe,

wie die tägliche Beobachtung in See erweist, Luftblasen
tief ins Wasser hineinschleudern: die Windimpulse
werden sich also viel rascher dem Wasser mitteilen
als Zöppritz annahm. Ferner ist schon oben (S. 252)
darauf hingewiesen, daß die Geschwindigkeit der tropischen Äquatorialströme nicht gleichmäßig von der
Oberfläche nach der Tiefe hin abnimmt, sondern in
180 bis 200 m eine auffällige Abschwächung der Stromstärke gefunden wird. Endlich werden aus dem Floridastrom und den Äquatorialströmen wirbelartige Strom-
kabbelungen beschrieben — also störende Bewegungen
von unten an die Oberfläche hinauf. So zeigen auch
die statistischen Zusammenstellungen aus dem Bereiche
dieser Passattriften keineswegs einen beständig in derselben Richtung laufenden Strom, sondern dieser wird
meist nur in zwei Drittel aller Fälle gespürt; ein Viertel der
Fälle ergeben eine so schwache Versetzung am Ende des
Etmals, daß „gar kein Strom" notiert wird, und ein Zehntel
aller Fälle ergiebt sogar eine der Hauptströmung entgegengesetzte Versetzung: alles Zeichen dafür, das die
Passattriften doch vielleicht durch große Stromwirbel
oder andersartige Bewegungen in ihrem Innern gestört
sind, auf welche die unter vereinfachenden Voraussetzungen rechnende Analyse keine Rücksicht genommen hat.

Soviel aber darf als nunmehr feststehend angenommen werden, daß die Passate der niederen, die
Westwinde der höheren Breiten die eigentlichen Motoren
sind, welche die große wagrechte Cirkulation der Meere,
die ozeanischen Strömungen, erzeugen und ernähren.
Damit allein lassen sich die übereinstimmenden Verschiebungen der drei Äquatorialströme und der Passate
erklären, die wir oben durch ein Kärtchen ausdrückten
(s. Seite 251); damit allein die halbjährlich wechselnden
Monsunströme des Indischen Ozeans, überhaupt aber
die von Tag zu Tag veränderlichen Meerengenströme
der Nebenmeere, soweit nicht jene oben erwähnten
Differenzen des Salzgehaltes im Spiele sind.

Die äquatorialen Gegenströmungen, wie der Guinea-
strom, sind wohl als sog. Reaktionsströme aufzufassen.
Diese entstehen überall, wo sich hinter Halbinseln oder
Inseln tote Räume einstellen, in welche dann ein Zweig

des vorüberziehenden Hauptstroms einlenkt, in diesem
kreisend. Die einfachste Gestalt derselben zeigen unsere
Flüsse hinter .ihren Buhnen oder, im Kleinen, hinter
breiten Brückenpfeilern. Ganz ähnliche Stromfiguren
lassen sich aber auch im Ozean nachweisen: so beispielsweise an der Südwestseite von Madagaskar ein Gegenstrom nach Norden. Tiefgehende Abflußströmungen
erzeugen zu ihrer Seite auf den flachen Küstenbänken
häufig Gegenströme.

Der Guineastrom scheint nun darauf zu beruhen,
daß der Passat westlich und nordwestlich von St. Helena
und Ascension an Stärke erheblich größer ist wie an
der östlichen Seite des Ozeans. Zieht man bloß die
Richtung des Passates, ohne auf seine Stärke zu achten,
in Betracht, so müßte der Benguelastrom über den
Äquator hinüber in die Biafrabai eintreten und erst
dann nach Westen strömen. Da aber auf der brasilischen
Seite durch den dort sehr viel stärkern Passat das Wasser
nördlich von 5^0 s. Br. nach Nordwesten, südlich davon
nach Südwesten und Süden getrieben wird, so erhält
damit alles Wasser eine unwiderstehliche Tendenz nach
Westen hin. Darum biegt der Benguelastrom schon
in 5^0 s. Br. von der Küste ab und erzeugt so
wieder an seiner rechten Flanke einen leeren Raum,
der durch eine Gegenströmung von Norden her ausgefüllt werden muß. Das erklärt die Guineaströmung
zwischen der Gold- und Sklavenküste und dem Äquator.

Was ihren westlichen Teil betrifft, so sind die
Ursachen hier verwickelter. Admiral Hoffmann hat einst
im Guineastrom wie in den andern äquatorialen Gegenströmungen eine Wirkung der ablenkenden Kraft der
Erdrotation sehen wollen. Diese wirkt bekanntlich bei
Bewegungen auf der Erdoberfläche so, daß sie auf der
nördlichen Hemisphäre die bewegten Körper nach rechts,
auf der südlichen nach links aus ihrer Bahn zu drängen
sucht. Tritt also die südliche Äquatorialströmung über
den Äquator, so soll sie sich danach in einen Nordost-
und Oststrom verwandeln. Aber dieser Effekt ist zunächst
stets abhängig von der Geschwindigkeit dieser Bewegung,
und diese ist bei den Meeresströmungen doch nur klein,
meist übersteigt sie nicht $^1/_3$ m in der Sekunde.

Dann aber nimmt die Stärke dieser sog. Rotationsab-
lenkung mit der geographischen Breite zu, und zwar
so, daß sie am Pol am größten, am Äquator selbst
gleich Null ist. Deshalb sind gerade in der äquatorialen
Region nur sehr schwächliche Wirkungen derselben zu
erwarten. Ganz wirkungslos aber wird sie in der That
bei den Meeresströmungen im Allgemeinen nicht sein,
zumal bei denen der höheren Breiten nicht. Das früher
erwähnte Kreisen der Ströme in den nordhemisphärischen
Nebenmeeren entgegengesetzt dem Uhrzeiger ist eines
der deutlichsten Merkmale für ihr Eingreifen: die
Bewegungen werden nach rechts gedrängt, lehnen sich
immer rechts an die Küste an. Entscheidend für die
Beurteilung dieser Frage aber sind die Beobachtungen
auf einem deutschen Leuchtschiff in der Ostsee, auf dem
Adlergrund zwischen Rügen und Bornholm, geworden.
Durch systematischen Vergleich der örtlichen Wind-
und Stromrichtung in vielen tausenden von Beobachtungs-
paaren konnte L. E. Dinklage nachweisen, daß in mehr
als drei Viertel aller Fälle der Strom durchschnittlich 28⁰
rechts vom Winde lief, gleichviel welche Richtung dieser
hatte. Ebenso liegt schließlich in der unbefangenen Wür-
digung der allbekannten Thatsache, daß der Nordostpassat
zwischen den Kapverden und Westindien keinen Strom
nach Südwesten, sondern nach Westen hervorruft, ein
deutlicher Beweis für die Ablenkung der Triftbahn
nach rechts. Aber es liegt im Wesen des Reaktions-
oder Kompensationsstroms, daß er überall da eintritt,
wo sonst ein leerer Raum im Wasser bliebe; er ist
unter allen Umständen der stärkere, der örtlich nicht
nur die Erdrotation, sondern auch den gegengerichteten
Wind überwindet, wie schon die hinter Landzungen in
Küstenbuchten so regelmäßig auftretenden Gegenströme
(Nehrströme oder Nehren nennt sie der deutsche Seemann)
erweisen. Der Guineastrom ist ein echter Kompensations-
strom. Ohne ihn würde an der tropischen Westküste
Afrikas zwischen 15⁰ n. und 15⁰ s. Br. ein leerer Raum
entstehen, da in den höheren Breiten andauernd und
kräftig das Wasser durch die Passate in den Ozean
hinausgezogen wird. Er erfüllt die Kalmenregion zwischen
den beiden Passaten (s. oben S. 251), wird im Sommer durch

übrigens nicht sehr beständigen Südwestmonsun verstärkt, fehlt aber auch im Winter nicht, wo die Stillen-
zone nur sehr schmal ist.

Ein weiterer Mangel in Zöppritzens Theorie der
Triftströmungen ist, daß die Wirkung des Windes keine
Niveauunterschiede und daraus folgende vertikale
Cirkulationen hervorrufen soll. Und doch zeigt die
tägliche Beobachtung an jedem Wasserbecken und das
Auftreten verheerender Sturmfluten auch an den Küsten
der gezeitenlosen Ostsee, daß der Wind das Wasser
vor sich herschiebt und an der gegenstehenden Küste
aufstaut. Dann steht das Niveau hier höher als im Rücken
des Windes. Ein solcher Niveauunterschied muß ein
vertikales Stromsystem hervorrufen: an der Stauseite
drängt das Wasser in die Tiefe, im Rücken des Windes
wird es aus der Tiefe aufquellen. Das ozeanische Tiefenwasser aber ist kalt. Wir haben in den Ozeanen, also
in den Küstenzonen des aufquellenden Wassers, niedrigere
Temperaturen zu erwarten, im Staugebiet aber eine
Anhäufung warmen Wassers. In der That ist dies der
Fall an den Küsten des Atlantischen und Stillen Ozeans
in 10^0 bis 30^0 Br. in beiden Hemisphären. Sowohl an
der Saharaküste wie an der des deutschen Südwestafrika
und der portugiesischen Kolonien, nicht minder an
der Küste Kaliforniens und namentlich an der von Chile
und Peru, tritt die allen Seefahrern geläufige Erscheinung
zutage, daß in den Häfen und dicht unter Land das
Wasser viel kälter ist als weiter in See, was auch überall
das Auftreten von Nebeln an jenen Küsten zur Folge
hat. So sah im Februar 1882 S. M. S. Elisabeth, als es
den peruanischen, in 12^0 s. Br. gelegenen Hafen Callao
verließ, die Wassertemperatur von $18\cdot3^0$ auf der Reede
schon 30 Sm. in See auf $20,6^0$ gestiegen und auch weiter
zunehmend, sodaß in 135 Sm. Abstand $27\cdot0^0$, also 9^0 mehr,
abgelesen wurden, als an der Küste. Von deutschen
Kriegsschiffen sind im Hafen von Callao schon Temperaturen von nur $13\cdot6^0$ beobachtet worden, welche
gleichzeitig in See erst in 35^0 s. Br. bei Valparaiso zu
erwarten waren. Der Perustrom seinerseits kann dieses
kalte Wasser nicht von Süden herangeführt haben, dazu
würden für diesen schwachen Strom etwa vier Monate

nötig sein; es kann nur aus der Tiefe kommen. Besonders deutlich ist dieser Zusammenhang an der ostafrikanischen Küste beim Somaliland: hier tritt nur in unserm Sommer, zur Zeit des Südwestmonsuns, der oft mit Sturmesstärke das Wasser von der Küste seewärts hinweg weht, kaltes Wasser auf, das hier, dicht am Äquator, nur $14 \cdot 9^0$ zeigt, wie Admiral Hoffmann an Bord S. M. S. Möwe fand. Ringsum ist der Indische Ozean viel wärmer, daher dann an dieser Somaliküste und einigen ähnlich gelegenen benachbarten Teilen Arabiens auch neblige Luft die Schiffahrt schwierig macht. An der Westküste Australiens, im Rücken des Südostpassats, fehlt das aufquellende Kaltwasser: hier kann die Niveauerniedrigung durch Zufuhr von Oberflächenwasser aus der breiten Timorstraße her leicht kompensirt werden. Das kalte aufquellende Wasser hat übrigens noch eine andere interessante Wirkung: es vertreibt in seinem Bereich die riffbauenden Korallen. Diese fehlen deshalb an der Somaliküste, während sie in der Gegend von Sansibar sehr reichlich vorkommen. Besonders gut aber gedeihen sie im Staugebiet der Passatregionen, also an der Westseite aller tropischen Ozeane.

Die thermischen Wirkungen des Windstaus fehlen übrigens auch unserer Ostsee nicht: die Seebäder haben im Frühsommer oft angenehmes Badewasser nach auflandigem Winde, während vom Lande weg wehende Süd- und Südwestwinde das kalte Tiefenwasser aufsteigen lassen, was für die erste Badesaison sehr störend wird. Von den Aufnahmen an der ostpreußischen Küste an Bord S. M. S. Delphin im August 1875 wird berichtet, daß man bei starkem Ostwinde im Memeler Tief innerhalb weniger Stunden die Oberfläche des Wasser sich von 19^0 auf 6^0 habe abkühlen sehen, und dann beim Loten in 6 Sm. Abstand von der Küste diese niedrige Temperatur in 70 m Tiefe, an der Oberfläche aber 18^0 wiedergefunden habe. Und so wird man auch eine Wirkung der starken Westwinde in der auffälligen Senkung der Flächen gleicher Temperatur im nordatlantischen Ozean nördlich von 40^0 n. Br. nach Osten hin erblicken dürfen. Findet man doch in der Nähe der neuschottischen Küste die Temperatur von 10^0 in 825 m,

dagegen am Wyville-Thomsonrücken fast in 1200 *m*;
die von 8⁰ im Westen in 900, im Nordosten in 1500 *m*.
Das Golfstromwasser staut sich an den Küsten Nord-
west-Europas auf; entsprechend muß kaltes Wasser an
der nordamerikanischen Seite in die Höhe quellen. Daher
das kalte Küstenwasser von Karolina bis Neufundland,
und ebenso, ganz ähnlich im Rücken der dortigen Westwinde, das Kaltwasser Ostpatagoniens, Ostjapans.

Es ist wahrscheinlich, daß auf ähnlichen Saug- und
Stauwirkungen auch die frei im Oean auftretenden
Kaltwasserflecken beruhen, die man im Atlantischen
Ozean aus dem August in der Gegend zwischen 1⁰ s.
und n. Br. zwischen 5⁰ und 7⁰ w. L. kennt. Hier sinkt
die Oberflächenwärme unter 20⁰, während sie rings um
2⁰, im Guineastrom 5⁰ höher ist. Dabei herrscht gleichzeitig an dieser Stelle kein verstärkter Passat, der etwa
das warme Oberflächenwasser zu rasch hinwegfegte, wie
das anderswo, z. B. im Westen von Centralamerika,
vorkommt und das kalten Tiefenwasser bloßlegt; vielmehr
schwächt sich die Windstärke hier sogar deutlich ab,
wie die Schiffstagebücher der Seewarte zeigen. Vermutlich
wird hier nach drei Seiten hin das Wasser an der
Oberfläche hinweggezogen: nach Südwesten durch den
Südostpassat zum Brasilienstrom, nach Nordwesten durch
denselben Passat zum Guayanastrom und nach Nordosten
zum Guineastrom hin. Es scheint, als wenn der Guineastrom im August nur mühsam und unvollkommen das an
der afrikanischen Küste des Kongolands weggezogene
Wasser zu ersetzen vermag; denn auch auf den Reeden
der Gold- und Sklavenküste sinkt gerade dann die Temperatur auf 21⁰ bis 22⁰, also 4⁰ bis 5⁰ unter Normal. — Eine
ähnliche Kaltwasserstelle findet sich im Stillen Ozean
westlich von den Galápagos Inseln entlang dem Äquator;
vielleicht beruht sie auf analogen Saugwirkungen. Immerhin fehlt noch viel, ehe man diese verwickelten Vorgänge genau übersehen und erklären, d. h. in den Bereich des Notwendigen wird zurückführen können.

NAMEN- UND SACHVERZEICHNIS.